# 居民室内燃气爆炸事故原因调查分析及安全防控

李夏喜　刘振翼　汪建平　李鹏亮 等　著

科学出版社
北　京

## 内 容 简 介

本书主要介绍居民室内燃气爆炸事故原因调查分析及安全防控有关最新研究进展，包括天然气的基本特性及风险、室内燃气泄漏扩散规律、室内燃气爆炸危害后果、事故调查技术以及安全防控技术。其中，室内燃气泄漏及爆炸试验研究部分采用全尺寸典型户型结构，为国内首次。本书大部分内容是作者多年从事室内燃气泄漏燃爆特性、危害后果以及事故调查的成果与经验总结，内容全面，专业性强，适用性广。

本书的主要读者对象是从事燃气燃爆特性、安全防控、事故调查技术研究领域的学者以及燃气服务与使用行业的工程技术人员，也可供相关领域科技工作者和学者阅读参考。

**图书在版编目（CIP）数据**

居民室内燃气爆炸事故原因调查分析及安全防控 / 李夏喜等著. —北京：科学出版社，2024.3

ISBN 978-7-03-077893-2

Ⅰ. ①居… Ⅱ. ①李… Ⅲ. ①城市燃气–燃气设备–安全管理 Ⅳ. ①TU996.8

中国国家版本馆 CIP 数据核字（2024）第 026268 号

责任编辑：杨　震　刘　冉 / 责任校对：杜子昂

责任印制：徐晓晨 / 封面设计：北京图阅盛世

科学出版社 出版

北京东黄城根北街 16 号

邮政编码：100717

http://www.sciencep.com

北京中石油彩色印刷有限责任公司印刷

科学出版社发行　各地新华书店经销

*

2024 年 3 月第　一　版　开本：720 × 1000　1/16

2024 年 6 月第二次印刷　印张：17

字数：340 000

**定价：118.00 元**

（如有印装质量问题，我社负责调换）

# 前　言

天然气作为一种高效的清洁能源，凭借其气源相对稳定、热值高、经济实用、洁净环保等特点已成为我国城市公共设施及居民家庭理想的燃料，在国民经济发展特别是居民日常生活中发挥了重要的作用。然而，随着城市燃气的快速发展、供气范围的不断扩大、用户数量的持续增长，与燃气有关的各类风险因素不断增加，用气安全问题也日益突出，燃气泄漏爆炸事故屡有发生，造成人员伤亡和财产损失。2020 年 11 月中国城市燃气协会明确提出“按照以人为本、尊重生命的理念，燃气行业按照‘零死亡事故’目标研究安全工作，以本质安全为导向采取措施，进一步加强全行业的安全意识”。“零死亡事故”目标的提出，使得国内燃气企业必须进一步提高安全管理的要求，系统深入地开展燃气事故相关的课题研究，提出并完善相应的安全防控措施。

目前我国燃气供应、使用安全形势依然严峻，燃气企业安全设计、安全管理工作任重道远。通过分析可以发现，这些事故往往不是发生在单一厨房结构内，而是泄漏后的燃气扩散到整个室内空间，包括厨房、卫生间、客厅以及卧室等，发生燃气爆炸事故后对这些空间均会造成严重的破坏。目前关于户内燃气泄漏扩散规律及燃爆特性，尤其针对室内典型户型空间内的相关研究较少。居民用户户内的一些安全设施设置、隐患种类规定以及安全巡检、维修、应急处置缺少理论研究的支撑；一旦发生燃气泄漏事故，无法通过系统的方法快速发现泄漏源并定位泄漏位置，也没有科学的安全防护设施确保燃爆事故发生时人员的安全，降低燃爆事故的破坏程度。

本专著旨在研究典型户型结构室内燃气泄漏扩散规律及燃爆特性，丰富和完善市政燃气泄漏爆炸的基础数据和理论依据，为燃气泄漏爆炸事故的原因分析提供技术支撑，为相关安全防控措施的制定提供理论依据，从而减少燃气爆炸事故损失，避免事故后续处理工作中的纠纷，对于保障燃气安全使用和维护社会稳定具有重要作用。

本书共分为 8 章，涉及天然气的基本特性及使用风险、室内燃气泄漏扩散规律、室内燃气爆炸危害后果、事故调查技术以及安全防控技术等方面。第 1 章主要介绍天然气储存使用情况及发展趋势，并统计近年来我国城镇燃气事故基本情况。第 2 章全面总结天然气在室内使用过程中的主要风险，分析室内燃气泄漏爆炸原因及后果。第 3 章综合对比分析天然气和液化石油气的爆炸特性，包括爆炸冲击波特性、爆炸毁伤特性以及爆炸痕迹等，并针对室内可能出现的点火源进行系统分析。第 4

章为室内天然气泄漏研究，通过开展单一厨房结构和典型户型结构内天然气泄漏扩散数值模拟与试验研究，确定不同泄漏位置、厨房结构、有无包封等情形下的泄漏扩散规律。第5章开展单一厨房和典型户型结构内天然气燃爆数值模拟与试验研究，揭示室内天然气燃爆时空演化规律，确定不同泄爆压力、泄爆面积、泄爆位置对室内天然气燃爆后果的影响规律。第6章从勘验前准备、现场勘验、勘验记录、调查访问、物证提取、检测分析、点火源勘验、泄漏位置勘验、破坏程度勘验等方面提出户内天然气爆炸现场勘验技术导则。第7章在前期系列室内燃气泄漏燃爆研究的基础上，结合勘验技术导则，给出室内天然气爆炸事故原因判定程序及方法，主要包括泄漏介质判定、点火源判定、泄漏位置判定、泄漏量判定、泄漏时间判定等，并通过案例分析验证判定程序及方法的可靠性。第8章综合分析调研情况、理论计算、数值模拟、试验研究等结果，针对性地提出室内天然气泄漏爆炸事故安全防控措施。

本书第1章天然气储存及使用概况、第2章天然气泄漏风险分析、第6章勘验技术导则由李夏喜完成；第4章天然气泄漏试验研究、第5章天然气燃爆试验研究以及第7章室内天然气爆炸事故原因判定程序及方法由刘振翼完成；第1章天然气事故分类统计、第2章爆炸风险分析、第3章爆炸介质特性及点火源研究、第8章室内天然气泄漏爆炸事故防控由汪建平完成；第4章天然气泄漏数值模拟研究、第5章天然气燃爆数值模拟研究以及相应理论计算部分由李鹏亮完成。

本书的内容主要是作者团队多年从事燃气燃爆及事故调研研究的总结、心得和经验教训。另外，受作者知识面的限制，书中难免会存在疏漏或不妥之处，敬请读者批评指正。具体的批评意见和建议可发至作者的邮箱（zhenyiliu@bit.edu.cn），我们一定虚心接受，并在以后的修订版本中增加相关内容并进行订正。

作　者

2023年12月于北京

# 目　录

# 第1章 概　　述

## 1.1 天然气资源概况

近年来，全球特别是亚洲新兴经济体的能源消费不断增长，而以化石燃料为主要能源的供应方式已经给生态环境带来了极大的挑战。与此同时，人类还面临着化石能源枯竭的严峻形势。在这个背景下，能源高效利用和低碳转型成为全球能源革命的核心。作为能源行业的一大分支，天然气在能源革命中扮演着重要角色，城镇燃气则是天然气产业链下游的核心环节。天然气有低碳、稳定、灵活、经济等优势，是中国实现双碳目标的重要过渡能源[1]。在新一轮科技革命和产业变革的历史性交汇时期，天然气行业迎来了巨大的发展机遇[2]。天然气燃烧可以减少温室气体二氧化碳的排放，木材、煤炭、石油和天然气的平均氢碳比（H/C）分别为 0.1、0.5、2.0 和 4.0[3]。《中国天然气产业供需预测与投资战略分析报告》指出，预计 2030 年前，我国天然气能源消费将在一次能源消费中与煤炭和石油能源的消费水平并驾齐驱；2040 年我国天然气能源消费水平将与石油能源消费水平基本持平；预计到 2050 年，世界能源需求量将增长约 60%，而对煤炭能源、石油能源的消费水平将逐渐减低，反之，天然气能源的消费高峰将持续保持。这表明，城市燃气需求量将继续不断增长，燃气产业也将快速发展，最终超过传统的石油等能源，成为世界第一大消费能源[4]。

中国是世界上最大的能源消费国之一，随着人民生活水平的不断提高，中国的能源需求也在不断增长。同时，为了应对严峻的环境挑战，政府不断加强环保治理力度，推动能源结构调整和转型升级。在这个背景下，天然气作为一种相对清洁的化石燃料，逐渐被人们所接受和应用。相对于煤炭等传统能源，天然气燃烧产生的污染物排放更少，对大气环境的影响也更小。同时，天然气具有供应稳定、价格相对较低等优势，被广泛应用于工业、发电、城市燃气等领域。中国的天然气储量较为丰富，根据自然资源部的数据，中国陆上天然气资源探明储量约为 21895.6 亿立方米，位居世界前列。但是，储量分布不均，主要集中在西北部地区。这也导致天然气的运输和供应成本较高，限制了其在一些地区的应用。为了促进天然气的发展和应用，中国政府在能源转型和环保治理方面的要求下，加快了天然气基础设施建设的步伐。尤其是天然气管网的建设和扩张，不断完善天然气供应体系，为天然气的应用提供了更加可靠和便捷的保障。同时，政府还加大了对天然气开采、利用和研究的支持力度，推动天然气技术的创新和发展。随着政府加快天然气基础设施建设，天然气作为清洁能源的地位将得到进一步提升。未来，中国天然气的发展前景广阔，将在推动能源转型和保障能源安全方面发挥越来越重要的作用[5]。

### 1.1.1 天然气资源分布

中国是天然气资源大国，根据国际能源署（IEA）发布的 2021 年数据[6]，中国在天然气探明储量方面排名第三，仅次于俄罗斯和伊朗。根据国家能源局发布的数据，截至 2021 年年底，中国的天然气探明储量达到 21895.6 亿立方米，其中陆上探明储量为 14998.4 亿立方米，海上探明储量为 6897.2 亿立方米[7]。

中国的天然气资源主要分布在北方和西南地区[8,9]。根据国家能源局公布的数据，西南地区的天然气资源储量最为丰富，其中四川盆地、川中地区和青海藏区是天然气主要分布区域。四川盆地是中国天然气储量最丰富的地区之一，其天然气储量约占全国的 25%，是国内最大的天然气生产基地之一。川中地区和青海藏区的天然气储量也十分丰富，其中，川中地区的储量主要分布在宣汉、达州等地，青海藏区的储量则主要分布在青海省。北方地区也具有一定的天然气资源储量，主要分布在华北地区的煤炭成气区和东北地区的大庆成气区。华北地区的煤炭成气区域主要包括山西、内蒙古、陕西等地，这些地区的煤层气储量较为丰富。东北地区的大庆成气区是我国最早的油田之一，也是重要的天然气生产基地之一。

此外，中国还拥有一些海上天然气田，包括南海、东海和渤海三大海域。世界天然气总储存量 90%以上以天然气水合物（natural gas hydrate，NGH）的形式存在于深海黏土、粉土或淤泥质沉积物中[10,11]。中国地质调查局的科学家指出，全球海底天然气水合物覆盖面积达 4 亿平方千米，储量是全球已探明石油、煤炭和天然气总储量的 2 倍，相当于常规天然气储量的 50 倍，只有这种全球海底天然气水合物才能供人类使用 1000 年。2017 年，我国在南海北部黏土中开展了世界首次天然气水合物生产试验并取得了巨大成功。2020 年我国采用水平井成功进行了第二次天然气生产试验，一个月累计生产天然气 $86.14\times10^4$ $m^3$，证实了深海天然气开发的可行性。随着深海天然气水合物开采技术的日趋成熟以及石油、煤炭等化石能源的日渐枯竭，在新能源技术成熟稳定之前，天然气必将成为世界各国发展的核心能源。目前中国海上天然气田的勘探和开发主要由中国石油（CNPC）、中国海油（CNOOC）和中国石化（SINOPEC）等公司负责。南海是中国海上天然气田的主要区域之一，自 20 世纪 80 年代开始开展勘探工作。南海天然气田主要分布在琼东南盆地、琼州盆地、北部湾盆地和中部陆坡等区域。其中，琼东南盆地是南海天然气田最主要的开发区域之一。中国石油的大庆油田、中国石化的中原油田和胜利油田等已经逐步转型为以天然气为主的综合能源基地。东海是中国另一个主要的海上天然气勘探开发区域，其中杭州湾盆地和南海诸暨凸起是东海最主要的勘探区域之一。东海天然气田主要分布在长江口盆地和杭州湾盆地等区域，其中长江口盆地的天然气储量最大。渤海是中国第三大海上天然气勘探开发区域，其天然气田主要分布在渤海湾盆地和辽河口盆地等区域。渤海海域的天然气储量主要以天然气水合物形式存在，因此渤海天然气的勘探和开发面临着技术难度较大的挑战。

### 1.1.2 天然气产量和消费

中国的天然气产量自20世纪90年代以来快速增长，目前已经成为全球三大天然气生产国之一[12]。近年来，中国天然气产量、消费量和进口量都呈现出逐年上升的趋势（图1-1）。根据国家能源局的数据，2019年中国天然气产量为1754亿立方米，同比增长9.5%；天然气消费量为3060亿立方米，同比增长8.6%；进口天然气量为1332亿立方米，同比增长6.9%[13-16]。2020年中国天然气产量为1925亿立方米，同比上升9.8%；天然气消费量为3340亿立方米，同比上升9.2%；进口天然气量为1397亿立方米，同比上升4.9%。2021年，中国宏观经济实现“十四五”良好开局，全国天然气消费量 2076亿立方米，同比增长11.6%，生产天然气2076亿立方米，同比增长7.8%，进口天然气1680亿立方米，同比增长20.3%。其中，澳大利亚、土库曼斯坦、俄罗斯、美国、卡塔尔及马来西亚六个国家的进口量合计1290亿立方米，占比77%[17]。2022年，中国天然气的消费量和进口量迎来了十数年来的首次下降，天然气产量达到2201亿立方米，同比增长6.0%，表观消费量为3663亿立方米，同比下降1.7%，进口量为1530亿立方米，同比下降8.9%，天然气对外依存度达到42%[18]。根据能源统计年鉴数据，中国天然气进口量已经连续多年位居世

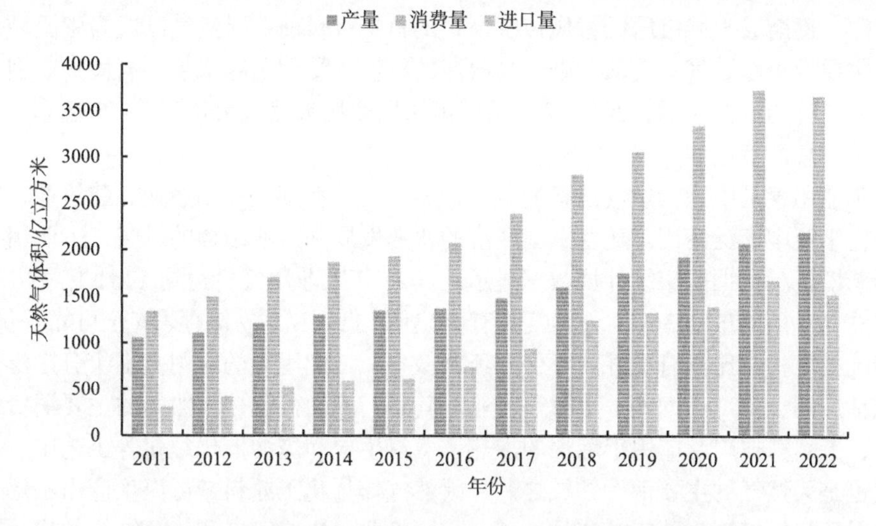


图1-1 2011～2022年天然气产量、进口量及消费量数据统计

界第一，且进口比例逐年攀升，2021 年达到了 45.1%。其中，液化天然气（LNG）的进口量占比逐年提高，成为中国天然气进口的重要组成部分。

可以看出，随着中国经济的发展和城市化进程的加快，天然气需求持续增长，但国内产量的增长速度却逐渐放缓，导致对进口依赖程度也在逐步加深[19]。随着中国经济的不断发展和清洁能源政策的加强，未来中国天然气进口量还将继续增加，但同时也需要进一步加大天然气勘探和开发力度，提高国内的天然气产量，以保障能源安全和可持续发展。

### 1.1.3 天然气应用

随着中国经济的快速发展和城市化进程的加速，城市燃气需求不断增长，成为中国天然气消费的主要领域。城市燃气主要用于家庭、商业和公共领域供暖、热水等方面，以及工业领域的燃料和原料加工。近年来，随着城市天然气管网的不断扩大和普及，城市燃气的应用范围也在不断扩大。据统计，中国城市燃气消费占全国天然气总消费的比重已经超过 70%。此外，工业用气也是中国天然气消费的重要领域，主要用于钢铁、化工、建材等领域的生产过程中。随着中国工业化进程的不断推进，工业用气的需求也在逐年增加。发电用气也是中国天然气消费的重要领域之一，随着中国大力发展清洁能源，天然气发电的比重也在逐年提高[20,21]。

居民燃气是天然气的主要应用领域之一[22]。随着中国城市化进程的不断加速，城市居民对于家庭燃气的需求也在不断增长。在过去，煤气和液化石油气一直是家庭燃气的主要来源，然而这些传统燃料在使用过程中会产生大量的二氧化碳、硫化物和氮氧化物等有害物质，对环境和健康都带来不小的影响。而天然气作为一种清洁能源，逐渐成为城市居民替代传统燃料的首选。目前，天然气已成为中国城市居民最主要的家庭燃气，其低污染、高效能的特性，受到了越来越多居民的欢迎。根据国家统计局数据显示，2021 年我国城市居民使用天然气量达到 1415 亿立方米，占天然气总消费量的 38%。

工业用气是中国天然气消费的重要领域之一，特别是在制造业、建筑业、冶金业和化工业中广泛使用。随着中国经济的快速发展和产业结构的升级，工业用气需求不断增长。根据国家统计局数据显示，2021 年工业用气量达到 1341 亿立方米，占天然气总消费量的 36%。天然气具有高热值、低污染、易储存、安全可靠等优点，与传统的燃料相比具有更好的环保和经济效益。工业用气的应用范围十分广泛，主要包括炼油、化工、钢铁、水泥等行业。其中，炼油行业是天然气的主要消费领域之一，天然气被广泛应用于炼油的加热、蒸汽生成和炼油催化裂化等工艺中。化工行业也是天然气的主要消费领域之一，天然气作为化工原料，可以生产出乙烯、丙烯、甲醇、氢气等多种化工产品。随着我国工业的快速发展和能源结构的优化，天然气的重要性和应用范围将会进一步扩大。政府也将继续推进天然气市场化改革，优化天然气资源配置，加强天然气管道和储气设施建设，从而满足日益增长的工业用气需求。

天然气在中国电力行业中的应用越来越广泛。随着环保政策的加强，传统的化石能源已经受到了限制，而天然气作为一种清洁高效的替代能源，被广泛地应用于电力行业。相较于传统的燃煤发电，天然气发电能够降低大气污染物的排放量，减少温室气体的排放，从而更好地保护环境。此外，天然气发电的效率也更高，能够提高发电厂的能源利用率，降低电网输电损耗，进一步节约能源。当前，中国的天然气发电已经形成了一定规模，在许多地方得到了应用。尤其是在电力需求较大的城市和工业区域，天然气发电的应用更加广泛。随着技术的不断创新和完善，天然气发电的成本也不断降低，进一步促进了其在电力行业中的应用。未来，随着天然气储备的不断增加和天然气电力市场的进一步开放，天然气发电在中国电力行业中的应用前景将更加广阔。

天然气在交通运输领域的应用正在逐渐扩大。天然气作为一种清洁、环保的燃料，可以减少交通运输过程中产生的尾气排放，有效降低空气污染。此外，天然气的价格相对较为稳定，能够为交通运输企业提供可靠的能源保障。近年来，中国政府鼓励天然气在交通运输领域应用，通过出台政策、引导投资等方式推动天然气汽车的发展。截至 2021 年，全国燃气汽车的总供气量超过了 114 亿立方米，天然气汽车加气站的数量达到了 4374 座[23]，虽然天然气在交通运输领域的应用存在一些技术难题和成本问题，但随着相关技术的不断进步和应用范围的扩大，天然气在交通运输领域的前景依然广阔。可以预见的是，未来随着能源结构的优化和环保意识的提升，天然气在交通运输领域的应用将会得到更广泛的推广和应用。

除了以上应用领域外，天然气还被广泛应用于农业、港口码头、公共建筑等领域。随着天然气技术的不断发展和应用领域的不断拓展，天然气的应用前景将更加广阔。

### 1.1.4 天然气发展趋势

从近年来的数据来看，中国天然气的使用量总体上呈增长趋势，且增长速度较快。这主要是由于以下几个方面的因素[24]：

**政策支持** 中国政府高度重视清洁能源的发展，将天然气作为清洁能源的代表之一，得到了政策的大力支持。政府在多个方面出台了一系列支持天然气发展的政策，以促进天然气产业的健康发展。具体来说，政府加大对天然气基础设施建设的投入，加快天然气管网的建设，提高管道和储气库的规模和覆盖范围，增强了天然气的供应保障。此外，政府还鼓励天然气车的发展，制定了一系列优惠政策，比如购置补贴、免费停车等，以推动天然气车的推广和普及。同时，政府还鼓励企业加大技术创新和研发投入，推动天然气行业不断发展。总的来说，政策支持是中国天然气行业发展的重要动力，未来政府还将继续出台更多的支持政策，为天然气行业的健康发展提供更加有力的支持。

**经济转型** 中国正在经历经济转型期，逐渐从传统的重工业向服务业和高科技产业转型。这种转型需要更多的清洁能源支持。天然气是一种相对清洁的化石能源，燃烧后产生的二氧化碳和氮氧化物等污染物要比煤炭和油类燃料低很多，可以有效减少大气污染和温室气体排放。这对于促进经济转型期间的环保工作非常重要。其次，天然气作为一种灵活的能源形式，可以适应不同行业和用途的能源需求[25]。随着中国经济转型的深入，一些服务业和高科技产业的能源需求将逐渐增大，这些行业需要高效、清洁、灵活的能源供应，而天然气恰好具备这些特点。此外，随着新能源的发展和价格下降，天然气的竞争力也将得到提升，未来将成为中国能源结构调整的重要组成部分。

**环保意识提高** 随着经济的快速发展和城市化进程的加速，中国的大气污染问题也日益严峻。根据中国环境监测总站的数据显示，2013 年全国 $PM_{2.5}$ 浓度为 89.5 μg/m$^3$，而 2021 年则下降至 33 μg/m$^3$，显示出中国政府和民众对大气污染治理的重视和努力。大气污染给人们的健康和生活带来了严重的危害，特别是 $PM_{2.5}$ 对人的健康影响最为严重，可引起呼吸系统疾病、心脏病等，甚至影响儿童的智力发展。因此，人们对环保的意识越来越强，迫切需要采取措施来改善环境质量。天然气是一种清洁的能源，相较于煤炭等传统能源，其燃烧产生的二氧化碳、氮氧化物和硫氧化物等污染物少得多，因此被越来越多的人所接受和采用。政府也在大力推进天然气作为清洁能源的发展，加大天然气基础设施建设的投入，鼓励天然气车的发展等，以减少传统能源对环境带来的污染。因此，可以说，环保意识的提高和大气污染治理的需求是促进天然气作为清洁能源发展的重要推动力量之一。随着政府对环保和清洁能源的重视程度越来越高，未来天然气将会成为中国能源结构中的重要组成部分。

综合以上因素，未来中国天然气的趋势将会继续保持增长态势。随着政府对清洁能源的大力支持和环保意识的提高，天然气将会成为未来中国能源结构中的重要组成部分。同时，随着技术的不断发展，天然气的利用效率也将得到进一步提高，未来天然气的发展前景仍然广阔。

## 1.2 我国城镇天然气使用情况

天然气作为一种清洁能源，具有低碳、低污染、高效等优势，逐渐成为中国城镇化进程中的主要能源之一。2018 年，全国城镇天然气供应量为 1444 亿立方米，同比增长 14.3%。城镇居民天然气使用量为 313.5 亿立方米，同比增长 11.0%，燃气普及率达到 96.7%[26]；2019 年，全国城镇天然气供应量为 1608.6 亿立方米，同比增长 11.4%。城镇居民天然气使用量为 347 亿立方米，同比增长 10.7%，燃气普及率达到 97.3%。2020 年，全国城镇天然气供应量为 1563.7 亿立方米，同比下降 2.8%。城镇居民天然气使用量为 381.6 亿立方米,同比增长 10.0%,燃气普及率达到 97.9%。2021 年，全国城镇天然气供应量为 1721.1 亿立方米，同比增长 10.1%。其中，城镇居民天然气使用量为 412 亿立方米，同比增长 8.0%，燃气普及率达到 98%。除2020年，由于疫情等原因的影响，天然气的城镇供气量有了小幅度的下降外，其他时期，无论是天然气的供气量还是家庭用量整体上呈现出逐年上升的趋势，且截止到 2021 年年底城镇的燃气普及率高达到 98%（图 1-2）。

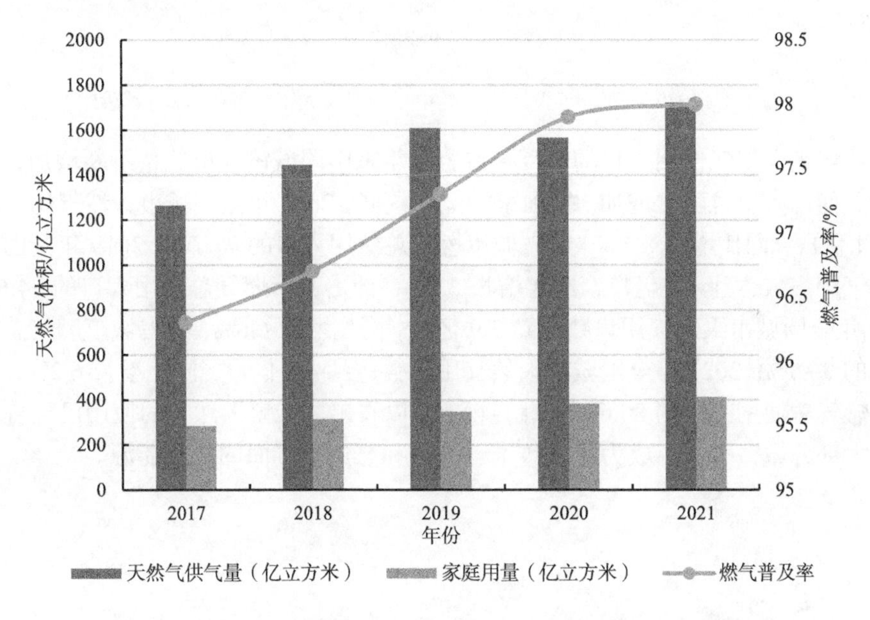


图 1-2　2017～2021 年全国天然气供气量、家庭用量及燃气普及率

从城市燃气中天然气所占比例来看，城市燃气包括天然气、液化石油气（LPG）和人工煤气三种主要能源[27]。观察三种城市燃气的供气总量可以看出，液化石油气和人工煤气的供气总量逐年减少，而天然气的比例逐年增加（图 1-3）。城市燃气供应中天然气所占比例越来越大，成为城市燃气的主要能源。此趋势的背后，是中国政府持续推进城镇天然气供应侧改革，加强天然气储备建设和管网扩建，优化价格机制等政策的积极推动。

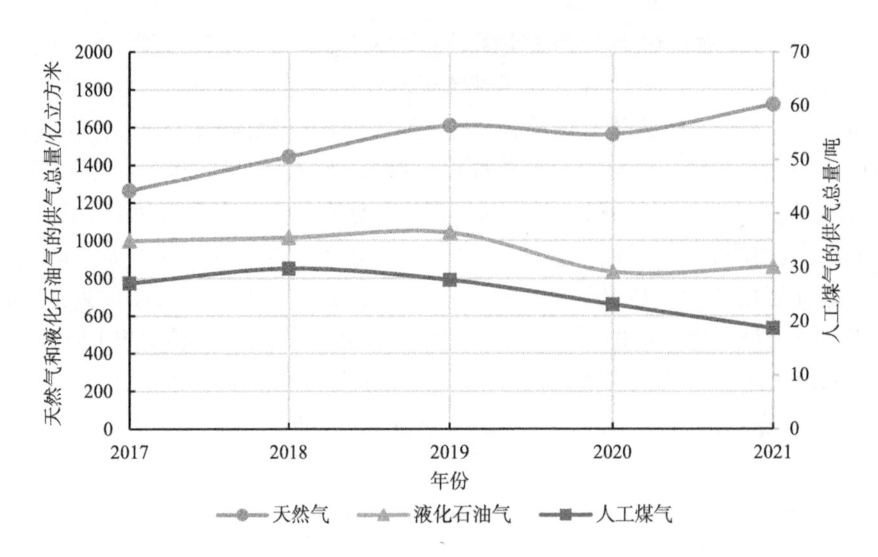


图 1-3 2017～2021 年天然气、液化石油气及人工煤气供气总量统计

从城镇天然气使用人口的角度来看，近年来中国城镇人口数量不断增加，城镇天然气使用人口也随之增加。据国家能源局数据，2018 年全国城市天然气用户数达到 3.4 亿户，同比增长 8.7%，约占城市燃气总使用人口的 71.7%；2019 年全国城市天然气用户数达到 3.7 亿户，同比增长 5.8%，约占城市燃气总使用人口的 74.6%；2020 年全国城市天然气用户数达到 3.9 亿户，同比增长 6.6%，约占城市燃气总使用人口的 76.5%；2021 年全国城市天然气用户数达到 4.2 亿户，同比增长 6.2%，约占城市燃气总使用人口的 80.6%（图 1-4）。可以看出，城镇天然气的使用已经普及到了绝大部分城镇家庭，成为家庭热水、采暖和烹饪等方面的主要能源。

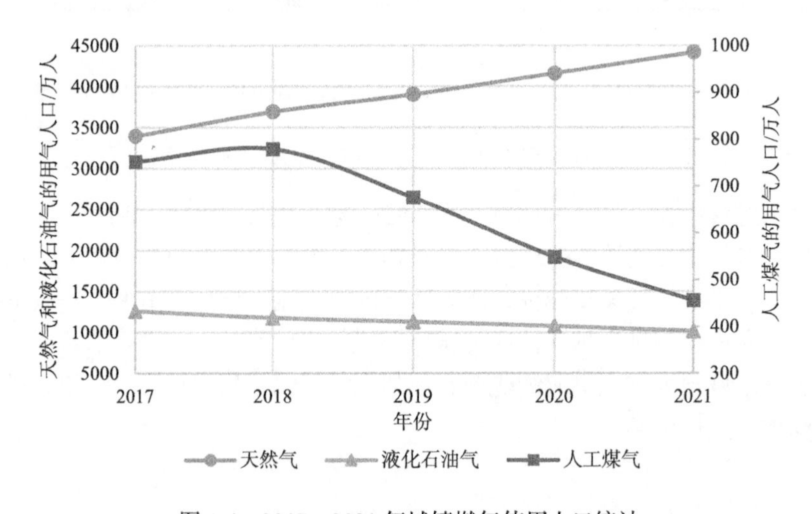


图 1-4 2017～2021 年城镇燃气使用人口统计

总体来说，中国的城镇天然气使用量在近五年间呈现逐年增长的趋势，这与中国政府推进清洁能源替代传统能源的政策密切相关。首先，中国政府积极推进城镇天然气的供给侧结构性改革，促进天然气供应和使用的便捷化和普及化。通过加强天然气储备建设和管网扩建，优化市场化价格机制和供应保障体系，城镇天然气供应水平和服务质量得到了大幅提升，为城镇居民的天然气使用提供了更加可靠的保障。其次，中国政府对城镇天然气的推广力度也在不断加大。近年来，中国政府陆续推出了一系列鼓励城镇天然气使用的政策，例如加大对城镇燃气管网建设的财政补贴、实施城镇天然气定点扶贫、推动新能源汽车和城镇天然气汽车的发展等。这些政策的出台，有效促进了城镇天然气的普及和推广，同时也为城市环境改善和碳排放减少作出了贡献。最后，中国政府还加强了城镇天然气使用的监管和管理，加强对城镇燃气行业的规范化建设和市场监管。这些措施有助于提高城镇天然气使用的安全性和可靠性，保障城镇居民的生命财产安全。

总之，中国政府推进清洁能源替代传统能源的政策，特别是对城镇天然气的大力推广和发展，为中国经济的可持续发展和环境保护做出了积极的贡献。未来，随着中国经济的进一步发展和城市化进程的加快，城镇天然气的使用量将会继续增长。

## 1.3 我国城镇天然气事故情况

城镇燃气事故是指在城镇燃气生产、储存、输送、使用等环节中发生的爆炸、泄漏、中毒等事故。这些事故的发生主要是城镇燃气生产和供应过程不规范、设备老化、管理薄弱等原因引起的[28]。在这些事故中，人员伤亡和财产损失十分严重，严重影响了人民群众的生命安全和财产安全，也损害了城市形象和社会稳定。据统计，2017～2022年，全国共发生了5016起城镇燃气事故，造成4047人受伤，452人死亡[29]，由此可见城镇燃气事故的严重性和影响的广泛性。近年来，随着我国“碳达峰”“碳中和”的推进，天然气作为一种较为清洁的燃气能源，其消费量和普及率在逐年增加，与此同时天然气事故的频繁发生，造成了较大的人员伤亡和财产损失以及恶劣的社会影响[30-32]。

### 1.3.1 城镇燃气事故分类

城镇燃气事故可以按照气源主要分为天然气事故和液化石油气事故两种[33]。

天然气事故是指由于天然气管道、设施和设备等方面出现故障或操作不当而引发的事故，其中最常见的事故是管道泄漏和爆炸。天然气是一种无色、无味、易燃易爆的气体，一旦泄漏，很容易与空气形成可燃气体混合物，一旦接触到点火源，就会发生爆炸。天然气事故的发生原因可能是管道老化、损坏、渗漏、施工操作不当等多种因素。液化石油气事故是指由于液化石油气贮罐、管道、设施和设备等方面出现故障或操作不当而引发的事故，其中最常见的事故是贮罐泄漏和火灾爆炸。液化石油气是一种易燃易爆的气体，贮罐和管道的泄漏和损坏可能会导致气体泄漏和火灾爆炸事故。液化石油气事故的发生原因可能是贮罐老化、损坏、渗漏、施工操作不当等多种因素。除了天然气、液化石油气外，城镇燃气系统中还使用人工煤气作为燃料。人工煤气是一种通过煤气化工艺从煤炭中提取出来的混合气体，主要成分为一氧化碳和氢气，曾经是城市燃气系统的主要燃料，现已逐渐被天然气和液化石油气所取代[34]。这些气源在城镇燃气系统中使用时，也存在着类似于天然气事故的安全风险，需要严格控制和管理。

城镇天然气事故按照发生场所主要分为居民用户事故、管网事故、场站事故三类。

居民用户事故是指在使用天然气的过程中，用户不当使用或管路老化等原因导致事故的发生。这种事故通常发生在居民小区、商业楼宇、饭店等地方。居民用户事故主要包括以下几种类型[35]：①燃气泄漏事故：管道老化、接头松动、管道损坏等原因导致天然气泄漏。若泄漏气体量较大，且没有及时采取措施，易引发爆炸事故。②燃气中毒事故：使用天然气的设施老化、损坏、燃气燃烧不完全等原因导致室内燃气浓度过高，人员长时间处于高浓度的燃气环境中，易引发中毒事故。③燃气火灾事故：管道老化、设施老化等原因导致火源与燃气接触，易引发火灾事故。

管网事故是指城市天然气管网老化、管理不善等原因导致的事故[36]。这种事故通常发生在城市管网、调压站、调压箱等地方。管网事故主要包括以下几种类型[37]：①管道老化事故：管道使用年限过长、管道材质老化等原因导致管道发生泄漏，容易引发燃气事故。②调压站事故：调压站设施老化、设备损坏、管理不善等原因导致燃气泄漏或爆炸事故的发生。③调压箱事故：调压箱是用于调节城市燃气管网压力的设备，设施老化、设备损坏等原因导致燃气泄漏或爆炸事故的发生[38]。

场站事故是指天然气输送场站中发生的事故[39,40]，包括储气罐事故、压缩机事故、泄漏事故等，主要包括爆炸、泄漏、火灾等类型。这种类型的事故对周边居民和环境的危害也相对较大，容易造成重大人员伤亡和财产损失。场站事故的发生原因多种多样，其中较为常见的包括设备老化、管路腐蚀、操作不当等问题。一些场站可能因为长时间没有得到维护而导致设备出现故障，或是使用了低质量的设备和材料而导致事故发生。此外，由于场站常常是一个高度集中的区域，人员流动和管理也是影响安全的因素之一。近年来，场站事故的发生频率虽然不高，但对周边居民和环境的影响很大，因此，对于场站的安全管理和日常维护非常重要[41]。

### 1.3.2 城镇天然气事故统计

根据中国城市燃气协会发布的数据， 2018 年全国共发生燃气事故 813 起，同比降低 12.1%，造成 80 人死亡，928 人受伤；2019 年全国共发生燃气事故 721 起，同比降低 11.3%，造成 63 人死亡，585 人受伤；2020 年全国共发生燃气事故 615 起，同比降低 14.7%，造成 92 人死亡，560 人受伤；2021 年全国共发生燃气事故 1140 起，同比增加 85.4%，造成 106 人死亡，763 人受伤；2022 年全国共发生燃气事故 802 起，同比降低 29.7%，造成 7 人死亡，66 人受伤（图 1-5 和图 1-6）。综合以上数据分析可以看出，2017～2022 年，我国城镇燃气事故的发生率整体上有所下降，其中 2021 年湖北十堰市发生“6・13”重特大燃气事故，媒体对于燃气事故的关注度提高，报道量增加，排除上述因素的影响，2021 年的燃气数量并无明显波动。虽然近年来我国城镇燃气事故的数量和受伤人数呈下降趋势，但是仍然存在一定的安全隐患，需要不断加强燃气安全管理，提高燃气供应的安全可靠性。

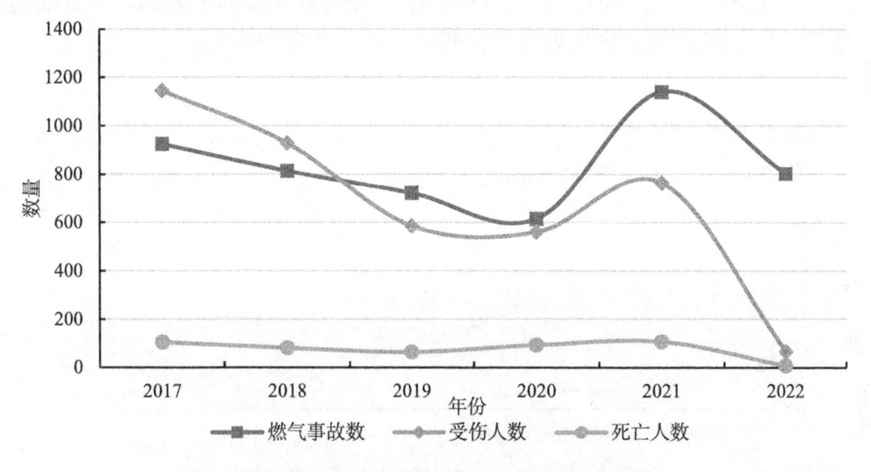


图 1-5 2017～2022 年城镇燃气事故统计

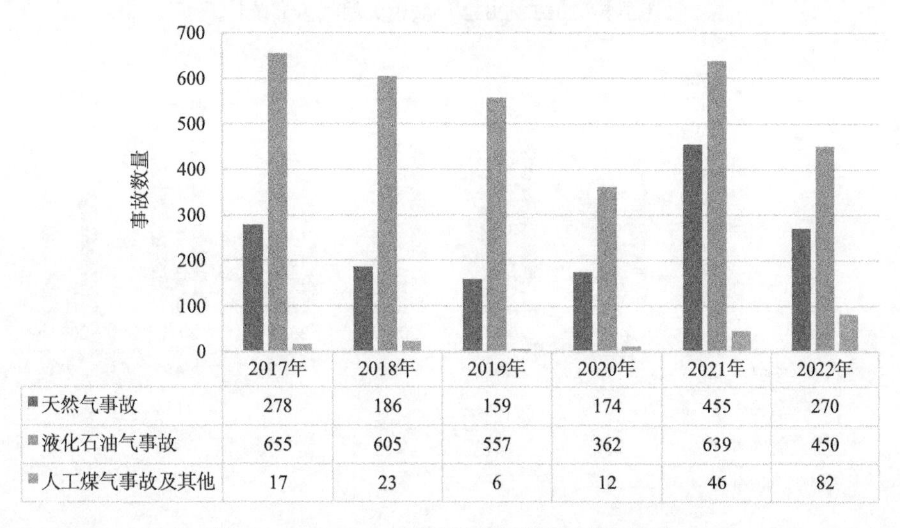


| | 2017年 | 2018年 | 2019年 | 2020年 | 2021年 | 2022年 |
|---|---|---|---|---|---|---|
| 天然气事故 | 278 | 186 | 159 | 174 | 455 | 270 |
| 液化石油气事故 | 655 | 605 | 557 | 362 | 639 | 450 |
| 人工煤气事故及其他 | 17 | 23 | 6 | 12 | 46 | 82 |

图 1-6 2017～2022 年不同气源燃气事故统计

城镇天然气事故的数量与城镇燃气的总体变化趋势相似，整体上呈现下降的趋势。2018 年全国共发生天然气事故 399 起，同比增加 1.5%，居民用户事故占比 31.1%，天然气管网事故占比 67.4%，天然气场站事故占比 1.5%；2019 年全国共发生天然气事故 365 起，同比降低 8.5%，居民用户事故占比 28.2%，天然气管网事故占比 71.0%，天然气场站事故占比 0.8%；2020 年全国共发生天然气事故 278 起，同比降低 23.8%，居民用户事故占比 46.0%，天然气管网事故占比 52.9%，天然气场站事故占比 1.1%；2021 年全国共发生天然气事故 455 起，同比增加 63.7%，居民用户事故占比 25.9%，天然气管网事故占比 73.8%，天然气场站事故占比 0.2%；2022 年全国共发生天然气事故 270 起，同比降低 40.7%，居民用户事故占比 19.3%，天然气管网事故占比 78.5%，天然气场站事故占比 2.2%[42]。在所有的天然气事故中，管网事故占据了大部分，其次为居民用户天然气事故，场站的天然气事故占比较小（图 1-7 和图 1-8）。

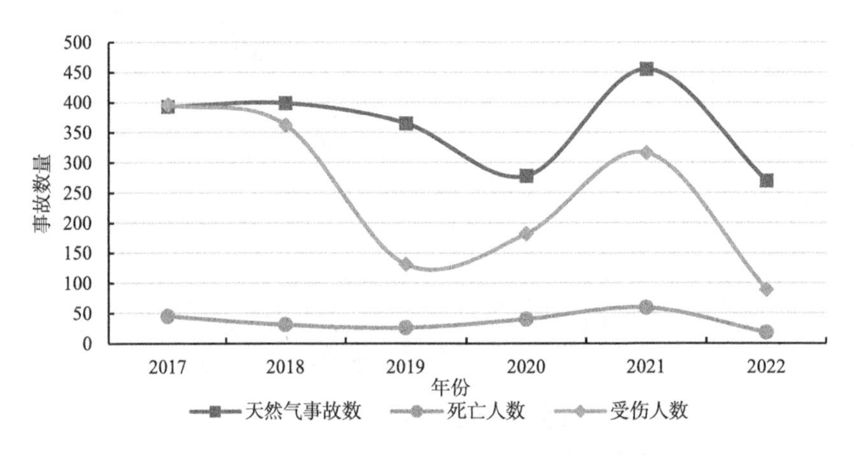


图 1-7　2017 ~ 2022 年城镇天然气事故统计

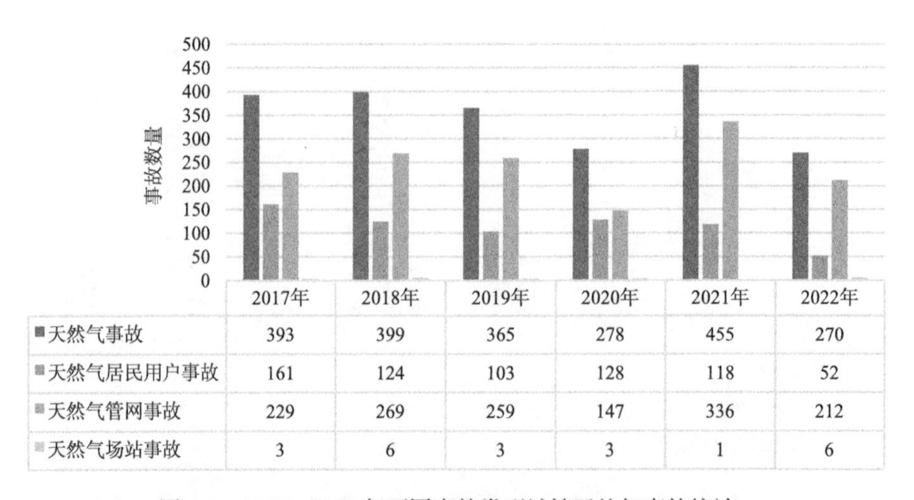


| | 2017年 | 2018年 | 2019年 | 2020年 | 2021年 | 2022年 |
|---|---|---|---|---|---|---|
| 天然气事故 | 393 | 399 | 365 | 278 | 455 | 270 |
| 天然气居民用户事故 | 161 | 124 | 103 | 128 | 118 | 52 |
| 天然气管网事故 | 229 | 269 | 259 | 147 | 336 | 212 |
| 天然气场站事故 | 3 | 6 | 3 | 3 | 1 | 6 |

图 1-8　2017 ~ 2022 年不同事故类型城镇天然气事故统计

根据城镇燃气爆炸事故分析，居民用户事故中燃气泄漏的原因主要包括软管问题（包括老化、破损、脱落、动物咬噬等）、阀门问题（包括阀门未关、未关紧、松动、漏气等）、灶具问题（包括燃气灶、热水器、地热锅炉等）、人为原因（包括自杀、私自改装）、操作不当（包括烧干锅、煮沸、安装更换不到位、连接漏气等）、安全附件问题（包括减压阀、角阀、燃气表等）、管线或气罐问题（燃气管道或煤气罐本体问题）等。在统计过程中发现，软管问题是城镇燃气事故的最主要原因，在2017～2022年的统计事件中占据了33.4%，其次阀门的问题也较为严重，占据了事故总数的20.2%，管道及气罐问题的出现较少，仅占据了事故总数的2.4%（表1-1）。

**表1-1　基于泄漏原因的燃气爆炸事故统计**

| 事故原因 | 事故数量 | | | | | | |
|---|---|---|---|---|---|---|---|
| | 2016年 | 2017年 | 2018年 | 2019年 | 2020年 | 2021年 | 2022年 |
| 软管问题 | 276 | 337 | 255 | 316 | 132 | 74 | 64 |
| 阀门问题 | 204 | 171 | 220 | 158 | 124 | 2 | 2 |
| 灶具问题 | 102 | 60 | 28 | 27 | 22 | 36 | 25 |
| 人为原因 | 230 | 151 | 50 | 62 | 80 | 23 | 9 |
| 操作不当 | 51 | 126 | 177 | 117 | 102 | 34 | 45 |
| 安全附件问题 | 25 | 80 | 42 | 14 | 51 | 26 | 1 |
| 管线或气罐问题 | 15 | 5 | 28 | 21 | 22 | 12 | 3 |
| 其他 | 6 | 20 | 14 | 7 | 15 | 29 | 29 |

表1-2列出了2017～2022年间十几起典型的天然气泄漏爆炸事故。可以看出，天然气在密闭空间聚集进而发生爆炸事故的严重性。一旦密闭空间发生爆炸极有可能导致建筑结构损毁，重大人员伤亡等直接损失，同时爆炸事故引起的社会影响等间接损失也是无法估量的。2021年湖北十堰“6・13”管道燃气爆炸事故共造成26人死亡、138人受伤，给全社会燃气安全敲响了警钟[43]。2021年11月24日，国务院安委会印发了《全国城镇燃气安全排查整治工作方案》，并于12月2日召开了全国城镇燃气安全排查整治动员部署电视电话会议，部署在全国范围内开展为期一年的城镇燃气安全排查整治工作，要求各地区、各有关部门全面排查整治燃气安全隐患问题，有效防范化解重大安全风险，坚决遏制燃气事故多发势头。

**表 1-2　天然气泄漏爆炸事故**

| 时间 | 地点 | 原因 | 后果 |
|---|---|---|---|
| 2017.7.4 | 吉林松原 | 在维修排污管线过程中发生燃气管线泄漏，遇明火发生爆炸 | 5 人死亡，89 人受伤 |
| 2018.1.17 | 吉林 | 居民误操作导致民用天然气泄漏，引发天然气爆炸 | 3 人死亡，4 人受伤 |
| 2018.3.24 | 江西景德镇 | 天然气管道破裂，天然气泄漏至下水管道引发爆炸 | 1 人死亡，5 人受伤 |
| 2019.1.30 | 吉林长春 | 居民使用燃气不当，造成家中燃气泄漏，引发爆燃及火灾 | 8 人死亡，3 人受伤 |
| 2020.4.25 | 四川成都 | 用户私自使用装载机挖破天然气管道引发民宅燃爆 | 2 人死亡，6 人受伤 |
| 2020.6.20 | 内蒙古呼和浩特 | 居民楼发生天然气爆炸 | 2 人死亡，3 人受伤 |
| 2020.7.19 | 天津市北辰区 | 居民楼燃气爆燃 | 4 人死亡，13 人受伤 |
| 2021.6.13 | 湖北十堰 | 天然气管网腐蚀泄漏 | 26 人死亡 138 人受伤，重大事故 |
| 2021.1.25 | 辽宁大连 | 天然气管网未经审批，焊接质量存在问题 | 3 人死亡，8 人受伤 |
| 2021.7.30 | 北京 | 天然气阀井内违规操作导致缺氧窒息 | 3 人死亡 |
| 2021.10.1 | 河北邯郸 | 违规操作，缺氧窒息 | 3 人死亡 |
| 2021.10.21 | 辽宁沈阳 | 饭店内人员违规操作导致天然气泄漏 | 5 人死亡，52 人受伤 |
| 2022.2.16 | 四川成都 | 热水器未装烟道导致一氧化碳中毒 | 3 人死亡 |
| 2022.11.19 | 四川巴中 | 天然气管网工人窒息死亡 | 3 人死亡，2 人受伤 |

## 参 考 文 献


[1] 国家能源局. 中国天然气发展报告（2021）[EB/OL]. [2023-04-03]. http://www.nea.gov.cn/2021-08/21/c_1310139334.htm.

[2] BP. Statistical Review of World Energy 2022[R]. 2022.

[3] 卜凡熙. 埋地燃气管道多阶段耦合泄漏扩散危害规律研究[D]. 大庆: 东北石油大学, 2022.

[4] 王春雪. 城市燃气管网泄漏致灾演化与风险评价研究[D]. 北京: 首都经济贸易大学, 2018.

[5] 唐胜楠. 城市燃气管网事故工况模拟及调度分析[D]. 哈尔滨: 哈尔滨工业大学, 2015.

[6] IEA. International Energy Agency[EB/OL]. [2023-04-03]. https://www.iea.org/data-and-statistics.

[7] 国家能源局. 中国天然气发展报告（2022）[EB/OL]. [2023-04-03]. http://www.nea. gov. cn/2022-08/19/c_1310654101.htm.

[8] 武凤阳, 邹戈阳, 张沥月, 等. 2020 年中国天然气产业特点分析[J]. 石油规划设计, 2021(3): 33.

[9] 天工.《中国天然气发展报告(2021)》发布[J]. 天然气工业, 2021, 41(8): 68-68.

[10] BOSWELL R, COLLETT T S. Current perspectives on gas hydrate resources[J]. Energy & Environmental Science, 2011, 4.

[11] YOU K, FLEMINGS P B, MALINVERNO A, et al. Mechanisms of methane hydrate formation in geological systems[J]. Reviews of Geophysics, 2019, 4(57).

[12] 黄晓勇，陈卫东，王永中，等. 世界能源发展报告(2021)[J/OL]. [2023-04-03]. https://xueshu.baidu.com/usercenter/paper/show?paperid=1a2j0ju0ue0v0250e62u0e4071488064&site=xueshu_se.
[13] 中国统计年鉴—2019[EB/OL]. [2023-04-03]. http://www.stats.gov.cn/sj/ndsj/2019/indexch. htm.
[14] 北京能源与环境学会. 中国天然气发展报告（2019）[EB/OL]. [2023-04-03]. http://www.biee.org.cn/news/show.php?itemid=300.
[15] 中国电力网. 中国天然气发展报告（2020）[EB/OL]. [2023-04-03]. http://www. chinapo wer.com.cn/zx/zxbg/20200921/30442.html.
[16] 中国统计年鉴—2020[EB/OL]. [2023-04-03]. http://www.stats.gov.cn/sj/ndsj/2020/index ch.htm.
[17] 中国统计年鉴—2021[EB/OL]. [2023-04-03]. http://www.stats.gov.cn/sj/ndsj/2021/indexch. htm.
[18] 中国统计年鉴—2022[EB/OL]. [2023-04-03]. http://www.stats.gov.cn/sj/ndsj/2022/indexch. htm.
[19] 康建国. 全球天然气市场变化与中国天然气发展策略思考[J]. 天然气工业, 2012, 32: 5-10, 111.
[20] 何东，博冀光，李易隆. 世界天然气产业形势与发展趋势[J]. 天然气工业, 2022, 42: 1-12.
[21] 刘洋. 天然气及其应用技术的产业发展现状[J]. 石油商技, 2015, 33: 67-71.
[22] 杨凯. 城市燃气管道泄漏多因素耦合致灾机理与灾害控制研究[D]. 北京：首都经济贸易大学,2016.
[23] 中华人民共和国住房和城乡建设部[EB/OL]. [2023-04-04]. https://www.mohurd.gov.cn/gongkai/ fdzdgknr/sjfb/tjxx/index.html.
[24] 张卫忠. 世界天然气发展趋势[J]. 国际石油经济, 2011, 19: 37-39, 55, 111.
[25] 孟伟，段鹏飞，范峻铭. 城镇燃气行业发展现状与关键前沿技术[J]. 油气储运, 2022, 41: 673-681.
[26] 中国统计年鉴—2018[EB/OL]. [2023-04-03]. http://www.stats.gov.cn/sj/ndsj/2018/indexch. htm.
[27] 苏发龙. HSE 风险管理在城镇燃气企业的探索及实践[D]. 兰州：兰州交通大学, 2017.
[28] 陈雪锋. 天然气长输管道定量风险评价方法及其应用研究[D]. 北京：北京科技大学, 2020.
[29] 中国城市燃气协会[EB/OL]. [2023-04-05]. https://www.chinagas.org.cn/.
[30] 亢永. 城市燃气埋地管道系统风险研究[D]. 沈阳：东北大学, 2013.
[31] 刘克会. 燃气管线运行风险评估与预警决策方法研究[D]. 北京：北京理工大学, 2017.
[32] 陈杰. 天然气集输管网定量风险评估与控制方法研究[D]. 重庆：重庆大学, 2020.
[33] 刘勇，赵忠德，李广，等. 我国城市燃气行业天然气利用现状与展望[J]. 国际石油经济, 2014, 9(22): 79-85, 91, 112.
[34] 杨义，孙慧，王梅. 我国城市燃气发展现状与展望[J]. 油气储运, 2011, 10(30): 725-728, 713.
[35] 李亚琳，梁瑜婷，代文琴. 浅谈居民户内燃气安全隐患及应急对策[J/OL]. 山东化工, 2022, 51: 207-208, 211. DOI:10.19319/j.cnki.issn.1008-021x.2022.19.063.
[36] 赵金辉. 燃气管道泄漏检测定位理论与实验研究[D]. 哈尔滨：哈尔滨工业大学, 2010.
[37] 胡超. 城镇天然气管网安全问题及其政府规制路径[D]. 广州：华南农业大学, 2020.
[38] 杜妮妮，牛亚平，赖圣. 宁波市管输燃气安全风险分析及对策研究[J]. 工业安全与环保, 2023 49(6): 61-64.
[39] 王冰. LNG 加气站的主要危险因素及防护措施[J/OL]. 化工管理, 2022(633): 94-96. DOI:10.19900/j.cnki.ISSN1008-4800.2022.18.029.
[40] 何汶静，刁秀蒙，宋文华. 基于 CASST-QRA 定量评估的液化天然气加气站爆炸事故后果研究[J]. 南开大学学报(自然科学版), 2022, 55: 81-86.
[41] 吕佳，严文锐. LNG 加气站泄漏安全风险分析与控制[J]. 石油库与加油站, 2021, 30: 6-10.
[42] 田彬，崔晓君，赵占飞. 2016—2020 年我国城镇燃气爆炸事故统计与规律分析[J/OL]. 安全与环境学报. DOI:10.13637/j.issn.1009-6094.2022.1011.
[43] 湖北省应急管理厅. 湖北省十堰市张湾区艳湖社区集贸市场“6·13”重大燃气爆炸事故调查报告[EB/OL]. [2023-04-05]. http://yjt.hubei.gov.cn/yjgl/aqsc/sgdc/202109/t20210930_3792103.shtml.

# 第 2 章　室内天然气使用风险分析

## 2.1　天然气理化性质

### 2.1.1　天然气的重要性质参数

1. 混合气体的平均分子量

由于天然气是混合气体，其中不同成分的相对分子质量不同，因此天然气的相对分子质量也不是一个确定的值。然而，通常情况下，我们用天然气的平均相对分子质量来表示其性质，计算平均相对分子质量时需要考虑天然气中各种成分的相对分子质量以及各成分的摩尔分数[1]。

按下式计算[2]：

$$M = 1/100 \times \left( y_1 M_1 + y_2 M_2 + \cdots + y_n M_n \right)$$

式中：

$M$——混合气体的平均分子量；

$y_1, y_2, \cdots, y_n$——各单一气体体积分数（%）；

$M_1, M_2, \cdots, M_n$——各单一气体分子量。

一般而言，天然气的平均相对分子质量约为 16，这是因为其中主要成分甲烷（$CH_4$）的相对分子质量为 16。但实际上，具体的平均相对分子质量会根据具体的成分组成而有所不同。

2. 密度和相对密度

单位容积的燃气所具有的质量称为燃气平均密度，其单位为 $kg/m^3$ 或 $kg/Nm^3$。燃气平均密度可用下式计算：

$$\rho = M / V_m$$

或

$$\rho = 1/100 \times \left( y_1 \rho_1 + y_2 \rho_2 + \cdots + y_n \rho_n \right)$$

式中：

$\rho$——燃气平均密度（kg/Nm³）；

$V_m$——燃气的标准摩尔体积（Nm³/kmol）；

$M$——燃气的平均摩尔质量（kg/kmol）；

$\rho_1, \rho_2, \cdots, \rho_n$——标准状态下各单一气体密度（kg/Nm³）。

对于双原子气体和甲烷组成的混合气体，标准状态下的 $V_m$ 可取 22.4 Nm³/kmol，而对于由其他碳氢化合物组成的混合气体，则取 22 Nm³/kmol[3]。

燃气平均密度与相同状态下的空气平均密度之比值称为燃气相对密度。通常用标准状态数值进行计算：

$$d = \rho / 1.293 = M / (1.293 V_m)$$

式中：

$d$——燃气的相对密度；

$\rho$——燃气平均密度（kg/Nm³）；

$M$——燃气的平均摩尔质量（kg/kmol）；

$V_m$——燃气的标准摩尔容积（Nm³/kmol）；

1.293——标准状态下的空气平均密度（kg/Nm³）。

天然气主要由甲烷组成，常压下甲烷的密度为 0.7174 kg/m³，相对密度为 0.5548。天然气中含有密度比甲烷大的气体，其密度一般为 0.75 ~ 0.8 kg/m³，相对密度一般为 0.58 ~ 0.62。

### 3. 着火温度

甲烷的着火温度为 540 ℃，因此天然气的着火温度通常为 537 ~ 750 ℃。天然气的最小点火能为 310 mJ。

### 4. 燃烧温度

甲烷的理论燃烧温度为 1970 ℃。当天然气利用空气作助燃剂时，其理论燃烧温度可达到 2030 ℃。

### 5. 火焰传播速度

甲烷的最大燃烧速度为 0.38 m/s，由于天然气中主要的燃烧物质是甲烷，因此可近似地认为天然气的火焰传播速度为 0.38 m/s。

### 6. 热值

燃气热值是指单位数量（1 kmol、1 Nm³ 或 1 kg）燃气完全燃烧时所放出的全部热量，单位分别为 kJ/kmol、kJ/Nm³、kJ/kg。燃气工程中常用 kJ/Nm³，液化石油气有时用 kJ/kg。

燃气热值可分为高热值和低热值。高热值是指单位数量的燃气完全燃烧后，其燃烧产物和周围环境恢复至燃烧前温度，而其中的水蒸气被凝结成同温度水后放出的全部热量；低热值是指单位数量燃气完全燃烧后，其燃烧产物和周围环境恢复至燃烧前温度，而不计其中水蒸气凝结时所放出的热量。

通常燃气的热值可按下式计算：

$$H = \sum y_i H_i$$

式中：

$H$——燃气热值（$kJ/Nm^3$）；

$y_i$——燃气中第 $i$ 组分的摩尔（体积）分数；

$H_i$——燃气中第 $i$ 组分的热值（$kJ/Nm^3$）。

由于天然气是混合气体，不同的组分以及组分的不同比例都会造成不同的热值。表 2-1 列出了不同种类的天然气热值。

**表 2-1　不同种类的天然气热值**

| 天然气种类 | 热值/($kJ/Nm^3$) | |
|---|---|---|
| | 高热值 | 低热值 |
| 四川干气 | 40.403 | 36.442 |
| 大庆石油伴生气 | 52.833 | 48.383 |
| 天津石油伴生气 | 48.077 | 43.643 |

在实际工作中，常遇到燃气之间的热值换算。天然气与其他几种燃料的热值换算见表 2-2。

**表 2-2　天然气与其他几种燃料的热值换算表**

| 气体名称 | 天然气/$Nm^3$ | 液化石油气/kg | 焦炉煤气/$Nm^3$ | 90 号汽油/kg | 原油/kg | 柴油/kg | 电力/(kW·h) | 标煤/kg | 焦炭/kg |
|---|---|---|---|---|---|---|---|---|---|
| 1 $Nm^3$ 天然气热值换算 | 1 | 1.334 | 0.471 | 1.212 | 1.176 | 1.200 | 0.101 | 0.834 | 0.800 |

7. 爆炸极限

对于两种或多种可燃气体组成的混合物，如果已知其中每种可燃气体的爆炸极限，那么可以根据 Le Chatelier 定律计算出多元混合可燃气体的爆炸极限，具体计算方法如下式：

$$L_m = \frac{100}{\frac{V_1}{L_1} + \frac{V_2}{L_2} + \cdots + \frac{V_n}{L_n}}$$

式中：

$L_m$——多元混合可燃气体的爆炸极限（体积分数，%）；

$V_1, V_2, \cdots, V_n$——混合气中各可燃气体组分在混合气中的体积分数；

$L_1, L_2, \cdots, L_n$——各组分的爆炸极限（体积分数，%）。

由于天然气的组分不同，爆炸极限存在差异。大庆石油伴生气是 4.2%～14.2%，天津石油伴生气是 4.4%～14.2%。通常将甲烷的爆炸极限视为天然气爆炸极限，因此天然气的爆炸极限为 5%～15%。

### 2.1.2　天然气的主要成分

天然气是一种主要由甲烷组成的混合气体，通常还包含少量的乙烷、丙烷、丁烷、异丁烷、氮气、二氧化碳、氦气等气体。表 2-3 至表 2-5 展示了天然气主要组分甲烷、乙烷和丙烷的理化性质及危险特性。

**表 2-3　甲烷的理化性质及危险特性表**

| | | | | |
|---|---|---|---|---|
| 标识 | 中文名 | 甲烷 | 英文名 | methane |
| | 技术说明书编码 | 51 | UN 编号 | 1971 |
| | CAS 号 | 74-82-8 | 危险化学物质编号 | 21007 |
| | 分子式 | $CH_4$ | 分子量 | 16.04 |
| 理化性质 | 外观与性状 | 无色无臭气体 | | |
| | 熔点（℃） | –182.5 | 相对密度（水=1） | 0.42（–164℃） |
| | 沸点（℃） | –161.5 | 相对蒸气密度（空气=1） | 0.55 |
| | 闪点（℃） | –188 | 饱和蒸气压（kPa） | 53.32（–168.8℃） |
| | 引燃温度（℃） | 538 | 爆炸下限/上限（体积分数，%） | 5.3/15 |
| | 临界压力（MPa） | 4.59 | 临界温度（℃） | –82.6 |
| | 主要用途 | 用作燃料和用于炭黑、氢、乙炔、甲醛等的制造 | | |
| | 溶解性 | 微溶于水，溶于醇、乙醚 | | |
| | 禁配物 | 强氧化剂、氟、氯 | | |
| 毒性及健康危害 | 急性毒性 | 无资料 | | |
| | 健康危害 | 甲烷对人基本无毒，但浓度过高时，使空气中氧含量明显降低，使人窒息。当空气中甲烷达 25%～30%时，可引起头痛、头晕、乏力、注意力不集中、呼吸和心跳加速、共济失调。若不及时脱离，可致窒息死亡。皮肤接触液化本品，可致冻伤 | | |

续表

| | | |
|---|---|---|
| 毒性及健康危害 | 其他有害作用 | 该物质对环境可能有危害，对鱼类和水体要给予特别注意。还应特别注意对地表水、土壤、大气和饮用水的污染 |
| 燃烧爆炸危险性 | 燃爆危险 | 本品易燃，具窒息性 |
| | 危险特性 | 易燃，与空气混合能形成爆炸性混合物，遇热源和明火有燃烧爆炸的危险。与五氧化溴、氯气、次氯酸、三氟化氮、液氧、二氟化氧及其他强氧化剂接触剧烈反应 |
| | 灭火方法 | 切断气源。若不能切断气源，则不允许熄灭泄漏处的火焰。喷水冷却容器，可能的话将容器从火场移至空旷处。灭火剂：雾状水、泡沫、二氧化碳、干粉 |
| | 有害分解产物 | 一氧化碳、二氧化碳 |
| 急救措施 | 皮肤接触 | 若有冻伤，就医治疗 |
| | 吸入 | 迅速脱离现场至空气新鲜处。保持呼吸道通畅。如呼吸困难，给输氧。如呼吸停止，立即进行人工呼吸。就医 |
| 泄漏处置 | 迅速撤离泄漏污染区人员至上风处，并进行隔离，严格限制出入。切断火源。建议应急处理人员戴自给正压式呼吸器，穿防静电工作服。尽可能切断泄漏源。合理通风，加速扩散。喷雾状水稀释、溶解。构筑围堤或挖坑收容产生的大量废水。如有可能，将漏出气用排风机送至空旷地方或装设适当喷头烧掉。也可以将漏气的容器移至空旷处，注意通风。漏气容器要妥善处理，修复、检验后再用 | |
| 储存注意事项 | 储存于阴凉、通风的库房。远离火种、热源。库温不宜超过 30℃。应与氧化剂等分开存放，切忌混储。采用防爆型照明、通风设施。禁止使用易产生火花的机械设备和工具。储区应备有泄漏应急处理设备 | |
| 运输信息及注意事项 | 包装类别 | O52 |
| | 包装方法 | 钢制气瓶 |
| | 运输注意事项 | |
| | 采用钢瓶运输时必须戴好钢瓶上的安全帽。钢瓶一般平放，并应将瓶口朝同一方向，不可交叉；高度不得超过车辆的防护栏板，并用三角木垫卡牢，防止滚动。运输时运输车辆应配备相应品种和数量的消防器材。装运该物品的车辆排气管必须配备阻火装置，禁止使用易产生火花的机械设备和工具装卸。严禁与氧化剂等混装混运。夏季应早晚运输，防止日光曝晒。中途停留时应远离火种、热源。公路运输时要按规定路线行驶，勿在居民区和人口稠密区停留。铁路运输时要禁止溜放 | |
| 操作注意事项 | 密闭操作，全面通风。操作人员必须经过专门培训，严格遵守操作规程。远离火种、热源，工作场所严禁吸烟。使用防爆型的通风系统和设备。防止气体泄漏到工作场所空气中。避免与氧化剂接触。在传送过程中，钢瓶和容器必须接地和跨接，防止产生静电。搬运时轻装轻卸，防止钢瓶及附件破损。配备相应品种和数量的消防器材及泄漏应急处理设备 | |
| 废弃处置 | 处置前应参阅国家和地方有关法规。建议用焚烧法处置 | |
| 接触控制/个体防护 | 中国 MAC（$mg/m^3$） | 未制定标准 |
| | 苏联 MAC（$mg/m^3$） | 300 |
| | TLVTN | ACGIH 窒息性气体 |
| | TLVWN | 未制定标准 |
| | 工程控制 | 生产过程密闭，全面通风 |

续表

| | | |
|---|---|---|
| 接触控制/个体防护 | 呼吸系统防护 | 一般不需要特殊防护，但建议特殊情况下，佩戴自吸过滤式防毒面具（半面罩） |
| | 眼睛防护 | 一般不需要特殊防护，高浓度接触时可戴安全防护眼镜 |
| | 身体防护 | 穿防静电工作服 |
| | 手防护 | 戴一般作业防护手套 |
| | 其他防护 | 工作现场严禁吸烟。避免长期反复接触。进入罐、限制性空间或其他高浓度区作业，须有人监护 |

注：MAC，职业接触限值；TLVTN，空气中有害气体物质接触限值；TLVWN，空气中有害粉尘物质接触限值；ACGIH，美国政府工业卫生学家会议

**表 2-4　乙烷的理化性质及危险特性表**

| | | | | |
|---|---|---|---|---|
| 标识 | 中文名 | 乙烷 | 英文名 | ethane |
| | 技术说明书编码 | 98 | UN 编号 | 1035 |
| | CAS 号 | 74-84-0 | 危险化学物质编号 | 21009 |
| | 分子式 | $C_2H_6$ | 分子量 | 30.07 |
| 理化性质 | 外观与性状 | 无色无臭气体 | | |
| | 熔点（℃） | –183.3 | 相对密度（水=1） | 0.45 |
| | 沸点（℃） | –88.6 | 相对蒸气密度（空气=1） | 1.04 |
| | 闪点（℃） | <–50 | 饱和蒸气压（kPa） | 53.32（–99.7℃） |
| | 引燃温度（℃） | 472 | 爆炸下限/上限（体积分数，%） | 16.0/3.0 |
| | 临界压力（MPa） | 4.87 | 临界温度（℃） | 32.2 |
| | 主要用途 | 用于制乙烯、氯乙烯、氯乙烷、冷冻剂等 | | |
| | 溶解性 | 不溶于水，微溶于乙醇、丙酮，溶于苯 | | |
| | 禁配物 | 强氧化剂、卤素 | | |
| 毒性及健康危害 | 急性毒性 | 无资料 | | |
| | 健康危害 | 高浓度时，有单纯性窒息作用。空气中浓度大于 6%时，出现眩晕、轻度恶心、麻醉症状；达 40%以上时，可引起惊厥，甚至窒息死亡 | | |
| | 其他有害作用 | 该物质对环境可能有危害，应特别注意对地表水、土壤、大气和饮用水的污染 | | |
| 燃烧爆炸危险性 | 燃爆危险 | 本品易燃，具窒息性 | | |
| | 危险特性 | 易燃，与空气混合能形成爆炸性混合物，遇热源和明火有燃烧爆炸的危险。与氟、氯等接触会发生剧烈的化学反应 | | |
| | 灭火方法 | 切断气源。若不能切断气源，则不允许熄灭泄漏处的火焰。喷水冷却容器，可能的话将容器从火场移至空旷处。灭火剂：雾状水、泡沫、二氧化碳、干粉 | | |
| | 有害分解产物 | 一氧化碳、二氧化碳 | | |
| | 吸入 | 迅速脱离现场至空气新鲜处。保持呼吸道通畅。如呼吸困难，给输氧。如呼吸停止，立即进行人工呼吸。就医 | | |

续表

| | | |
|---|---|---|
| 泄漏处置 | 迅速撤离泄漏污染区人员至上风处，并进行隔离，严格限制出入。切断火源。建议应急处理人员戴自给正压式呼吸器，穿防静电工作服。尽可能切断泄漏源。合理通风，加速扩散。如有可能，将漏出气用排风机送至空旷地方或装设适当喷头烧掉。也可以将漏气的容器移至空旷处，注意通风。漏气容器要妥善处理，修复、检验后再用 | |
| 储存注意事项 | 储存于阴凉、通风的库房。远离火种、热源。库温不宜超过 30℃。应与氧化剂、卤素分开存放，切忌混储。采用防爆型照明、通风设施。禁止使用易产生火花的机械设备和工具。储区应备有泄漏应急处理设备 | |
| 运输信息及注意事项 | 包装类别 | O52 |
| | 包装方法 | 钢制气瓶 |
| | 运输注意事项 | |
| | 采用钢瓶运输时必须戴好钢瓶上的安全帽。钢瓶一般平放，并应将瓶口朝同一方向，不可交叉；高度不得超过车辆的防护栏板，并用三角木垫卡牢，防止滚动。运输时运输车辆应配备相应品种和数量的消防器材。装运该物品的车辆排气管必须配备阻火装置，禁止使用易产生火花的机械设备和工具装卸。严禁与氧化剂、卤素等混装混运。夏季应早晚运输，防止日光暴晒。中途停留时应远离火种、热源。公路运输时要按规定路线行驶，勿在居民区和人口稠密区停留。铁路运输时要禁止溜放 | |
| 操作注意事项 | 密闭操作，全面通风。操作人员必须经过专门培训，严格遵守操作规程。建议操作人员穿防静电工作服。远离火种、热源，工作场所严禁吸烟。使用防爆型的通风系统和设备。防止气体泄漏到工作场所空气中。避免与氧化剂、卤素接触。在传送过程中，钢瓶和容器必须接地和跨接，防止产生静电。搬运时轻装轻卸，防止钢瓶及附件破损。配备相应品种和数量的消防器材及泄漏应急处理设备 | |
| 废弃处置 | 处置前应参阅国家和地方有关法规。建议用焚烧法处置 | |
| 接触控制/个体防护 | 中国 MAC（$mg/m^3$） | 未制定标准 |
| | 苏联 MAC（$mg/m^3$） | 300 |
| | TLVTN | ACGIH 窒息性气体 |
| | TLVWN | 未制定标准 |
| | 工程控制 | 生产过程密闭，全面通风 |
| | 呼吸系统防护 | 一般不需要特殊防护，但建议特殊情况下，佩戴自吸过滤式防毒面具（半面罩） |
| | 眼睛防护 | 一般不需特殊防护 |
| | 身体防护 | 穿防静电工作服 |
| | 手防护 | 戴一般作业防护手套 |
| | 其他防护 | 工作现场严禁吸烟。避免长期反复接触。进入罐、限制性空间或其他高浓度区作业，须有人监护 |

**表 2-5 丙烷的理化性质及危险特性表**

| | | | | |
|---|---|---|---|---|
| 标识 | 中文名 | 丙烷 | 英文名 | propane |
| | 技术说明书编码 | 32 | UN 编号 | 1978 |
| | CAS 号 | 74-98-6 | 危险化学物质编号 | 21011 |
| | 分子式 | $C_3H_8$ | 分子量 | 44.10 |

续表

<table>
<tr><td rowspan="9">理化性质</td><td>外观与性状</td><td colspan="3">无色气体，纯品无臭</td></tr>
<tr><td>熔点（℃）</td><td>–187.6</td><td>相对密度（水=1）</td><td>0.58（–44.5℃）</td></tr>
<tr><td>沸点（℃）</td><td>–42.1</td><td>相对蒸气密度（空气=1）</td><td>1.56</td></tr>
<tr><td>闪点（℃）</td><td>–104</td><td>饱和蒸气压（kPa）</td><td>53.32（–55.6℃）</td></tr>
<tr><td>引燃温度（℃）</td><td>450</td><td>爆炸下限/上限（体积分数，%）</td><td>2.1/9.5</td></tr>
<tr><td>临界压力（MPa）</td><td>4.25</td><td>临界温度（℃）</td><td>96.8</td></tr>
<tr><td>主要用途</td><td colspan="3">用于有机合成</td></tr>
<tr><td>溶解性</td><td colspan="3">微溶于水，溶于乙醇、乙醚</td></tr>
<tr><td>禁配物</td><td colspan="3">强氧化剂、卤素</td></tr>
<tr><td rowspan="3">毒性及健康危害</td><td>急性毒性</td><td colspan="3">无资料</td></tr>
<tr><td>健康危害</td><td colspan="3">本品有单纯性窒息及麻醉作用。人短暂接触 1%丙烷，不引起症状；10%以下的浓度，只引起轻度头晕；接触高浓度时可出现麻醉状态、意识丧失；极高浓度时可致窒息</td></tr>
<tr><td>其他有害作用</td><td colspan="3">该物质对环境可能有危害，对鱼类和水体要给予特别注意。还应特别注意对地表水、土壤、大气和饮用水的污染</td></tr>
<tr><td rowspan="5">燃烧爆炸危险性</td><td>燃爆危险</td><td colspan="3">本品易燃，具窒息性</td></tr>
<tr><td>危险特性</td><td colspan="3">易燃气体。与空气混合能形成爆炸性混合物，遇热源和明火有燃烧爆炸的危险。与氧化剂接触剧烈反应。气体比空气重，能在较低处扩散到相当远的地方，遇火源会着火回燃</td></tr>
<tr><td>灭火方法</td><td colspan="3">切断气源。若不能切断气源，则不允许熄灭泄漏处的火焰。喷水冷却容器，可能的话将容器从火场移至空旷处。灭火剂：雾状水、泡沫、二氧化碳、干粉</td></tr>
<tr><td>有害分解产物</td><td colspan="3">一氧化碳、二氧化碳</td></tr>
<tr><td>吸入</td><td colspan="3">迅速脱离现场至空气新鲜处。保持呼吸道通畅。如呼吸困难，给输氧。如呼吸停止，立即进行人工呼吸。就医</td></tr>
<tr><td>泄漏处置</td><td colspan="4">迅速撤离泄漏污染区人员至上风处，并进行隔离，严格限制出入。切断火源。建议应急处理人员戴自给正压式呼吸器，穿防静电工作服。尽可能切断泄漏源。用工业覆盖层或吸附/吸收剂盖住泄漏点附近的下水道等地方，防止气体进入。合理通风，加速扩散。喷雾状水稀释、溶解。构筑围堤或挖坑收容产生的大量废水如有可能，将漏出气用排风机送至空旷地方或装设适当喷头烧掉。漏气容器要妥善处理，修复、检验后再用</td></tr>
<tr><td>储存注意事项</td><td colspan="4">储存于阴凉、通风的库房。远离火种、热源。库温不超过 30°C，相对湿度不超过 80%。应与氧化剂、卤素分开存放，切忌混储。采用防爆型照明、通风设施禁止使用易产生火花的机械设备和工具。储区应备有泄漏应急处理设备</td></tr>
<tr><td rowspan="4">运输信息及注意事项</td><td colspan="2">包装类别</td><td colspan="2">O52</td></tr>
<tr><td colspan="2">包装方法</td><td colspan="2">钢制气瓶</td></tr>
<tr><td colspan="4">运输注意事项</td></tr>
<tr><td colspan="4">本品铁路运输时限使用耐压液化气企业自备罐车装运，装运前须报有关部门批准。采用钢瓶运输时必须戴好钢瓶上的安全帽。钢瓶一般平放，并应将瓶口朝同一方向，不可交叉；高度不得超过车辆的防护栏板，</td></tr>
</table>

续表

| | | |
|---|---|---|
| 运输信息及注意事项 | 并用三角木垫卡牢，防止滚动。运输时运输车辆应配备相应品种和数量的消防器材。装运该物品的车辆排气管必须配备阻火装置，禁止使用易产生火花的机械设备和工具装卸。严禁与氧化剂、卤素等混装混运。夏季应早晚运输，防止日光暴晒。中途停留时应远离火种、热源。公路运输时要按规定路线行驶，勿在居民区和人口稠密区停留。铁路运输时要禁止溜放 | |
| 操作注意事项 | 密闭操作，全面通风。操作人员必须经过专门培训，严格遵守操作规程。远离火种、热源，工作场所严禁吸烟。使用防爆型的通风系统和设备。防止气体泄漏到工作场所空气中。避免与氧化剂、卤素接触。在传送过程中，钢瓶和容器必须接地和跨接，防止产生静电。搬运时轻装轻卸，防止钢瓶及附件破损。配备相应品种和数量的消防器材及泄漏应急处理设备 | |
| 废弃处置 | 建议用焚烧法处置 | |
| 接触控制/个体防护 | 中国 MAC（$mg/m^3$） | 未制定标准 |
| | 苏联 MAC（$mg/m^3$） | 300 |
| | TLVTN | ACGIH 窒息性气体 |
| | TLVWN | 未制定标准 |
| | 工程控制 | 生产过程密闭，全面通风 |
| | 呼吸系统防护 | 一般不需要特殊防护，但建议特殊情况下，佩戴自吸过滤式防毒面具（半面罩） |
| | 眼睛防护 | 一般不需要特殊防护，高浓度接触时可戴安全防护眼镜 |
| | 身体防护 | 穿防静电工作服 |
| | 手防护 | 戴一般作业防护手套 |
| | 其他防护 | 工作现场严禁吸烟。避免长期反复接触。进入罐、限制性空间或其他高浓度区作业，须有人监护 |

天然气的相对密度一般在 0.55～0.65 之间，即它的密度比空气小，因此天然气会上升并分散到大气中。天然气的密度和相对密度会受到气体组分的影响，不同的气田和地点，天然气的比重也会略有不同。天然气本身是无色、无味的，但一般会加入一种特殊的气味（通常是硫化氢或甲硫醇等），以便在泄漏时及时发现。天然气是一种非常优良的燃料，燃烧时产生的主要产物为水蒸气和二氧化碳，不会产生有害物质。其燃烧热值高，一般在 35～45 $MJ/m^3$ 之间，比煤和石油更加环保和清洁。天然气的蒸发热相对较小，约为 38.2 kJ/mol，因此它不易液化。它的沸点在−162°C 左右，因此在一般气温下都是气态存在。天然气的密度受压强和温度的影响比较大，当温度和压强较高时，天然气的密度会增加。在一般条件下，它的密度为 0.7～0.9 $kg/m^3$。天然气的可燃范围为 5%～15%。低于 5%时，混合气体过于稀薄，无法燃烧；高于 15%时，混合气体过于浓缩，氧气过于稀薄，不易燃烧。天然气的热导率比空气大，约为 0.026 W/(m・K)，因此在导热方面具有优势。

总之天然气是一种清洁、环保、高效的燃料，具有许多独特的理化性质，使其在工业、交通、生活等领域得到广泛应用。

### 2.1.3　天然气的质量指标

开采出来的天然气中，常伴有一些有害和在应用中不利的物质，如硫化物、二氧化碳和水分等。硫在大气中存在的形式主要有硫氧化物、硫酸盐、硫化氢和硫醇等。硫化物及其燃烧产物是主要的大气污染物之一，硫化物的燃烧产物二氧化硫（$SO_2$）释放至大气中，经气相或液相氧化反应生成的硫酸是造成酸性降水，即酸雨的主要原因之一。燃气中的硫化氢（$H_2S$）是一种无色气体，有臭味，吸入人体进入血液后，可与血红蛋白结合，生成硫化血红蛋白，使人出现中毒症状，甚至死亡。另外，$H_2S$ 会造成运输、储存和蒸发设备及管道的腐蚀，也可使含铅颜料和铜变黑，还会侵蚀混凝土等[4]。

国家标准 GB 17820—2012《天然气》[5]对天然气的质量指标做了如下规定：

（1）天然气发热量、总硫和硫化氢含量、水露点指标应符合天然气技术指标的规定；

（2）在天然气交接点的压力和温度条件下：天然气的水露点应比最低环境温度低 5 ℃；天然气中不应有固态、液态或胶状物质。①标准中气体体积的标准参比条件是 101.3 kPa，20 ℃；②在输送条件下，当管道管顶埋地温度为 0 ℃时，水露点应不高于–5 ℃；③进入输气管道的天然气，水露点的压力应是最高输送压力。

## 2.2　室内天然气泄漏风险

### 2.2.1　室内天然气泄漏的原因

室内天然气泄漏是一种常见的安全风险，因为天然气是一种易燃气体，室内泄漏会增加火灾和爆炸的风险。以下是一些可能导致室内天然气泄漏的情况：

（1）燃气胶管破裂、脱落。胶管接触端松动、使用劣质胶管或胶管超期老化、胶管被咬坏、刮坏等，都会导致胶管破裂或脱落，30%的燃气事故都是因此而引起的。

（2）户内燃气管道损坏。管道被水或其他物质腐蚀；管道受到外力作用导致接口不牢固；管线防腐层被破坏，漏出金属，在与外界环境的长期接触中被腐蚀。

（3）燃气表损坏。燃气表内部构件在长期使用后未得到及时更换，导致燃气渗漏；外力破坏了燃气表等。

（4）燃气灶具点火失败。燃气灶的风门位置不当，燃气和空气没有达到合适的混合比例，污垢附着在打火触点或打火开关失灵，打火电池损坏，电路不通，管道堵塞等。

（5）锅内飞溅的液体浇灭燃烧的火焰。没有及时处理灶上锅中沸腾的液体，致使长时间外溢；煲汤煮粥时，忘记时间。

（6）忘记关阀门。缺乏关闭阀门的意识，多发生在常识较少的孩童或反映迟钝的老人身上；停气后短期未供气。

（7）燃气阀门接口损坏。阀门经久未修导致阀门松动；阀门被空气或做饭中溅出的液体腐蚀。另外燃气灶具损坏、私改燃气管线、用户或燃气公司违规操作等都有可能导致燃气泄漏。

### 2.2.2 天然气管道泄漏扩散特点

天然气管道的泄漏扩散属于气体射流范畴，所谓的气体射流也就是指流体经孔口、喷管等向外流出所形成的流动，由于喷射出的流体带有速度，所以一般情况下的射流都属于湍流流动。在射流流场中，射流从喷口流出后首先形成射流核，通过射流核的运动逐步与周围气体混合直至最后混合完全。天然气泄漏事故中，气体从泄漏口离开后由于与周围的气体存在起始动量差或密度差，天然气会对周围流体产生卷吸作用，在大气中不断膨大并与之混合直至动量差或密度差消失，这个不断卷吸混合的过程也就是天然气的扩散过程。

在扩散过程中，天然气会与外界气体形成混合气云，混合气云的运动十分容易受到外界障碍物、明火火源位置、泄漏点高度等的影响，过程复杂。但由于天然气密度比空气轻，可以将其看作自由射流，流动具有如下几个特点：①由于天然气的射流可以看作自由射流，因此可将射流区轴线上的射流看作动量恒定；②天然气与周围空气的不断卷吸和混合使得射流断面不断扩大，流速降低；③天然气密度比空气小，所以射流属于正浮力射流，射流核的末端位于最大轴向流速处[6,7]。

### 2.2.3 天然气泄漏后果分析

图 2-1 展示了燃气管道事故类型的事故树。天然气管道在发生泄漏失效后，如果在受限空间内立即遇到点火源发生着火，则极易发生受限爆炸，如果所处空间不受限，则会造成喷射火灾。对于天然气泄漏后未立即发生着火的情况，如果所处空间受限，则会形成泄漏云团甚至造成人员窒息；如果发生延迟点火，则会造成气云爆炸。若泄漏行为并未发生在受限空间，且未发生着火，则发生窒息的可能性较小，且泄漏云团难以积聚，但如果泄漏后发生延迟点火，则会造成气云燃烧的情况。对于室内天然气泄漏的情况，容易发生受限爆炸、气云爆炸火灾及窒息的情况，如果室内通风良好，则事故发生的可能性会大幅度降低。

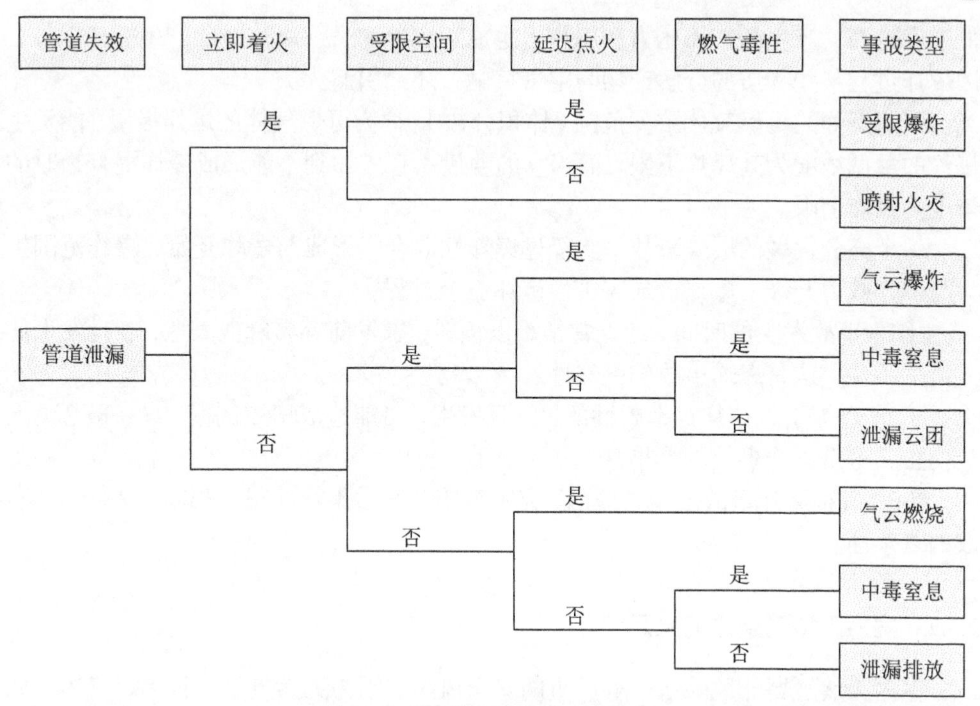


图 2-1　燃气管道事故类型事故树

室内天然气使用的泄漏风险是使用天然气的一个重要方面。天然气泄漏不仅会对人们的健康和安全造成威胁，还会引发火灾或爆炸等严重事故，造成财产和人员的损失。一旦发生燃气泄漏事故，会出现事故连锁、灾害耦合、后果叠加等复杂特征[8,9]，容易演变成灾难性事故，导致惨重人员伤亡、巨大经济损失、恶劣社会影响等，并造成城市运行瘫痪，其安全问题已经成为世界性难题[10,11]。因此，对于泄漏风险，我们需要充分认识和了解，以采取相应的措施减少风险。

## 2.3　室内天然气爆炸风险

### 2.3.1　爆炸的定义和特点

爆炸是一种猛烈进行的物理、化学反应，其特点在于爆炸过程中的巨大反应速度、反应的一瞬间产出大量的热和气体产物。所有的可燃气体与空气混合达到一定的比例关系时，都会形成有爆炸危险的混合气体。大多数有爆炸危险的混合气体在露天中可以燃烧得很平静，燃烧速度也较慢；但若具有爆炸危险的混合气体聚集在一个密闭的空间内，遇有明火即瞬间爆炸；反应过程生成大量高温，被压缩的气体在爆炸的瞬间即释放出极大的气体压力，对周围环境产生极大的破坏力。反应产生的温度越高，产生的气体压力和爆炸力也成正比地增长。爆炸时除产生破坏以外，因爆炸过程某些物质的分解产物与空气接触，还会引起火灾。

引起爆炸的可燃气体浓度范围（体积分数），称为可燃气体的爆炸极限。能发生爆炸的最低浓度为其爆炸下限，而当它的含量一直增加到不能形成爆炸混合物时的浓度为爆炸上限。

一个充分发展的爆炸事故，要经过爆炸性混合气形成与爆炸开始、爆炸范围扩大与爆炸威力升级、爆炸造成灾害性破坏三个过程。

（1）事故发生的时间、地点常常难以预料，事发前容易麻痹大意，一旦发生使人措手不及，这是爆炸事故的突然性。

（2）爆炸事故往往是摧毁性的，一旦发生，可能造成房屋倒塌、设备破坏、人员伤亡，这是爆炸事故的严重性。

（3）各种爆炸事故发生的原因、灾害范围及其后果往往很不相同，这是爆炸事故的复杂性。

### 2.3.2 室内天然气爆炸的原因

室内天然气爆炸风险是一种严重的安全风险，因为天然气是一种易燃气体，如果泄漏未被及时发现和处理，其与空气形成的混合气体极易遇到火源或电火花引起爆炸。

以下是一些可能导致室内天然气爆炸的情况：

（1）天然气泄漏。如果室内的天然气泄漏未被及时发现和处理，其与空气形成的混合气体可在接触火源或电火花时燃烧并引起爆炸。

（2）燃气设备故障。燃气灶、热水器、暖气等设备的故障也可能导致室内天然气爆炸，因为这些设备的点火器、电子控制器等部件故障可能会产生电火花，引发天然气泄漏的混合气体爆炸。

（3）天然气压力过高。天然气压力过高也可能导致室内天然气爆炸，因为过高的压力会导致管道破裂或阀门失效，从而引发天然气泄漏和混合气体爆炸。

### 2.3.3 室内天然气爆炸的后果

可燃气体发生爆炸需要具备三个条件：可燃气体浓度处于爆炸极限范围内，混合气体内氧气浓度不低于临界氧浓度，点火能量大于可燃气体的最小点火能[12]。天然气爆炸是一种快速且剧烈的化学燃烧反应，反应会释放大量热量，爆炸反应和传播的具体过程如图 2-2 所示。

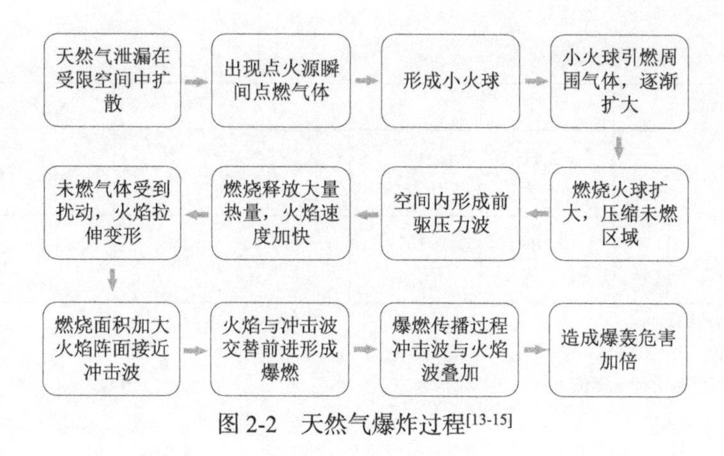

图 2-2 天然气爆炸过程[13-15]

1. 爆炸对人体的影响

燃气爆炸过程产生的冲击波和高温火焰会对人体造成巨大伤害，当产生的冲击波压力小于 20 kPa 时，对人体造成的影响可忽略不计，当冲击波压力超过 20 kPa 时，就会对人体产生不同程度的危害；爆炸产生的高温火焰温度会直接烧伤处于该环境中的人员[16]。

爆炸对人体产生的影响通常分为直接和间接影响两种，其中直接影响就是超压突然变化对人体器官进行冲击造成的，可采用概率函数法评估各类损伤可能发生的概率[17]。

$$P = \frac{1}{2}\left[1 + \mathrm{erf}\left(\frac{P_{\mathrm{r}} - 5}{\sqrt{2}}\right)\right]$$

式中：

$$P_{\mathrm{r}} = c_1 + c_2 \mathrm{In} S$$

其中，$P_{\mathrm{r}}$为概率函数；变量 $S$ 是根据爆炸对人体损害的类型定义的，对应概率系数 $c_1$、$c_2$ 的不同数值。对于不同人体部位损伤来说，$c_1$、$c_2$、$S$ 的取值见表 2-6。

**表 2-6 概率函数公式系数取值**

| 损伤类型 | $S$ | $c_1$ | $c_2$ |
|---|---|---|---|
| 肺部损伤 | $\frac{4.2}{\overline{P}^{①}} + \frac{1.3}{\overline{i}^{②}}$ | 5.0 | –5.74 |
| 鼓膜破裂 | $P_{\mathrm{s}}$ | –12.6 | 1.524 |

续表

| 损伤类型 | $S$ | $c_1$ | $c_2$ |
| --- | --- | --- | --- |
| 头部破裂或骨折 | $\frac{2.43\times10^3}{P_s}$③ $+\frac{4\times10^8}{P_s i_s}$④ | 5.0 | −8.49 |
| 人体位移 | $\frac{7.38\times10^3}{P_s}+\frac{1.3\times10^9}{P_s i_s}$ | 5.0 | −2.44 |

① $\bar{P}$ 是标度压力
② $\bar{i}$ 是标度脉冲
③ $P_s$（Pa）是爆炸最大超压峰值
④ $i_s$（Pa・s）是脉冲值

### 2. 爆炸对建筑物的影响

爆炸发生后冲击波会对周围建筑物墙壁造成伤害，导致墙壁开裂、立柱变形等[18]。对多起室内燃气爆炸事故调查统计发现，有门窗等做泄压口的建筑物损伤较小，完全密闭空间燃气爆炸可能会导致房屋倒塌[19]。基于超压的破坏评估见表 2-7[20]。

**表 2-7 基于超压的普通建筑物破坏评估**

| 超压 | | 破坏 |
| --- | --- | --- |
| psi | kPa | |
| 0.02 | 0.14 | 扰人的噪声（137 dB，或低频 10 ~ 15 Hz） |
| 0.03 | 0.21 | 处于应力状态下的大玻璃窗破裂 |
| 0.04 | 0.28 | 非常吵的噪声（143 dB）、音爆、玻璃破裂 |
| 0.1 | 0.69 | 处于应力状态下的小玻璃破裂 |
| 0.15 | 1.03 | 是导致玻璃破裂的典型压力 |
| 0.3 | 2.07 | “安全距离”（低于该值，不造成严重损坏的概率为 0.95），抛射物极限，屋顶出现某些破坏，10%的窗户玻璃被打碎 |
| 0.4 | 2.76 | 极限：屋顶出现某些破坏；10%的窗户玻璃被打碎 |
| 0.5 ~ 1.0 | 3.4 ~ 6.9 | 导致大小窗户均破裂，窗户框架可能遭到破坏 |
| 0.7 | 4.8 | 对房屋结构造成较小的破坏 |
| 1.0 | 6.9 | 对房屋造成部分破坏，导致无法居住 |
| 1 ~ 2 | 6.9 ~ 13.8 | 石棉板粉碎；钢板或铝板紧固件失效，扣件失效：木板固定失效 |
| 1.3 | 9.0 | 钢骨结构的建筑物产生轻微变形 |
| 2 | 13.8 | 建筑物墙壁和屋顶局部坍塌 |

续表

| 超压 | | 破坏 |
|---|---|---|
| psi | kPa | |
| 2 ~ 3 | 13.8 ~ 20.7 | 未加固的混凝土墙粉碎 |
| 2.3 | 15.8 | 房屋结构严重破坏 |
| 2.5 | 17.2 | 50%砖墙被破坏 |
| 3 | 20.7 | 钢骨结构的建筑物变形 |
| 3 ~ 4 | 20.7 ~ 27.6 | 原油储罐破裂 |
| 4 | 27.6 | 轻型工业建筑物的覆层破坏 |
| 5 | 34.5 | 木制支撑柱折断 |
| 5 ~ 7 | 34.5 ~ 48.2 | 房屋几乎完全破坏 |
| 7 | 48.2 | 满载火车翻倒 |
| 7 ~ 8 | 48.2 ~ 55.1 | 砖板直接被剪切 |
| 9 | 62.0 | 满载的火车车厢完全破坏 |
| 10 | 68.9 | 建筑物全部破坏 |
| 300 | 2068 | 存在爆坑痕迹 |

## 参考文献


[1] 李庆林, 徐嚣. 城镇燃气管道安全运行与维护[M]. 北京: 机械工业出版社, 2014.
[2] 张月钦, 张维勤, 韩玉廷. 城市燃气应用基础与实践[M]. 东营: 石油大学出版社, 2010.
[3] 支晓晔, 高顺利. 城镇燃气安全技术与管理[M]. 重庆: 重庆大学出版社, 2014.
[4] 李明. 燃气工程技术和安全管理[M]. 济南: 山东科学技术出版社, 2012.
[5] 国家能源局. 天然气: GB 17820—2018[S/OL]. (2018-11-19)[2023-04-13]. https://openstd.samr.gov.cn/bzgk/gb/newGbInfo?hcno=C7F5861DFDE1788307F7B8E64C9B039C.
[6] 陈琪. 室内天然气管道微量泄漏扩散特性试验与 CFD 模拟研究[D]. 上海: 华东理工大学, 2016.
[7] 陈琪, 陈彩霞, 吴亭亭, 等. 室内天然气管道微量泄漏气体扩散特性的 CFD 模拟[J]. 安全与环境学报, 2018, 18(6): 171-176.
[8] 孙永庆, 张晓庆. 我国燃气管道风险评估现状、差距及对策[J]. 天然气工业, 2004(5): 113-115+156.
[9] GUO Y B, MENG X L, MENG T, et al. A novel method of risk assessment based on cloud inference for natural gas pipelines[J]. Journal of Natural Gas Science and Engineering, 2016, 30: 421-429.
[10] 李凤. 城市地下燃气管网多风险因素耦合分析及其动态仿真研究[D]. 重庆: 重庆大学 2021.
[11] 杨凯. 城市燃气管道泄漏多因素耦合致灾机理与灾害控制研究[D]. 北京: 首都经济贸易大学, 2016.
[12] 蔺照东. 井下巷道瓦斯爆炸冲击波传播规律及影响因素研究[D]. 太原: 中北大学, 2014.
[13] 陈莹. 工业火灾与爆炸事故预防[J]. 工业火灾与爆炸事故预防, 2010.
[14] 肖丹. 受限空间瓦斯爆炸特性及影响因素研究[D]. 阜新: 辽宁工程技术大学, 2006.
[15] 王磊. 瓦斯浓度对瓦斯爆炸传播的影响研究[D]. 北京: 煤炭科学研究总院, 2009.
[16] 赵东风. 化工过程安全基本原理与应用（原著第三版）[M]. 青岛：中国石油大学出版社, 2017.

[17] ASSAEL M J, KAKOSIMOS K E. Fires, Explosions, and Toxic Gas Dispersions: Effects Calculation and Risk Analysis[M]. CRC Press, 2010.
[18] 陈泷. 燃气爆炸荷载下框架结构的动力响应研究[D]. 包头: 内蒙古科技大学, 2014.
[19] 郭文军, 江见鲸, 崔京浩. 民用建筑结构燃爆事故及防灾措施[J]. 灾害学, 1999, 14(3): 79-82.
[20] CLANCEY V J. Diagnostic features of explosion damage[C]//International Meeting of Forensic Sciences, 1972.

# 第 3 章　爆炸介质特性及点火源研究

## 3.1　天然气爆炸特性

天然气燃烧速度快，燃烧热高，火焰温度高，辐射热强，造成的危害大。天然气爆炸会产生高温热辐射与爆炸冲击波，并会由于燃烧不充分产生 CO 等有毒气体。天然气爆炸具有较强的破坏性、突发性，往往造成大量的人员伤亡和财产损失。在处理天然气爆炸事故的过程中，如果处理方法不当，要点把握不准，还可能发生多次天然气爆炸，造成事故扩大。图 3-1 为天然气泄漏燃烧的典型场景。

图 3-1　天然气泄漏燃烧典型场景

当天然气浓度低于 5%时，遇火不爆炸，但能在火焰外围形成燃烧层，当天然气浓度为 9.5%时，其爆炸威力最大（氧和燃气完全反应）；天然气浓度在 15%以上时，失去其爆炸性，但在空气中遇火仍会燃烧。

天然气爆炸界限并不是固定不变的，它还受温度、压力以及煤尘、其他可燃性气体、惰性气体的混入等因素的影响。

当天然气与空气的混合是在燃烧过程中形成时，则为扩散现象的结果，形成平稳的扩散式燃烧。如果燃气在燃烧前已与空气混合均匀，达到爆炸极限范围，遇火源则发生爆炸式燃烧，也叫动力燃烧。

### 3.1.1　天然气爆炸冲击波特点

室内密闭空间里发生一定体积天然气泄漏，在爆炸极限范围内，天然气-空气混合气体化学配合比达到最佳配合比时，产生爆炸荷载冲击波峰值压力最大，对结构产生的破坏作用最大。如果在发生天然气爆炸时密闭房间设置有泄压口，则能降低爆炸冲击波对结构的破坏作用。图 3-2 为天然气爆炸对建筑结构的破坏作用。

图 3-2 天然气爆炸对建筑结构的破坏

根据爆炸冲击波对人体的伤害水平划分出不同伤亡等级，一般分为死亡（超压大于或等于 100 kPa）、重伤（超压大于等于 44 kPa）、轻伤（超压大于等于 17 kPa）三个等级。随着距爆炸中心距离增大，冲击波超压逐渐减小，对人体的伤害程度逐渐减轻。

### 3.1.2 天然气爆炸破坏毁伤特点

统计发现，对于发生室内天然气爆炸的建筑物，大多数整体性较好，极少发生整体倒塌，主要是因为爆炸产生的冲击波通过门、窗等抗冲击能力较低的构件进行了泄爆。

1. 建筑物附属设施破坏

天然气爆炸对建筑物内门、窗、家具等附属设施的破坏程度远大于对建筑物主体结构的破坏。爆炸产生的冲击波通过破坏门、窗后能量瞬间消散，必然对内部设施产生较大影响。图 3-3 为天然气爆炸对建筑物门窗的破坏作用。

图 3-3 天然气爆炸对建筑物门窗的破坏

2. 结构构件局部破坏

通常在建筑物内部发生天然气爆炸时，产生的爆炸冲击波由内部指向外部。爆炸对结构构件的局部破坏主要表现为侧墙、顶板产生较大的变形、较宽裂缝，混凝土表面发生剥落、露筋现象。图 3-4 为天然气爆炸造成建筑物结构件局部的破坏作用。

图 3-4　天然气爆炸造成建筑物结构件局部破坏

3. 整体破坏

整体结构破坏常发生于一些违章私建构筑物、老旧建筑物和结构设计不合理的钢框架结构。对于目前新建整体浇筑的钢筋混凝土结构建筑物不易发生整体破坏。图 3-5 为天然气爆炸造成建筑物整体的破坏作用。

图 3-5　天然气爆炸造成建筑物整体破坏

### 3.1.3 天然气爆炸现场特征

天然气泄漏后发生爆炸，这种爆炸形成的能量密度小，爆炸压力低，作用范围广，破坏面积大，易引起燃烧，使呼吸道损伤。现场一般存在如下特征：

1. 没有明显的炸点，可分析出爆炸部位

通常将引火源的位置定义为点火源。一般情况下火源不明显，点火源也就不能确定。由于气体在空间分布可能不均匀，破坏最严重的地点不一定是点火点。在现场勘验的实践中，可根据周围物体倾倒、位移、变形、碎裂、抛撒范围等破坏情况分析出一个最初产生爆炸的范围或空间，把它叫作点火源，因此，只能根据现场周围物体破坏情况分析点火源。图 3-6 为发生天然气泄漏爆炸事故的典型场景。

图 3-6 天然气泄漏爆炸事故典型场景一

2. 击碎力小、抛出物大

天然气爆炸能击碎玻璃、木板，其他物体很少被击碎，一般只能被击倒、击裂或破坏成有限几块，且物块大、量少、抛出距离近。图 3-7 为发生天然气泄漏爆炸事故的典型场景。

图 3-7 天然气泄漏爆炸典型场景二

### 3. 冲击波作用弱，燃烧波致伤多

天然气爆炸压力不大，冲击波作用弱，只产生推移性破坏，使墙体外移、开裂，门窗外凸、变形、抛落等。爆炸气体有时能够扩散到家具内部，将大衣柜的门、桌子抽屉鼓开或拉出。但可燃气体弥漫整个空间，冲击波作用范围广，使人畜呼吸道烧伤，衣服被烧焦或脱落，易造成群死群伤的火灾事故。

### 4. 烟痕不明显

天然气泄漏后的爆炸一般发生在化学计量浓度以下，接近或达到爆炸下限时发生，空气充足，气体燃烧充分，一般不会产生烟熏，爆炸中心附近有像喷射涂料颗粒、斑驳的灰白色痕迹，较重部分墙皮脱落只有含碳量高的可燃气体或液体蒸气爆燃可留下烟痕。

### 5. 易引起燃烧

对于小房间如厨房、洗手间等，由于空间小，窗户少，空气流动性极差，天然气流动扩散很慢，往往这些房间内天然气体积分数较大，多数已超过爆炸上限，因此这类房间多以燃烧为主，爆炸现象很少。如果天然气体积分数过大，空气过于稀薄时，形成窒息性气体空间这个房间往往不会发生爆炸，也不会燃烧着火。一般情况下，天然气更容易向空阔的房间扩散，当空阔的房间中天然气体积分数达到爆炸极限，此时遇到明火源时就会发生不同程度的爆炸，这种爆炸威力大小由天然气在空气中体积分数大小来决定。当天然气体积分数接近爆炸下限时，此时以爆炸为主，当天然气体积分数接近爆炸上限时，以燃烧为主，此时爆炸威力较小。室内发生气体爆炸时，可燃气体没有泄尽，在气源处发生稳定燃烧。室内发生气体爆炸后，使室内的可燃物起火，可能造成几个着火点。

### 6. 可形成以点火部位为中心的燃烧蔓延痕迹

在点火部位内，因气体的剧烈燃烧产生高温，引燃达到其燃点的可燃物，形成多个火点。但从整个气体爆炸起火并蔓延的火灾现场来看，能形成以点火部位为中心向其他部位蔓延的痕迹，可助现场调查人员推断出点火点的部位。

### 7. 天然气爆炸现场烟尘痕迹

因天然气比空气轻，故当天然气泄漏时，必然向室内的屋顶扩散，且逐渐由屋顶高位向低位扩散，向室内空间扩散，向空气易流动的地方扩散，形成室内不同高度不同部位的天然气在空气中的体积分数不同。爆炸或者起火后，易在房间高位留下烟尘，天然气爆炸、火灾现场在墙、窗及屋顶等高处的烟尘，尤其是通过被爆炸

冲击波抛出去的附着烟尘的玻璃。图 3-8 为天然气泄漏爆炸事故的典型场景。

图 3-8 天然气泄漏爆炸事故典型场景三和场景四

## 3.2 液化石油气理化性质及爆炸特性

发生户内爆炸事故后，首先应对爆炸介质进行判定，对爆炸介质进行准确判定在勘验过程中最为重要。根据调研内容，一般户内燃气爆炸有天然气和液化石油气两种爆炸介质，为了与天然气的理化性质及爆炸特性进行对比分析，现对液化石油气的理化性质及爆炸特性加以分析说明。

### 3.2.1 液化石油气理化性质

液化石油气是由多种烃类气体组成的混合物，其主要成分是含有 3 个碳原子和 4 个碳原子的碳氢化合物，即丙烷、正丁烷、异丁烷、丙烯、1-丁烯、顺式-2-丁烯、反式-2-丁烯和异丁烯等碳氢化合物，另外还含有少量甲烷、乙烷、戊烷、乙烯或戊烯以及微量的硫化物、水蒸气等非烃化合物。液化石油气的成分和含量通常采用色谱法对其进行定性与定量分析。液态液化石油气密度为 580 $kg/m^3$，气态密度为 2.35 $kg/m^3$，气态相对密度为 3.686；引燃温度 426～537 ℃；爆炸极限浓度范围为 1.5%～9.5%；燃烧值 43.22～50.23 MJ/kg。液化石油气燃点低，其主要成分丙烷的最小点火能为 0.305 mJ，丁烷的最小点火能为 0.38 mJ。

液化石油气在常温下呈气态，当升高压力或降低温度即可转为液态，液化石油气临界压力为 3.53～4.45 MPa（绝对压力），临界温度为 92～162 ℃。液化石油气从液态转变为气体体积会增大 250～300 倍，气态的液化石油气比空气重，约为空气的 3.686 倍。液化石油气一旦泄漏，就会迅速气化，易积聚在地势低洼、沟槽等部位而不易扩散。

### 3.2.2　液化石油气爆炸特性

液化石油气的危险性与其易燃易爆特性密切相关。因液化石油气爆炸下限很低（2%左右），极易与周围空气混合形成爆炸性气体，遇到明火会引起火灾爆炸事故，对人员、设备及设施危害极大。

### 3.2.3　液化石油气爆炸冲击波特点

相对于天然气，液化石油气爆炸过程更迅速，冲击波超压值更高。冲击波的破坏作用可用三个特征量来衡量，即波阵面上的压力、冲击波的持续时间和比冲量（压力与时间的乘积）。在冲击波阵面后出现的高温和高压是杀伤和破坏的主要因素。在其他条件相同的情况下，爆炸能量越大，冲击波强度越大，波阵面上的超压也越大。当冲击波在空间自由传播时，波的强度随着传播距离的增加而逐渐衰减。在相同的爆炸条件下，距离爆炸中心越近，冲击波波阵面上超压越大，其破坏作用也越大。

### 3.2.4　液化石油气爆炸破坏毁伤特点

当环境温度高于液化石油气临界温度时，泄漏液化石油气快速气化，与空气混合形成可燃性气云，遇火源发生爆炸事故，热辐射是液化石油气的主要危害之一，造成周围设备严重损坏，甚至出现人员的伤亡情况。图 3-9 为液化石油气充装点发生的泄漏爆炸现场图片。

图 3-9　液化石油气充装点泄漏爆炸

当液化石油气气瓶受到外力的冲击或火灾热载荷的作用时，气瓶很可能发生失效破裂。如果气瓶破裂程度严重，由于大量液化石油气在瞬间气化，会发生沸腾液体蒸气爆炸（BLEVE），从而引起爆炸冲击波、气瓶碎片抛出和巨大的火球热辐射，伤害周围的人员，使设备造成严重破坏。图 3-10 为液化石油气气瓶发生爆炸破裂。

图 3-10　液化石油气气瓶爆炸破裂

如果气瓶仅仅发生阀门泄漏，则泄漏处会引起液化石油气喷射释放，引起持续泄漏，遇到火源会引发喷射火焰。图 3-11 为液化石油气泄漏后引发的喷射火焰。

液化石油气燃烧或爆炸过程中任何由于结构强度较弱而不能承受预计爆炸超压的建构筑物，都可能在爆炸实际发生时遭受大范围的破坏。图 3-12 为液化石油气发生泄漏爆炸时对建筑物的破坏作用。

图 3-11　液化石油气泄漏喷射火焰

图 3-12　液化石油气泄漏爆炸对建筑物的破坏

液化石油气爆炸后对人体的伤害多以烧伤为主，对人体头面部及双手烧伤发生率最高。图 3-13 为液化石油气发生泄漏爆炸时对人体的伤害。

图 3-13　液化石油气泄漏爆炸对人体的伤害

### 3.2.5　液化石油气爆炸痕迹

液化石油气等密度比空气大的气体，易聚集到低洼区域，发生燃烧爆炸后，现场能发现某物体下方或者一般火灾烧不到的低洼处存在细微可燃物的烧焦痕特别是木质结构物质形成炭化层薄，龟裂纹小，十分均匀的低位燃烧痕迹。易燃液体泄漏后挥发引起的爆炸，木地板上可呈现液体流淌轮廓，出现木材纹理或炭化分明的痕迹；不燃地面形成重质成分游离碳附着在地面的界限分明的燃烧图痕，或形成炭化坑，或形成炸裂。

北京市域内基本没有液化石油气气化站进行管道供气，液化石油气供气气源通常在事故现场或附近有液化石油气钢瓶，因此判断是否为液化石油气爆炸事故最重要的一点是对液化石油气钢瓶进行勘验。图 3-14 为室内液化石油气泄漏爆炸事故的典型场景照片。

图 3-14　室内液化石油气泄漏爆炸事故典型场景

## 3.3　点火源分析

天然气爆炸的炸点以引起爆炸的火源点来确定，若点火源位置难以确定，可以根据现场抛出物分布情况反推确定。由于天然气在空间分布的不均匀性，有时引起爆燃点不一定是破坏最严重的地点，需要根据多方向的建筑物破坏情况分析点火点。要结合气体性质、火源能量大小、火源与泄漏点的关系分析认定点火源。

### 3.3.1　点火源分类

（1）持续性点火源。一是持续高温部位，这种情况在居民户内少见；二是持续明火，如燃烧的灶具、蜡烛、油灯；三是运行中不防爆的电器，如电风扇、电热炉、电灯、冰箱继电器、配电箱等。图 3-15 为室内持续性点火源的天然气爆炸事故场景。

图 3-15　持续性点火源的天然气爆炸事故场景

（2）临时性点火源。如吸烟、焚烧、电器开关、装修作业中的焊接和切割等。图 3-16 为临时性点火源引发天然气爆炸的事故场景。

（3）绝热压缩火源。气体从管道、容器等设备中喷出后立即爆燃起火，应考虑超音速喷气流和空气摩擦时绝热压缩引起的火灾。因为户内燃气压力仅在 2500 Pa 左右，所以居民户内基本不可能存在绝热压缩火源。

（4）静电火花。气体伴有雾滴和粉尘的情况下，应考虑静电火花引起，静电火花可在放电金属上留下微小的痕迹，在电子显微镜下可看到像火山口一样的凹坑痕迹，如人体静电、织物静电、气流产生的静电等。图 3-17 为静电火花引发燃气事故的场景。

图 3-16　临时性点火源天然气爆炸事故场景图

图 3-17　静电火花点火源的燃气事故场景

（5）低自燃点可燃气体接触空气起火。可燃气体从容器、管道等设备内泄漏，与空气接触瞬间起火，需气体的自燃点低于环境温度。此类型不是居民室内天然气爆炸事故的点火源，本书不作考虑。

### 3.3.2　点火源与泄漏点的关系

（1）点火源距泄漏点近，爆炸发生早、危害小；点火源距泄漏点远，爆炸发生晚、危害大。

（2）对于持续性点火源，气体泄漏后立即爆炸危害小；气体先泄漏，后接触火源，危害大。

### 3.3.3　点火源的性质导致泄漏与爆炸时间上的差异

（1）持续性火源中的高温部位和持续明火，与泄漏源的距离越近、气体扩散性越强，时间差越小；冰箱、配电设备等产生的电器火花，因时间上的不确定性，时间间隔上可能会较大。例如，北京市劳保所参与事故调查处置的太阳宫热电厂燃气泄漏爆炸事故，延庆区燕水佳园居民小区“6·29”燃气爆炸事故中持续性点火源导致燃气泄漏时间与发生爆燃时间差异明显。室内燃气泄漏爆炸事故大多数属于此类事故。

（2）临时性火源产生时间与爆炸发生时间几乎无间隔。气体的预混燃烧，火焰传播速度极快，从紊流燃烧到爆炸的时间极短。

（3）绝热压缩火源、低自燃点可燃气体接触空气起火，其泄漏与起火应该在同一时间点。

（4）气流产生的静电火花是气体喷出时产生的，与着火或爆炸一般无时间间隔，如喷出口有绝缘物，也可因静电积累几秒至几分钟后着火或爆炸。而人体静电、衣物静电则属于临时性火源类型。

### 3.3.4　多个点火源的分析

通常在燃气火灾爆炸现场中，泄漏点、点火源、爆炸中心以及起火部位不在同一个位置，一个火场可能有多个爆炸中心和多个起火部位。因此，在勘验过程中通过概览勘查，确定重点区域，找出爆炸中心及起火部位，然后对重点区域进行细致勘查分析，确定点火源。图 3-18 为多个点火源的燃气爆炸事故现场照片。

图 3-18　多个点火源燃气爆炸事故场景

（1）结合对当事人的询问情况合理确定。天然气爆炸附近的当事人应及时询问，以便掌握准确性。

（2）结合火源性质、火源与爆炸时间的关系来分析。临时性火源和持续性火源是直接明火源，说服力强，应优先使用；火源与爆炸时间上的关系也要充分考虑。

（3）结合气体流向和气体密度来分析认定。风向和密度会影响气体流向和扩散方向。一般来说，靠近泄漏源的火源更有可能是点火源。

## 3.4 小　　结

通过对天然气和液化石油气的理化性质及爆炸特性进行分析，明确了各自的爆炸冲击波及其破坏毁伤特点，结合现场破坏情况及现场痕迹规律特征可以判定发生爆炸的燃气介质。此外，对点火源进行分类，即持续性点火源（燃烧的灶具、蜡烛、持续运行的不防爆电器等）、临时性点火源（吸烟、焚烧、电器开关、装修作业中的焊接和切割等）、绝热压缩火源、静电火花（人体静电、织物静电、气流产生静电），并分析了不同点火源的性质及其导致的泄漏与爆炸时间上的差异。本章分析结果对户内天然气爆炸事故点火源的判定具有重要的指导意义。

# 第 4 章　室内天然气泄漏研究

## 4.1　国内外研究现状

室内天然气泄漏研究是一个非常重要的领域，它关系到人们的生命财产安全和环境保护。近年来，随着天然气的广泛应用和使用量的不断增加，室内天然气泄漏的风险也在逐步提高，因此对室内天然气泄漏的研究成为了一个热点话题。纵观泄漏扩散的研究方法，总共可以分为三类：试验测试、理论分析和数值模拟。

### 4.1.1　试验研究现状

实验方法可以重现真实的物理场景，对于泄漏扩散来说，可以通过测试各个点的浓度值来研究扩散规律，实验方法所得的实验结果真实可信，同时也可以为理论分析和数值模拟提供依据。但是试验方法往往会受模型尺寸的约束、流场扰动的影响和测量精度的限制，而且有些实验还具有很大的危险性，所以想通过实际做实验来解决问题有时是很难办到的。除此之外，实验还需投入大量的经费、人力和物力，大型实验短时间内也难以完成。

对可燃及有毒气体泄漏扩散过程的试验研究有两种方法：现场试验、风洞试验。现场试验是选取与事故泄漏现场规模一致的场景进行模拟，此方法所得的数据真实可靠，但现场试验耗资巨大，时间长，可重复性差。风洞试验是在人工制作的风洞中，模拟气体扩散的自然环境来研究气体扩散过程，此方法可方便地调控某些试验参数，可重复性大，但其难点在于要确定气体原形与模拟试验的无量纲相似常数，而且它只能做到对大气流动状况的部分相似。现场试验和风洞试验均需要较大的试验经费，并且试验条件受到限制难以普遍展开，因此国内外相关的研究内容较为有限。

Cleaver 等[1]进行了一项实验，研究了泄漏方向对于甲烷泄漏扩散过程的影响。该实验是在密闭空间中进行的，目的是探究适用于形状近似于立方体的泄漏空间竖直方向上的浓度分布模型。Lowesmith 等[2]则在一个家用房间模型内进行了甲烷泄漏实验，探究了泄漏高度、泄漏面积等因素对于甲烷泄漏扩散过程的影响。实验结果表明，不同泄漏条件下的甲烷在竖直方向上存在着相似的浓度分布规律。具体而言，浓度缓慢上升直至达到泄漏位置下方，随后迅速上升直至达到泄漏点的高度。

当靠近空间顶部时，浓度则趋于稳定。Moghadam 等[3]提出了一种新的气体测量的实验方法，通过强制气流通过气体泄漏孔，产生气体和空气的混合物，然后利用气体-空气混合物的体积流量与混合物中的气体浓度值之间的关系来确定气体泄漏体积流量。

王春华等[4]测量了 2 m 长水平管道中甲烷-空气混合物的横向浓度分布及分层情况。吴晋湘等[5]通过实验研究验证了数值模拟的结果，对燃气泄漏扩散规律进行了研究，并对泄漏气体的燃烧过程和蔓延机理进行了分析。汪建平等[6]建立了 1∶1 全尺寸厨房天然气泄漏试验模型，对不同泄漏模式下房间内燃气体积分数分布进行了实测研究，并对室内天然气泄漏的扩散规律进行了分析，研究表明燃气管道产生小孔的泄漏情况比天然气管脱落和天然气开关未关紧的情况后果要严重。朱建禄等[7]开发了一种大型实验系统，模拟从管道三个不同方向的小孔中天然气和氢气混合物的高压泄漏。实验测量了不同条件下掺氢天然气在土壤中的扩散，例如不同的氢气混合比、释放压力和泄漏方向。实验结果验证了气体泄漏质量流量模型的适用性，误差为 6.85%。国内学者也开展了相应研究，侯庆民[8]采用实验和理论相结合的方法，根据燃气流动的运动方程和能量方程推导出管道沿线压力和温度分布。

### 4.1.2 数值模拟研究现状

数值解法是对方程组进行离散化处理的近似方法，与计算机计算时所选的离散数学模型有关，有一定计算误差，并且不会一开始就给出流动现象的定性描述，而是需要由原观测或物理模型试验提供某些流动参数来计算。数值模拟可靠与否，也需要通过实验或其他方法对所建立的数学模型进行验证。数值模拟在很大程度上依赖于经验和技巧。但是数值计算可以克服实验测试和理论分析的弱点，简单地依靠计算机实现一次特定的计算，把物理实验计算机化。

对于燃气的泄漏扩散，国内外学者都有研究。高中压管道气体在开敞大空间的扩散是学者们前期研究的重点内容，根据基本原理与理论提出相关的数学模型，再依靠实验对模型进行验证和校准，提高模型的实用性和准确性；后续的研究则由大空间过渡到受限空间，模型的种类逐渐增多，计算的精确度逐步提升。现在随着计算机技术的发展和成熟，CFD 数值模拟的优势逐渐凸显，人们更加青睐于用数值模拟的方法来研究泄漏气体的扩散规律。与国内相比较，国外的研究开始较早，而且主要使用实验来验证模型，国内研究的主要工作更重要的成就是集中在对模型的修正方面，进而提出更合理和准确的模型。据燃气泄漏扩散相关文献调研显示，国内外学者对燃气泄漏对象的研究已经由以往的开敞空间转向特定的受限空间，从高压管道泄漏过渡到中低压燃气泄漏，研究方法不仅仅局限于实验和理论分析，软件模拟凭借其简单直观的特点已经成为普遍利用的工具。近几年，随着天然气逐渐走入大众生活，居民室内燃气泄漏事故频频发生，学者在燃气方面的研究脚步开始走进居民居室，室内燃气扩散越来越受到人们的关注。

数值模拟由于成本低且场景设置方便等而成为预测和评价气体泄漏扩散带来的危险性的主要工具和手段之一。国外学者在燃气泄漏后的动态过程开展了大量研究，获得了一些关键因素影响下的泄漏模型。Luketa-Hanlin 等[9]将计算流体动力学代码应用于天然气扩散研究，文中对使用 CFD 模拟天然气扩散时有关区域、网格、边界以及初始条件等问题进行了详细说明。Sun 等[10]采用计算流体动力学分析天然气的泄漏扩散，模拟考虑了与重力、时间相关的顺风和逆风扩散以及地形对扩散的影响。Licari 等[11]提出了一个改进的性能指标来评估蒸汽扩散模型的有效性，在计算蒸汽扩散禁区时采用一个统计的方法来确定置信度与内在安全系数。Siuta 等[12]考虑了不确定性，提出了一种通用的天然气释放、池蔓延、蒸发以及扩散的速率和持续时间计算程序，通过灵敏性分析来识别天然气扩散模型中最不确定参数以及采用模糊集的不确定性和蒙特卡罗方法来计算风险区域。Olvera 等[13]利用 CFD 数值模拟软件对天然气及氢气在不同影响因素（如不同泄漏方向、不同风速和风向及建筑物等）下的泄漏扩散过程进行了有效的数值模拟，研究结果表明泄漏方向向上比向下时形成的浓度场要大，不管泄漏位置及环境风速如何，建筑物对氢气扩散的影响比对天然气扩散的影响大。

张增刚等[14]通过建立燃气泄漏数学模型，分别从气体泄漏条件、气体种类和外界风场三个方面得出燃气泄漏后浓度场的变化规律，并采用数值模拟方法对不同条件下的扩散情况进行了分析。程浩力等[15,16]采用 CFD 对不同形态的街道峡谷横断面在 3 种不同风流速度条件下泄漏燃气的扩散情况。结果表明，峡谷内的流场形成的旋涡造成独立而稳定的循环气流，从而影响建筑物迎风面与背风面泄漏燃气的扩散情况。张甫仁等[17]采用 CFD 软件对天然气连续泄漏源的扩散进行了数值模拟，对比分析了环境温度、湿度对天然气扩散的影响及浓度场的变化规律。李又绿等[18]通过分析常见气体扩散数学模型的局限性，考虑输气管道孔口泄漏过程的射流作用和膨胀效应，以及重力作用和水平风速对天然气扩散的影响效果的基础上，建立起了适合天然气管道泄漏特点的扩散模型。张琼雅[19]建立了城镇天然气管道的泄漏扩散模型，从理论分析、CFD 数值模拟、实验验证三个方面对其作了系统的研究。王新[20]采用计算流体力学仿真软件 Fluent 对天然气泄漏扩散进行模拟，并分析泄漏孔径、风速以及障碍物等因素对扩散结果的影响，得出各种事故模型的危害程度均随着距事故点距离的增加而逐渐降低，最后趋于平稳的结论。向启贵[21]对天然气管道破裂后介质的释放特点及其规律进行分析，并对扩散参数及模式进行筛选，从而确定天然气管道泄漏扩散模式。薛海强等[22]根据射流原理，对燃气泄漏过程的速度场与浓度场进行了动态模拟计算，并分析了燃气扩散的各种影响因素的作用；侯庆民[8]采用 Fluent 模拟气体泄漏扩散，得到的天然气扩散与风速、泄漏孔径、压力以及障碍物之间的关系与用正态分布假设下的统计规律一致，Fluent 计算方便，便于对不同工况作比较，每次迭代约 200 次可达到收敛。借助于计算机图形的强大功能，其显示效果更直观、形象，但是由于天然气扩散的复杂性，在实际情况中，地形起伏、障碍物分布、大气温度层结构以及周围环境的风速、温度随高度的变化等因素对其扩散的影响需要进一步考虑。何利民等[23]采用 Fluent 中无化学反应的燃烧模型对天然气管道泄漏扩散进行模拟，模拟结果比较直观且较符合喷射泄漏的基本特征，重点分析了天然气管道泄漏时甲烷扩散的危险区域划分，以及风对泄漏扩散的影响，得出结论：污染物的浓度与平均风速成反比，风的影响在地面附近不大，随高度的增加影响效果逐渐增强。李杜[24a]对典型受限空间的燃气的泄漏后果进行评估，研究表明泄漏量越大，受限空间的气体分层现象越不明显。张娇[24b]对居民住宅内室内燃气泄漏扩散后果进行分析，发现相比封闭式厨房结构，开放式厨房结构造成的后果更加严重，厨房门的存在显著阻挡了燃气的扩散，短时间内厨房门关闭的情况厨房内燃气浓度要比开放式厨房高出十倍；厨房门开和开放式厨房的燃气浓度分布情况相似，对于厨房外的浓度分布显著高于厨房门关的情况。还发现自然通风有效加快泄漏燃气的扩散，从而降低室内燃气的浓度。于义成[25]探究了厨房门开度、风速、泄漏时间和泄漏速率对室内燃气泄漏过程的影响。李红培[26]对开放式厨房结构住宅内的泄漏过程进行模拟，探究了不同泄漏时间、不同风速以及厨房客厅之间隔断对泄漏过程的影响，对燃气报警器的安装位置提供一定的借鉴。张嘉琦[27]利用 Fluent 软件对室内天然气管道泄漏扩散过程进行数值模拟，结果发现较强的泄漏口对较弱的泄漏口具有卷吸作用；泄漏速度的增加，加快了流场的稳定，增加了核心发展区域，提高了核心区天然气浓度，增加了外侧扩展角；泄漏压力的增加，提高了泄漏口的射流湍动能，此外还发现风速的变化对速度场的压力分布和涡流波动影响明显。王云卿[28]探究了泄漏量、泄漏时间、门的开闭对泄漏过程危险效应的分析，在燃气泄漏的过程中，受浮力影响，天然气沿着墙壁泄漏扩散到天花板，经过天花板的阻挡作用形成漩涡，不断扩散，天然漩涡在漩涡边缘气体浓度较大，漩涡内部气体浓度较小，泄漏气体遇到障碍物会形成绕流，泄漏量较小时会出现绕流，泄漏量增大，漩涡状态愈加明显，扩散加快。流体遇到障碍物后会发生绕流，当速度达到一定条件会出现脱流而产生速度梯度的变化，由于速度梯度的变化产生气体自旋，涡旋形成于气体的极速自旋，漩涡外沿的燃气浓度一定大于漩涡内的燃气浓度。扩散的过程中燃气受到浮力、墙壁和其他因素的影响，并且存在向上扩展的趋势，导致室内上方浓度大于下方，但比泄漏轴周围浓度小。张丽[29]利用 Fluent 软件探究了进口风速、泄漏量、开口大小对泄漏扩散过程的影响，研究表明初始泄漏速率越大，泄漏气体偏移角度越小。古蕾[30]、郭杨华[31]探究了泄漏方式、泄漏量、门的开闭、风速和障碍物对泄漏过程的影响。贾文磊[32]对室内燃气泄漏胶管泄漏过程进行数值模拟研究，研究发现，管道压差与泄漏量成正比，封闭宽度对泄漏量的大小起着决定性的作用，叠合长度增加，泄漏量呈现减小趋势，为避免室内燃气管道胶管脱落造成的泄漏，需要在户内燃气工程的设计及施工中注意维持管道压差的恒定，避免造成缝隙加大，同时合理确定胶管与管道的叠合长度，以尽可能地减小管道与胶管间的燃气泄漏量。王英[33]利用 PHOENICS4.5 研究了泄漏时间、质量流量、燃气种类、窗户位置、进风速度对燃气泄漏扩散过程的影响。黄小美等[34]同样利用 Fluent 软件模拟厨房内的燃气泄漏行为，发现门开度对厨房内的分层现象有着显著影响。范开峰等[35]利用流体力学软件分别对城市常用燃气-天然气、液化石油气、人工煤气的稳态泄漏过程进行了有效的数值模拟，并考察了不同外界风速及建筑物对燃气泄漏扩散的影响，得出了如下结论：风速越大，下风向燃气扩散越快，且燃气易在建筑物附近堆积，形成爆炸危险区域。

### 4.1.3　理论研究现状

在研究气体扩散中，理论分析所得到数学模型有高斯模型、唯象模型、Sutton 模型和 FEM3 模型等，但从计算结果与真实情况的匹配性来看，比较适用的是高斯模型。高斯烟羽模型和高斯烟团模型是高斯模型的两种类型，其中烟团模型适合研究瞬时突发情况的扩散，对于连续泄漏工况的轻质气体扩散则选择高斯烟羽模型。下面就以高斯烟羽模型为例，扩散场中高度为 $H$ 的某坐标点（$x,y,z$）的气体扩散浓度可用如下高斯烟羽模型浓度分布计算公式得到:

$$C(x,y,z)=\frac{Q}{2\pi u\sigma_y\sigma_z}\exp\left(-\frac{y^2}{2\sigma_y^2}\right)\left\{\exp\left[-\frac{(z-H)^2}{2\sigma_z^2}\right]+\exp\left[-\frac{(z+H)^2}{2\sigma_z^2}\right]\right\} \tag{4-1}$$

式中：

$Q$——气体泄漏速度的质量流量；

$\sigma_y$，$\sigma_z$——扩散系数；

$u$——有限元出口处的风速平均值。

尽管此公式可以比较简便地计算出气体扩散的浓度值，但是该公式的提出是基于一系列的条件假设：扩散介质的密度及其他物性参数需与空气相似；扩散介质的各变量保持不变；研究扩散的系统中地面是理想平整的，且忽略地面对扩散介质的作用；介质扩散所在环境的风速须大于 1 m/s。当假设与真实条件接近时，计算结果与实验结果相匹配，但是实际中的泄漏扩散条件多变，很多情况下都无法满足苛刻的假设条件，假设与真实工况相差较大时，计算结果便难以满足要求。总体而言，理论分析方法所得的结果通常具有普遍性，是实验研究和数值计算的基础。但是，理论分析时，常常需要对研究对象进行抽象和简化才能得到理论解，这样的结果虽有一定的可靠性，但是当假设与实际偏差较大时，误差也会较大，甚至错误，而且对于非线性的情况大多不适用。

燃气管道失效后，首先会发生泄漏，管道的泄漏形式与管道的失效形式有关。根据管道裂纹的大小，泄漏可以分为小孔模型、大孔模型以及管道模型三种，针对这些模型，国外学者做了大量研究。

国外对燃气管道泄漏率计算的研究较早，起始于 20 世纪 90 年代，通过一定的泄漏前提假设对泄漏数学计算模型进行了推导。Woodward[36]通过对压力容器泄漏情况的分析，提出了压力容器小孔泄漏的理想流体模型。Jo[37]基于实际应用的安全性，提出了一种气体管道的小孔泄漏计算模型，但是计算误差较大。Levenspiel[38]假设燃气管道的起始点压力恒定，管道内的气体流动和泄漏过程均为绝热过程，建立了管道全部断裂时的泄漏模型，并分析了延程压力降。Montiel[39]基于小孔泄漏和完全断裂模型，提出了大孔模型，并对三种模型的稳态和动态管道泄漏开展了讨论。Arnaldos[40]对燃气管道泄漏的大孔和小孔模型泄漏率进行了计算分析。Moloudi 和 Esfahani[41]引入无量纲方程来模拟输气管道泄漏，将泄漏过程视为一维瞬态可压缩流动，提出了一种新的评估气体泄漏率和释放质量的方法。Nouri-Borujerdi 和 Ziaei-Rad[42]对高压埋地管道考虑壁面摩擦和传热作用下的气体流动进行了研究，推导了一维可压缩管流控制方程，并实现了数值计算求解，得出了摩擦、壁面传热和入口温度对泄漏过程的影响。除采用理论推导方法外，Keith 和 Crowl[43]提出等温流动图解法和一个简化公式，分析了绝热和等温条件下管道中的气体流量渐近值，并得出了绝热条件和等温条件下渐近值相同的结论。Olorunmaiye 和 Imide[44]将燃气管道断裂后的流动视为一维非定常等温流动，采用特征值法估算燃气的泄漏量。De Almeida[45]等基于特征线法，建立了燃气输配管网泄漏一维非定常可压缩计算模型，并采用压缩空气和燃气开展了实验验证。Kostowski 和 Skorek[46]对燃气在管道中的稳态流动过程进行了数值模拟，分别对常用的等温和绝热流动条件下的理想气体和真实气体进行了评价，提出了一种考虑流量系数的泄漏量计算方法。

国内有关燃气管道泄漏率计算方法研究起步较晚，直到 21 世纪初才有涉及，通过近 20 年国内各高校学者的潜心研究，取得了一系列积极成果。首先，建立了一系列燃气管道泄漏率计算模型。陈平等[47]对大孔泄漏的三种流态进行了分析，指出燃气管道泄漏后管内和泄漏口不存在双临界流状态，并提出满足不同泄漏孔径泄漏率计算的大孔模型。董玉华等[48]提出了气体泄漏率计算通用模型，当发生小孔泄漏时计算结果与孔模型相近，管道断裂时与管道模型相近，可以满足任意孔径条件下的泄漏率计算。刘中良等[49]假设燃气管道为刚性容器，在绝热泄漏过程的基础上，建立了临界泄漏和亚临界泄漏阶段的泄漏速率计算模型。杨昭等[50]基于现有泄漏模型与微元管段分析，建立了非等温条件下燃气长输管线泄漏小孔、管道和大孔模型，并对三种泄漏率计算模型的使用条件进行了界定。李勃聪[51]对比了燃气管道小孔泄漏理论公式与经验公式，验证了使用经验公式计算中低压管道泄漏率的正确性和简便性。霍春勇等[52]将管内亚临界流、孔口临界流的相关方程与管道模型相结合，建立了气体泄漏率简化算法，可减少流态判别的复杂过程。吴起等[53]将燃气管道泄漏视为绝热稳定流动，忽略泄漏孔径大小，采用易测参数实现了燃气管道泄漏速率高效计算。冯文兴等[54]将高压输气管道小孔泄漏模型与大孔泄漏模型进行比较，得出了两种计算模型使用时的孔口临界条件。王兆芹[55]研究了泄漏孔径与管径等相关参数对气体泄漏率的影响，提出了采用孔径与管径之比作为判断条件进行泄漏模型选择。

此外，对燃气管道非稳态泄漏过程的研究逐步开展。王大庆等[56]将压力容器气体泄漏视为非稳态过程，在孔模型的基础上，提出两种平均泄漏率简化计算方法实现了非稳态泄漏过程的泄漏率计算。崔斌和韦忠良[57]建立了燃气管道非等温非稳态泄漏率计算方法，针对燃气管道泄漏孔径较大或断裂泄漏工况，实现了气体泄漏率的精确计算。侯庆民[58]采用特征线法推导了正常工况和泄漏工况状态下燃气在管道内的流动方程，得出了燃气管道泄漏瞬态过程管道沿线压力和流量计算方法。通过近年来国内学者的潜心研究，稳态泄漏计算方法渐趋成熟，并结合现场和实验中的经验公式实现了泄漏率计算方法简化。同时，针对发现泄漏事故关闭供气端阀门后的瞬态泄漏过程，实现了采用非稳态泄漏率计算方法以提高气体泄漏率计算的准确性。

气体泄漏后的扩散过程也是泄漏研究关注的重点，在燃气扩散模型的探求过程中，国外学者一直在不断研究和完善。主要的扩散模型有高斯模型、唯象模型、板块模型、Sutton 模型、三维有限元模型及重气模型等。在 20 世纪五六十年代，高斯模型就已经被广泛应用，该模型提出较早，但也存在明显的缺点，在研究中忽略了重力因素对扩散的影响作用，所以只适用于轻质气体的扩散，而对于密度大的气体，所得结果与实际差距明显；唯象模型（BM 模型）是 Britrl 和 Mcquaid 在 1988 年提出的，该模型是把实验所得数据绘制成图表，拟合成函数，可以较好地适用于重气的瞬时和连续大规模泄漏扩散；在 1990 年 Hanna 等利用另外的方法，也将实验所得数据拟合成可求解的公式，其结果与 BM 模型所得结果吻合较好； D.H 也提出了 Sutton 模型，该模型虽然可以在气体压力相近或者流速较小时使用，但是在处理可燃气体泄漏扩散时，模拟结果与实验结果相比，误差较大，因而该模型不适用于模拟可燃气体的泄漏扩散情况；1982 年，Zeman[59]首先提出了板块模型，该模型可以将复杂的空间三维问题经过简化处理转化为较为简单的线性一维问题进行求解，既可以模拟定常态的泄漏扩散也可以模拟非定常态的情况，与高斯模型和 Sutton 模型相比，虽然分析了重力、浮力及初始速度对气体扩散的影响，但也有不足，忽略了压力气体泄漏时的射流膨胀过程。FEM3 三维有限元模型[60]，最早是在 1979 年提出的，最初的目的是处理湍流问题，之后由 Dyer 加以完善和修正，使其可以较好地模拟突发性瞬时泄漏的工况，该模型的使用对于流动状态没有限制，并且可以用于求解非定常方程[61]；箱及相似模型则是由 van Ulden 提出，该模型所研究且适用的是重气扩散情况[62]；Wheatley 推导的浅层模型同样也适合处理密度比空气大的气体的扩散情况[63]。

丁信伟[64]对已有的高斯模型、BM 模型、Sutton 模型、FEM3 模型等扩散模型进行了分析和比较，详细说明了每种模型的优势和缺点，并阐述了各模型的使用条件；潘旭海等[65]分析了描述易燃易爆及有毒有害气体泄漏扩散过程的数学模型，针对事故泄漏扩散过程的复杂性，详细讨论了气象条件及地形条件对危险性物质泄漏扩散过程的影响，此外还对不确定参数的选取进行了探讨；王海蓉[66]针对 LNG 云团连续点源泄漏扩散，结合箱模型和 nT22 重气扩散模型分析了 LNG 云团的扩散。肖建兰等[67]在考虑了天然气泄漏的射流过程、膨胀过程中所受重力、浮力、风速等因素影响的基础上，建立了模拟天然气管道泄漏扩散模型，并讨论了小孔模型的适用情况，得出燃气扩散区域随时间逐渐增大，由于风的作用逐渐向下风向偏移，在浮力的作用逐渐上升，射流作用渐渐减弱，扩散作用逐渐增强，该模型考虑的因素合理，所选择的边界条件更加符合实际条件，但没有考虑大气温度、大气压、风向、孔口形状（扁平射流模型）等因素的影响，需要进一步修正。

## 4.2 单一厨房结构内天然气泄漏试验研究

### 4.2.1 试验装置

本课题搭建试验系统测试不同泄漏位置（泄漏形式）的泄漏速率。同时，天然气泄漏后，厨房空间内天然气浓度不断变化，为掌握天然气泄漏后在室内空间的浓度分布规律，对厨房不同位置的天然气浓度进行实时监测。图 4-1 给出了室内天然气泄漏浓度分布试验测试系统示意图，可以看出，整个试验测试系统主要包括高压气瓶、减压阀、压力表和燃气计量表组成的气体注入系统，天然气浓度检测仪、数

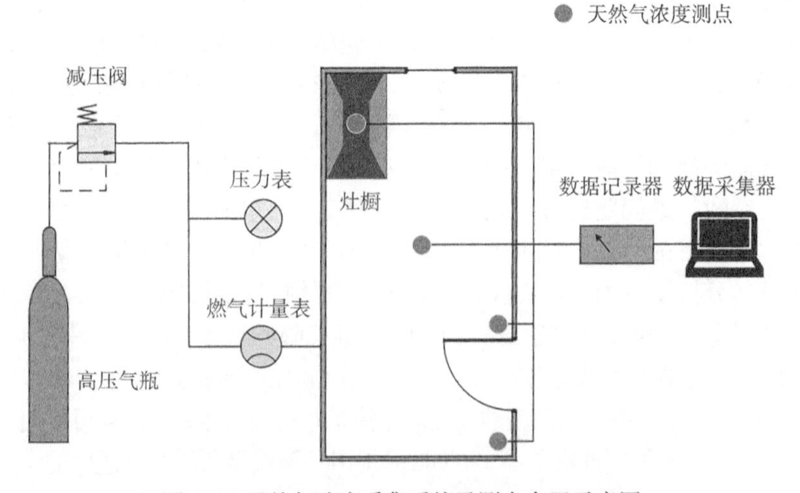


图 4-1　天然气浓度采集系统及测点布置示意图

据记录器和数据采集器组成的数据采集系统以及厨房本体等。具体地，在厨房内部布置了五个测点，其中灶橱上方有两个测点，一个位于桌面上，另一个位于顶部，由于俯视角度原因，两者重合。此外，为了保证试验过程的安全性，在现场配备固定式复合型气体检测仪，以监测试验环境中的天然气浓度，特此说明。主要设备及参数如表 4-1 所示。

**表 4-1　天然气泄漏浓度分布试验系统设备及参数表**

| 试验设备 | | 功能及仪器参数 |
|---|---|---|
| 燃气注入装置 | 高压气瓶 | 提供试验气源，工作压力 15 MPa |
| | 减压阀 | 最大输入压力 25 MPa，最大输出压力 1.6 MPa，出口调节范围为 0.001 ~ 1.6 MPa |
| | 燃气计量表 | 量程为 0.04 ~ 6 $m^3$/h，最高使用压力为 10 kPa，具备自动计量功能 |
| | 压力表 | 量程为–0.1 ~ 60 MPa，精度等级有 0.5%，kPa、MPa、psi、kgf/$cm^2$、bar 五种单位可选择 |
| 天然气浓度检测仪器 | 固定式复合型气体检测 | 量程：100%（体积分数），允许误差：≤±1%FS，工作温度：–40 ~ 70 ℃，具备隔爆功能 |
| | APEG-DCH4 型甲烷气体浓度检测仪 | 量程：100%（体积分数），分辨率：1%FS，支持无线，工作温度：–40 ~ 50 ℃ |
| 数据采集设备 | 数据记录器 | 采集频率 1 Hz，存储数据周期设置，清零校正，单位量程设置，报警 |
| | 数据采集器 | 显示天然气浓度变化曲线 |

燃气注入系统由高压气瓶、减压阀、燃气计量表、压力表等组成，通过减压阀与压力表控制进气压力。其中燃气计量表选用北京市常见家用燃气表，为北京燃气集团第四分公司提供的北京优耐燃气仪表有限公司生产的 CG-Z 型燃气计量表，量程为 0.04 ~ 6 $m^3$/h，最高使用压力为 10 kPa。

天然气浓度采集仪主要包括固定式复合型气体检测仪和 APEG-DCH4 型甲烷气体浓度检测仪，其中前者为全量程检测，具备 GPRS 移动通信功能和防爆功能；后者可选择 100%（体积分数）全量程检测，也可选择 50%（体积分数）量程检测，仪器精度≤±1%FS，可实现有线式通信，同样具备防爆功能，仪器操作简单、安装方便，如图 4-2 所示。数据采集装置见图 4-3。

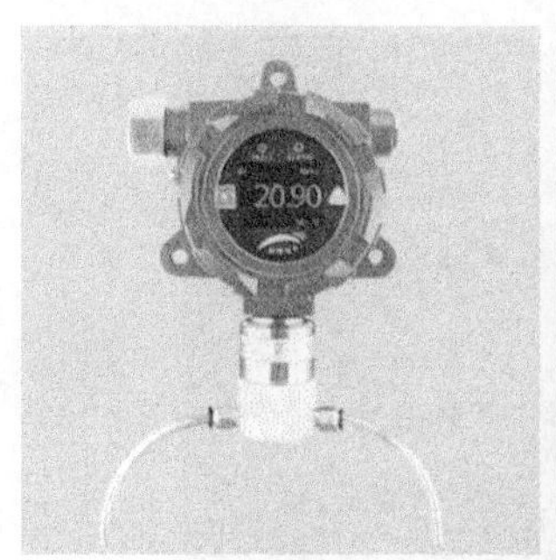

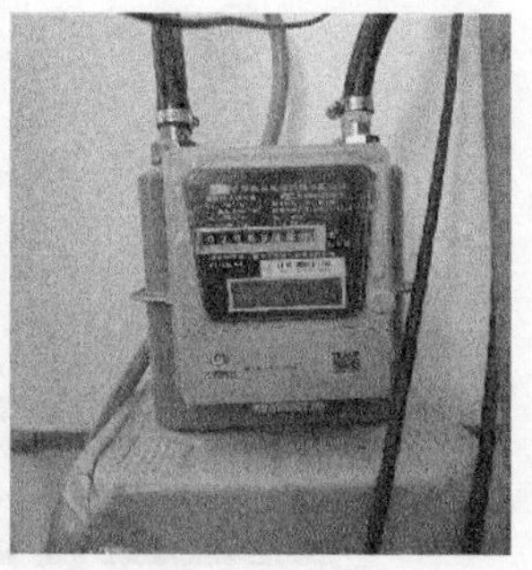

图 4-2　甲烷浓度检测仪和燃气表

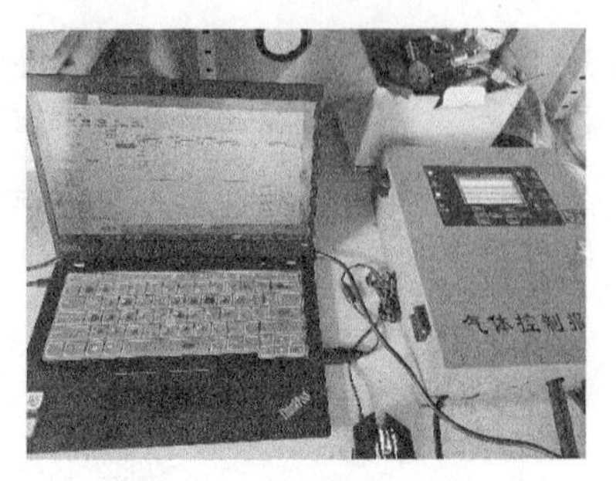

图 4-3 数据采集装置

### 4.2.2 试验条件

天然气泄漏试验危险性大，泄漏试验地点选定为北京理工大学爆炸科学与技术国家重点实验室西山试验场区（下文简称西山试验区），搭建厨房内天然气泄漏试验平台，在保证试验安全的同时，可以避免受风和其他外界因素的影响，更接近理想试验条件，有助于试验结果的分析。在试验过程中设计的泄漏压力与户内天然气压力保持一致，约为 2.5 kPa。图 4-4 给出了厨房内部燃气灶及天然气浓度测点布置情况，图 4-5 和图 4-6 分别给出了胶管脱落在灶橱内泄漏、燃气立管腐蚀裂隙泄漏和小孔泄漏的布置情况。

图 4-4 厨房内部燃气灶及天然气浓度测点布置情况

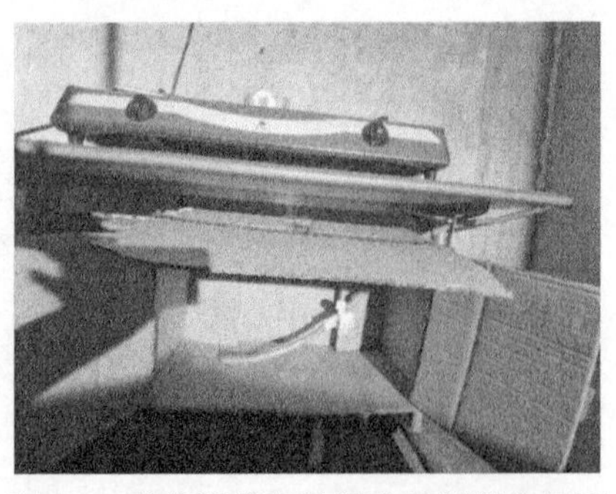

图 4-5 胶管脱落在灶橱内的泄漏布置图

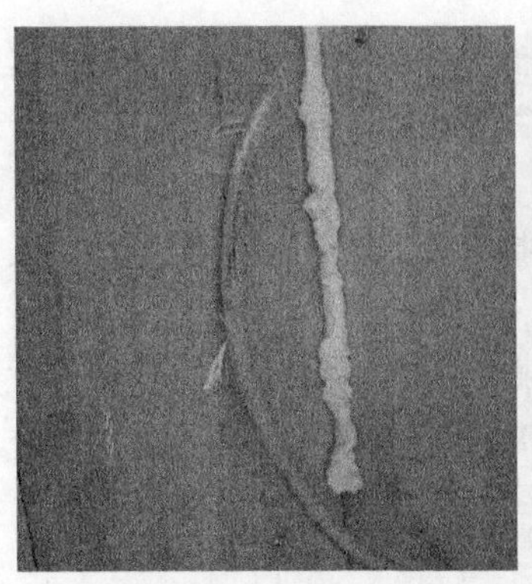
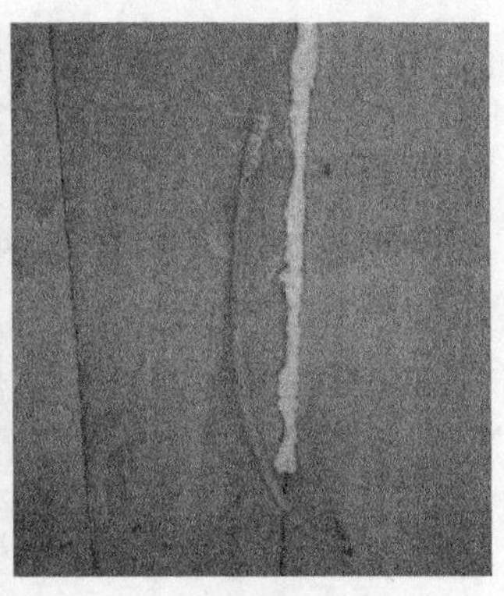

图 4-6　燃气立管腐蚀泄漏布置和小孔泄漏布置图

根据汇总分析事故调查数据，选取较常发生的泄漏类型进行研究。试验开展了 6 种情况下的天然气泄漏形式进行研究，工况条件如表 4-2 所示。燃气立管地面穿墙处腐蚀开裂（未包封）与燃气立管地面穿墙处腐蚀开裂（包封）两种情况下的泄漏速率是相同的，故只开展了未包封情况下的泄漏试验，对包封情况下的泄漏进行了数值模拟。根据调研，立管腐蚀开裂的长度一般在 5 cm 左右，故该泄漏试验设置 5 cm 裂缝。

**表 4-2　6 种试验工况条件**

| 工况 | 泄漏位置 | 泄漏情况 | 试验泄漏设置 |
| --- | --- | --- | --- |
| 1 | 胶管 | 胶管脱落在橱柜内 | 胶管脱落在橱柜内发生泄漏 |
| 2 | 胶管 | 胶管脱落在橱柜外 | 胶管脱落在橱柜外发生泄漏 |
| 3 | 胶管 | 橱柜内胶管鼠咬小孔 | 在橱柜内胶管上做直径 2 mm 小孔 |
| 4 | 胶管 | 橱柜外胶管鼠咬小孔 | 在橱柜外胶管上做直径 2 mm 小孔 |
| 5 | 燃气灶具灶眼 | 燃气灶具灶眼泄漏（灶具开关未关） | 燃气灶具开关打开，从灶眼（单个）泄漏 |
| 6 | 燃气立管 | 燃气立管地面穿墙处（未包封） | 地面穿墙处放置胶管模拟立管，在胶管上做一条 5 cm 的裂隙（未包封） |

### 4.2.3　试验内容和步骤

（1）选取测点，测点位置既要表征室内天然气浓度整体变化规律，也要位于明火及电火花出现频率较高的危险区域。

（2）在测点处安装天然气浓度检测仪，将高压气瓶、辅助进气设备及气体检测仪与数据采集仪相连，确保高压气瓶阀门关闭，检查试验装置的各个部件，对检测仪进行校准。

（3）校准结束后，同步打开高压气瓶和数据采集仪，记录试验起始时间及流量计示数，根据压力表的数值通过减压阀控制进气压力，实时关注数据采集仪显示的天然气浓度。

（4）待天然气浓度变化曲线基本保持稳定，不再呈上升趋势时关闭减压阀，并同时停止数据采集仪工作，记录试验停止时间及流量计示数，将泄漏量除以泄漏时间，计算泄漏速率。将检测数据从数据采集仪中导出，分析天然气浓度变化规律。

（5）排空室内天然气，存储数据，重置校正天然气浓度监测系统，进行下一次试验。

### 4.2.4 单一厨房结构内天然气泄漏扩散规律

1. 系统调试阶段及前期探索试验

天然气浓度实时监测系统搭建完成后，对系统进行调试，根据结果对系统进行优化改进，图 4-7 给出了系统搭建完成后首次调试试验各测点天然气浓度随时间变化曲线。

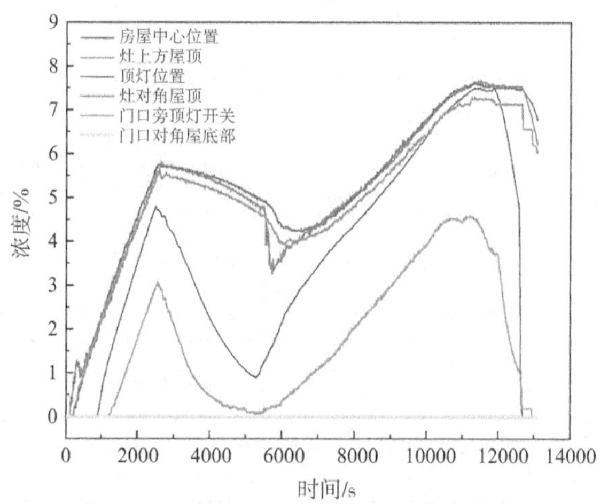


图 4-7 第一次调试各测点天然气浓度随时间变化实测曲线

天然气浓度实时监测系统搭建完毕后进行了第一次调试试验，试验测点为灶上方屋顶、顶灯位置、灶对角屋顶、房屋中心位置、门口旁顶灯开关、门口对角屋底部。首先打开高压气瓶，调节进气压力，通过数据记录器收集数据，泄漏注气 2200 s 后，停止注气，停止时间持续 3600 s，观察天然气浓度变化，检查房间密闭性，然后再进行注气，注气时间大约 7000 s，停止注气排空室内天然气，系统调试时间持续 12500 s 左右。根据试验结果，由于门口对角屋底部没有检测到天然气，在检测仪有限的情况下，为最大化发挥设备价值，调整了试验测点布置，将门口对角屋底部测点改为燃气灶处。

根据天然气浓度实时监测系统首次调试数据优化系统，开展第二次调试试验，结果如图 4-8 所示。第二次调试试验为检测仪器性能及精准度，试验过程中调试了检测设备的采样频率，多次改变调节进气压力，开启关闭门窗等措施，为后期开展正式试验做好准备。试验结束排空天然气后对除去门窗缝隙之外的房屋缝隙进行修补充填，更贴近实际情况。

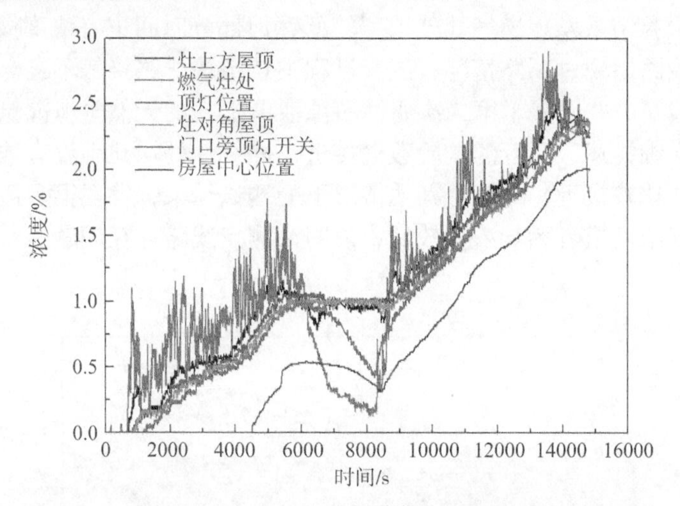


图 4-8　第二次调试各测点天然气浓度随时间变化实测曲线

图 4-9 展示了燃气灶具开关未关泄漏形式下各测点天然气浓度随时间变化情况，由于试验开展前未充分考虑高压气瓶内的储气量，导致试验过程中高压气瓶难以提供试验所需要的进气压力，稳定状态下室内天然气浓度未超过爆炸下限即 5%，

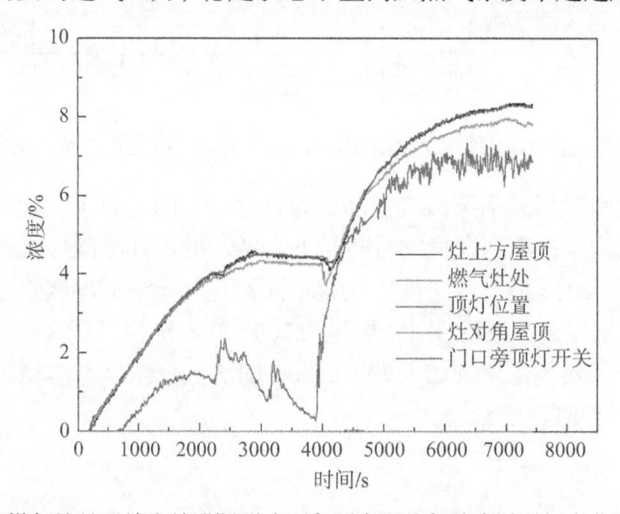


图 4-9　燃气灶具开关未关泄漏形式下各测点天然气浓度随时间变化实测曲线

4200 s 左右更换高压气瓶，由于新高压气瓶压强较高，通过减压阀控制的进气压力不稳定，易升至试验压力之上，导致稳定状态下室内天然气浓度较高。门口开关处天然气浓度不稳定，浮动较大，经检查为门未关紧，室外扰流有一定的干扰作用，同时燃气灶处未检测到燃气，排空燃气进入室内检查时发现连接线路出现断路，导致无法输出信号。

图 4-10 展示了燃气立管腐蚀裂隙泄漏形式下各测点天然气浓度随时间变化情况，根据试验结果发现燃气灶处浓度较低，但部分时间也有浓度极小的数据，由于之前此线路出现过断路情况，试验过程中认定该线路接触不良。排空天然气后仔细检查线路，并开展了第二次腐蚀裂隙泄漏形式的天然气泄漏试验，试验数据在下文有详细描述，两者的试验数据接近，燃气灶处均几乎没有浓度，其他测点的浓度同样比较接近，再结合其他情形下的测试结果，发现很多情形下该测点检测不到燃气浓度或者燃气浓度较低，说明该测点线路存在问题，对测试结果有一定的影响。

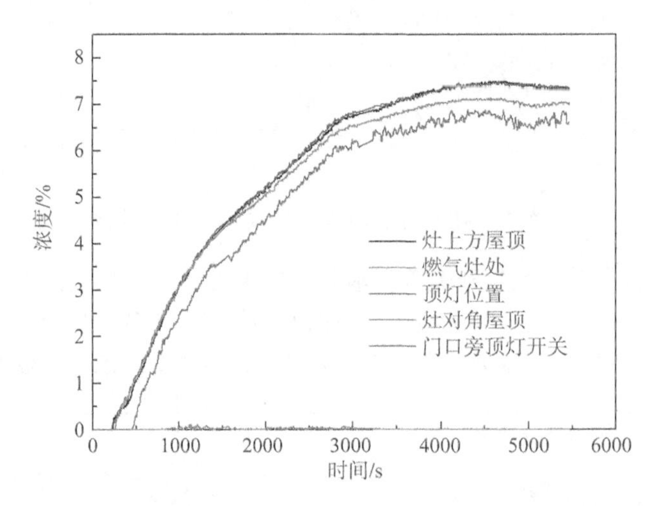


图 4-10　燃气立管腐蚀裂隙泄漏形式下各测点天然气浓度随时间变化实测曲线

在开展小孔泄漏形式下天然气泄漏试验过程中（图 4-11），前期进气压力正常，系统运转正常，测点检测到燃气的时间与下文展示的小孔泄漏形式的试验曲线基本一致。试验进行 1200 s 后，由于高压气瓶压强不足，无法提供试验方案计划的进气压力，导致室内燃气最高浓度在 4%左右。2200 s 左右更换了新高压气瓶，重新设定进气压力，室内天然气浓度开始上升，3300 s 时天然气浓度基本稳定，除燃气灶之外其他测点浓度在 5% ~ 5.5%。

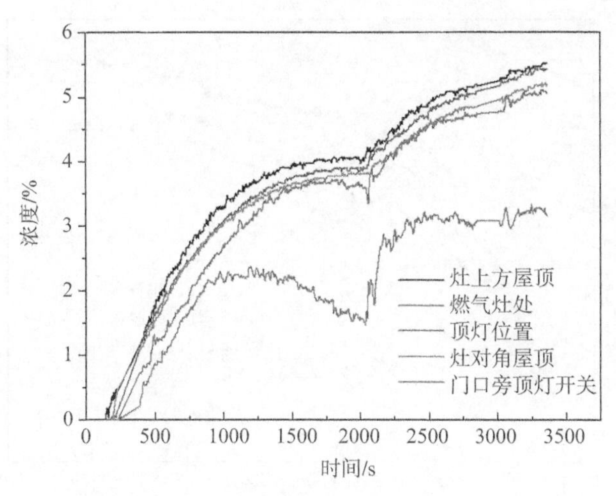


图 4-11　鼠咬小孔泄漏形式下各测点天然气浓度随时间变化实测曲线

系统调试阶段及试验过程中，测点布置、仪器参数设置、线路连接、进气压力、高压气瓶储气量等因素均会影响试验结果，开展试验前要充分考虑试验方案、仔细检查试验系统，试验过程中要认真监测进气压力变化，实时观察天然气浓度变化，试验数据才能准确客观地反映实际情况。

2. 6 种不同泄漏形式天然气浓度分布

对 6 种试验数据进行整理分析，确定不同泄漏形式下天然气浓度分布规律。

图 4-12 展示了燃气胶管脱落（橱柜内）泄漏形式下各测点天然气浓度随时间变化曲线，稳定状态下，燃气灶上方屋顶部天然气浓度最高，超过了 7%，其次依次为顶灯位置、燃气灶对角屋顶、门口旁顶灯开关处，由于传感器故障，燃气灶处未检测到燃气。250 s 左右起各点分别检测到了燃气，1200 s 前浓度上升速度较快，随后天然气浓度上升速度有所减缓。燃气灶上方屋顶部在 1000 s 左右率先达到爆炸下限，随后依次是顶灯位置、燃气灶对角屋顶、门口旁顶灯开关处，原因是天然气密度小于空气密度，天然气泄漏后先向上扩散，在屋顶处聚集，然后再向屋顶四周扩散。1620 s 左右，房间各点处浓度均在爆炸下限之上，浓度最高的位置为燃气灶上方屋顶，且始终高于其他位置。由于门窗缝隙，室内燃气随缝隙泄漏出去，当天然气泄漏量与从门窗缝隙逸出的燃气量持平时，室内天然气浓度稳定，不再发生明显变化。稳定状态下各点天然气浓度均超过了爆炸下限，且表现出测点越高浓度越大、相同水平高度的测点距离泄漏源越近浓度越大的特点。

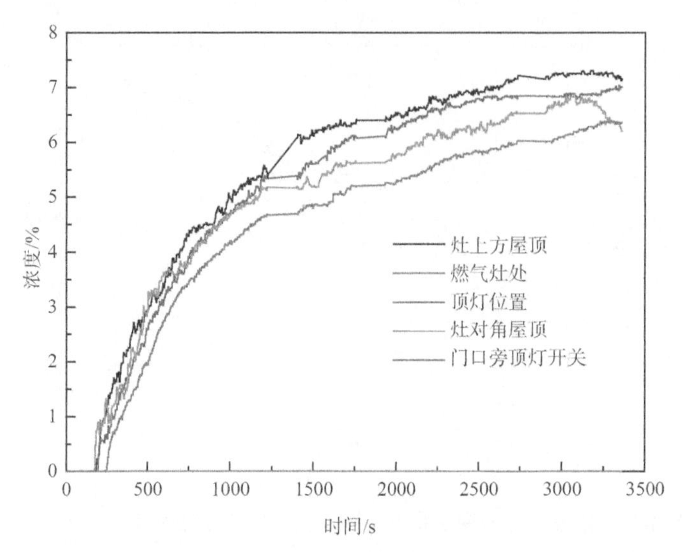


图 4-12 燃气胶管脱落（橱柜内）泄漏形式下各测点天然气浓度随时间变化实测曲线

在燃气胶管脱落（橱柜外）泄漏形式下（图 4-13），200 s 左右起各点分别检测到了燃气，1000 s 前浓度上升速度较快，随后天然气浓度上升速度有所减缓。燃气灶上方屋顶在 850 s 左右率先达到爆炸下限，随后依次是顶灯位置、燃气灶对角屋顶、门口旁顶灯开关处，最后是燃气灶处，原因是天然气密度小于空气密度，天然气泄漏后先向上扩散，在屋顶处聚集，然后再向屋顶四周扩散。1300 s 左右，房间各点处浓度均在爆炸下限之上，浓度最高的位置为燃气灶上方屋部，且始终高于

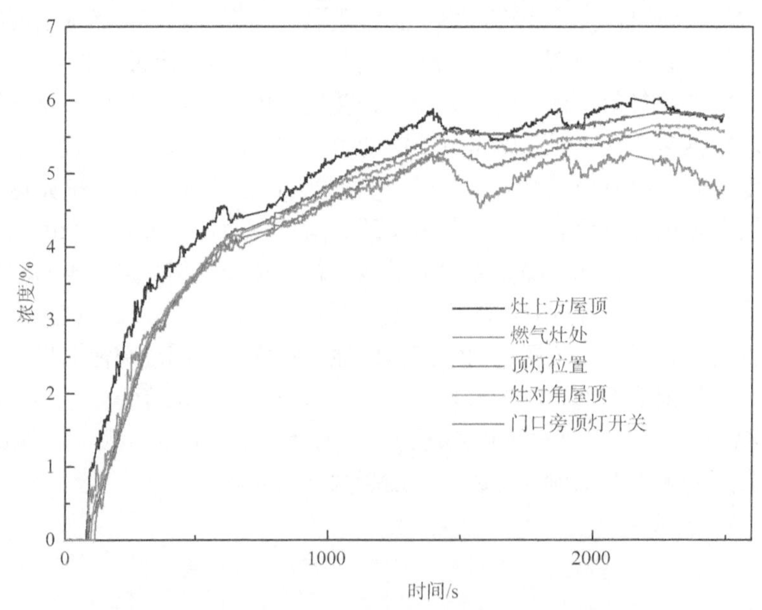


图 4-13 燃气胶管脱落（橱柜外）泄漏形式下各测点天然气浓度随时间变化实测曲线

其他位置。与橱柜内燃气胶管脱落泄漏结果对比可以发现，橱柜外燃气胶管脱落泄漏到达爆炸下限所需要的时间更短一些。

图 4-14 展示了鼠咬胶管出现小孔泄漏形式下各点的天然气浓度随时间变化曲线，由图中可看出，6000 s 时，燃气灶上方屋顶位置首先达到爆炸下限，紧随其后的是顶灯位置。在泄漏发生 8400 s 时，燃气灶上方屋顶处和顶灯位置浓度最高，其次是燃气灶对角屋顶处，门口旁顶灯开关处的天然气浓度刚刚超过爆炸下限。可以看出在该工况下，燃气胶管发生泄漏后，燃气的浓度分布依旧是随高度降低而降低。需要注意的是，燃气灶处燃气的浓度小于其他位置，这是由于天然气的密度比较小，而燃气灶处传感器的位置要低于其他位置，所以在燃气灶处检测到的天然气浓度会明显低于其他位置，未达到爆炸下限。

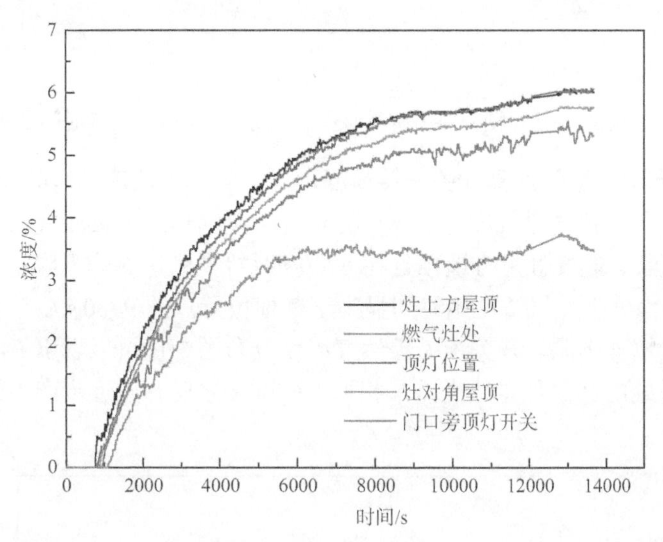


图 4-14　胶管鼠咬小孔（橱柜内）泄漏形式下各测点天然气浓度随时间变化实测曲线

图 4-15 给出了由于鼠咬胶管出现小孔（橱柜外）泄漏形式下各测点天然气浓度随时间变化实测曲线。从图中可以看出，290 s 左右燃气灶上方屋部检测到了燃气，此时，燃气处天然气浓度在 1.4% 左右，其次顶灯位置、灶对角屋顶、门口旁顶灯开关处依次检测到了燃气。燃气灶上方屋顶处检测到燃气后浓度迅速增加，180 s 左右燃气灶上方屋顶与燃气灶处浓度接近。6790 s 时，房间各点天然气浓度均超过爆炸下限，稳定状态下燃气灶处、灶对角屋顶及门口旁顶灯开关处天然气浓度在 6.5%左右，燃气灶上方屋顶及顶灯位置天然气浓度较高，在 7%左右，天然气浓度整体表现为位置越高浓度越大的特征。此外，与鼠咬胶管出现小孔橱柜内的泄漏情况相比，其到达爆炸下限的时间要更短，说明橱柜对天然气泄漏扩散有一定的影响。

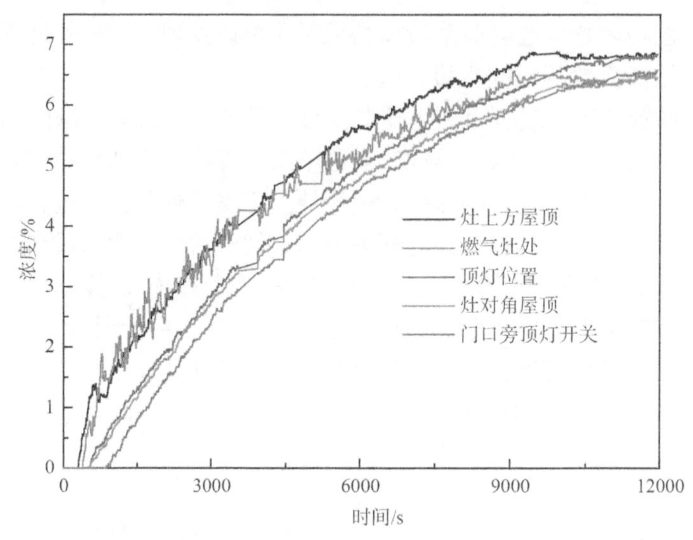


图 4-15　胶管鼠咬小孔（橱柜外）泄漏形式下各测点天然气浓度随时间变化实测曲线

图 4-16 展示了燃气灶具开关未关泄漏形式下各测点浓度随时间变化情况，天然气浓度整体变化趋势同燃气胶管脱落（橱柜外）泄漏形式的天然气浓度变化趋势相似，但时间更长，燃气灶上方屋顶处在 6000 s 时首先到达爆炸下限，且早于其他位置近 2000 s，该处天然气浓度始终明显高于其他位置。约 9780 s 后，各测点的天然气浓度均超过爆炸下限。开关未关天然气浓度分布图中还可以看出 6400 s 前，除燃气灶上方屋顶处的其他位置浓度基本相近，6400 s 之后开始逐步产生差异，其中顶灯位置较高。

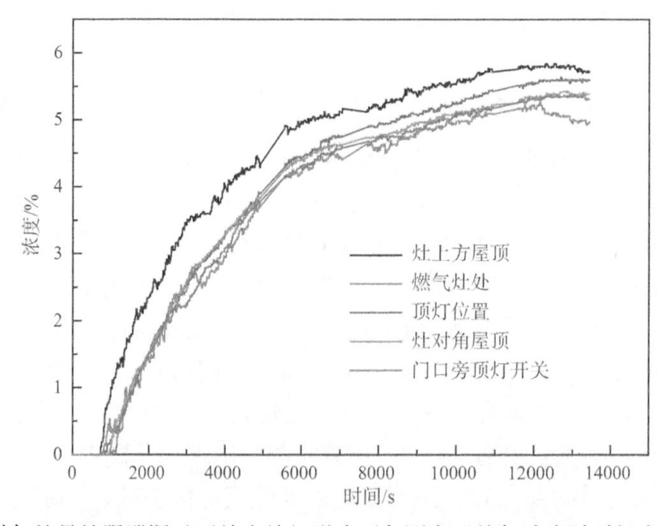


图 4-16　燃气灶具灶眼泄漏（开关未关）形式下各测点天然气浓度随时间变化实测曲线

由图 4-17 可知，燃气立管腐蚀（未包封）泄漏类型起始阶段天然气浓度上升速度较快，燃气灶对角屋顶首先检测到燃气，这是由于裂隙泄漏形式下燃气水平横向扩散速度较快，在初始速度影响下燃气未扩散到顶部前先扩散到了对面墙侧，然后沿墙及屋顶扩散。随后，燃气灶上方屋顶及顶灯位置几乎同时检测到燃气，2400 s 时天然气泄漏量与从门窗缝逸出量基本持平，天然气浓度不再发生明显变化，此时顶部三处测点浓度均超过 7 %，门口旁顶灯开关处天然气浓度在 6.8%左右。试验过程中，由于燃气灶处的传感器故障，燃气灶处没有检测到燃气。

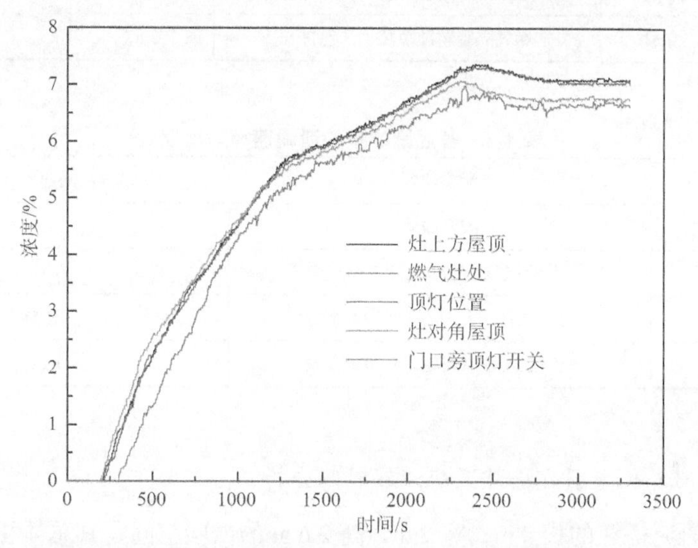


图 4-17　燃气立管地面穿墙处（立管腐蚀（未包封））泄漏各测点天然气浓度变化实测曲线

通过分析 6 种不同天然气泄漏形式，当厨房发生天然气泄漏时，在泄漏初期，泄漏口局部小范围内天然气浓度较高，然后泄漏的天然气向屋顶部方向扩散，在屋顶部聚集导致屋顶天然气浓度较高，特别是泄漏位置上方的屋顶。不同工况下泄漏试验表明，泄漏开始后房间上部空间天然气浓度超过爆炸下限。室内天然气浓度整体表现为测点越高浓度越大、相同水平高度的测点距离泄漏源越近浓度越大的特点。

3. 不同泄漏位置的泄漏速率分析

在泄漏试验开展过程中，利用燃气表记录每次试验的泄漏量，然后根据每次试验的泄漏时间就可以求得不同泄漏位置下的泄漏速率，试验过程中的泄漏量和泄漏时间如表 4-3 所示。通过计算发现相同泄漏位置不同泄漏情况下的泄漏速率几乎一致，故取其平均值作为该泄漏位置下的泄漏速率，结果如表 4-4 所示。

**表 4-3　不同泄漏形式下的泄漏量和泄漏时间**

| 工况 | 泄漏位置 | 泄漏情况 | 泄漏量/$m^3$ | 泄漏时间/h |
|---|---|---|---|---|
| 1 | 胶管 | 胶管脱落在橱柜内 | 2.60 | 0.93 |
| 2 | 胶管 | 胶管脱落在橱柜外 | 1.93 | 0.69 |
| 3 | 胶管 | 橱柜内胶管鼠咬小孔 | 1.59 | 3.79 |
| 4 | 胶管 | 橱柜外胶管鼠咬小孔 | 1.37 | 3.31 |
| 5 | 燃气灶具 | 燃气灶具开关未关（灶眼泄漏） | 1.31 | 3.73 |
| 6 | 燃气立管 | 燃气立管腐蚀裂隙（未包封） | 2.87 | 0.92 |

**表 4-4　各泄漏位置的泄漏速率对比表**

| 工况 | 泄漏位置 | 试验泄漏速率/ ($m^3$/h) |
|---|---|---|
| 1 | 胶管脱落 | 2.80 |
| 2 | 胶管鼠咬小孔（直径 2 mm） | 0.41 |
| 3 | 燃气灶具开关未关（灶眼泄漏） | 0.35 |
| 4 | 燃气立管腐蚀裂隙（5 cm 裂隙） | 3.12 |

4. 不同泄漏位置引发爆炸最短泄漏时间分析

针对本研究搭建的长 4 m，宽 2 m，高 2.6 m 的试验空间，其总体积为 20.8 $m^3$。考虑最危险的情况，将整个房间内的天然气浓度达到爆炸下限的时间定为引发爆炸的最短泄漏时间。具体地，在不同泄漏情况下的泄漏曲线上找最低点到达爆炸下限的时间作为最短泄漏时间。以燃气胶管脱落泄漏形式为例进行说明，如图 4-18 所示，在爆炸下限浓度 5%处画一条线，其与燃气灶处所测得的天然气浓度曲线的交点所对应的横坐标即为胶管脱落时的最短泄漏时间，约为 1320 s。

表 4-5 给出了不同泄漏位置引发爆炸最短泄漏时间对比数据表。当燃气胶管在橱柜内脱落时，其引发爆炸的最短泄漏时间为 1620 s。当燃气胶管在橱柜外脱落时，其引发爆炸的最短泄漏时间为 1320 s。当橱柜内胶管发生鼠咬小孔泄漏时，其引发爆炸的最短泄漏时间为 8400 s。当橱柜外胶管发生鼠咬小孔泄漏时，其引发爆炸的最短泄漏时间为 6780 s。当燃气灶具开关未关发生泄漏时，其引发爆炸的最短泄漏时间为 9780 s。当燃气立管腐蚀在外部泄漏时，其引发爆炸的最短泄漏时间为 1200 s。可以看出，不同泄漏位置引发爆炸最短泄漏时间的差别很大。燃气立管腐蚀在外部泄漏时引发爆炸所需的泄漏时间最少，而燃气灶具开关未关泄漏引发爆炸所需的泄漏时间最长，约为前者的 8 倍。

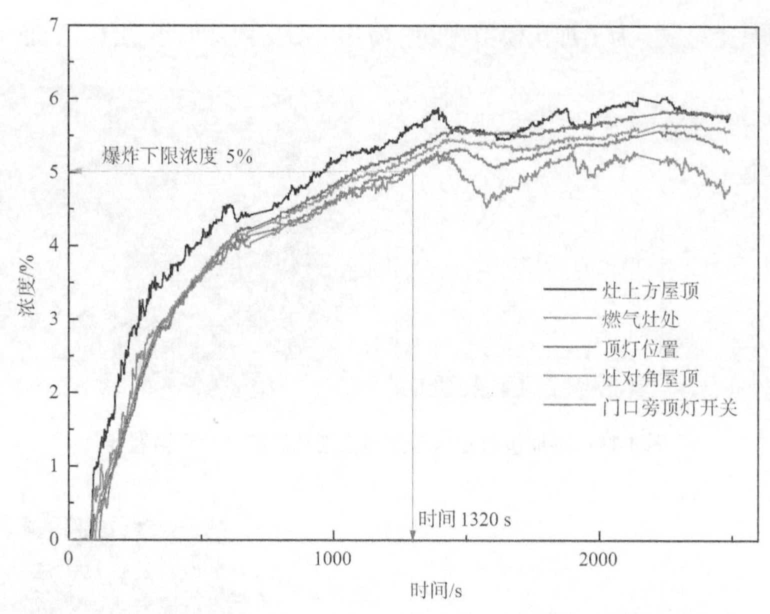


图 4-18　燃气胶管脱落泄漏（橱柜外）形式下引发爆炸的最短泄漏时间

**表 4-5　不同泄漏位置引发爆炸最短泄漏时间对比数据表**

| 工况 | 泄漏位置 | 泄漏情况 | 试验整体空间爆炸下限最短时间/ min |
|---|---|---|---|
| 1 | 胶管 | 胶管脱落在橱柜内 | 27 |
| 2 | 胶管 | 胶管脱落在橱柜外 | 22 |
| 3 | 胶管 | 橱柜内胶管鼠咬小孔 | 140 |
| 4 | 胶管 | 橱柜外胶管鼠咬小孔 | 113 |
| 5 | 燃气灶具灶眼 | 燃气灶具灶眼泄漏（开关未关） | 163 |
| 6 | 燃气立管 | 燃气立管地面穿墙处（未包封） | 20 |

# 4.3　单一厨房结构内天然气泄漏模拟研究

## 4.3.1　基于 ICEM-CFD 的等比例几何模型及有限元网格构建

为了进行室内天然气泄漏扩散数值模拟研究，首先需要构建可客观表征实际情况的三维几何模型，模型分为两种，一种为简装版不加包封的三维几何模型，如图 4-19 和图 4-20 所示，模型长 4 m、宽 2 m、高 2.6 m，门窗按实际情况等比例建造，内部空间布置厨房用品，包括燃气灶、桌子、燃气管等；另一种为加包封的三维几何模型，如图 4-21 和图 4-22 所示，该模型比简装版不加包封的模型多了包封结构，其他结构布置一致。为了加快模拟进度，简化了厨房内部的小物件，如瓶子、锅等。

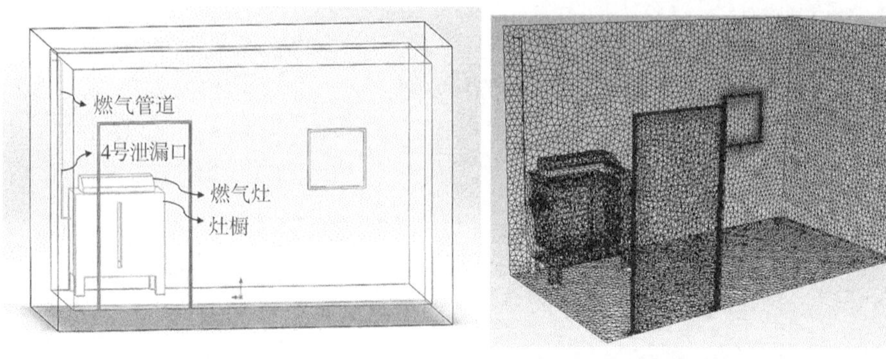


图 4-19　不加包封厨房等比例三维几何模型及网格划分

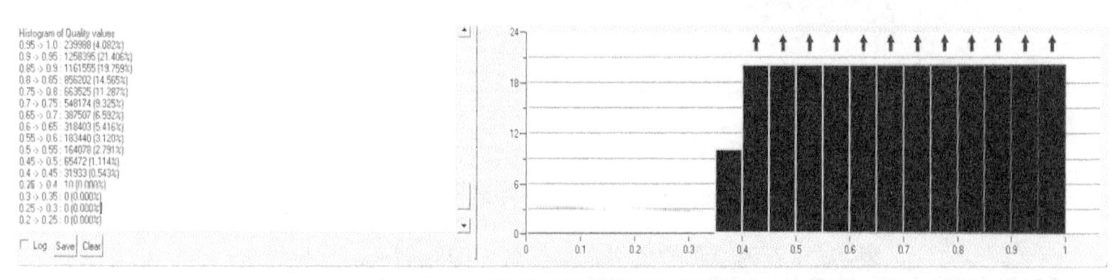


图 4-20　不加包封网格质量统计图

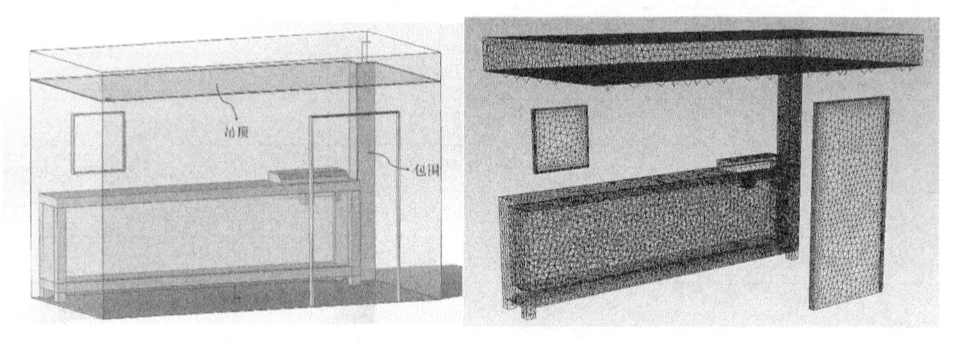


图 4-21　加包封厨房等比例三维几何模型及网格划分

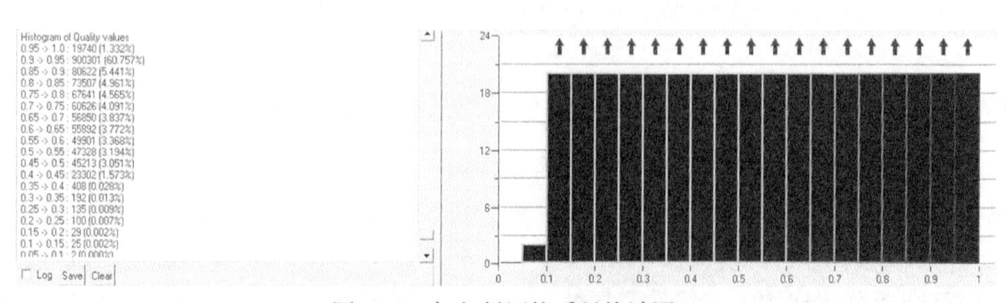


图 4-22　加包封网格质量统计图

构建的三维模型在结构上比较简单，但包含了厨房必要部件，如门、窗、燃气管等，其他物品如厨房用具类对燃气扩散情况影响不大，可忽略。进行网格划分时，设置整体最大网格尺寸为 0.08 m，并对网格进行了局部细化，燃气管、泄漏口及门窗缝隙较小尺寸的结构设置最大网格尺寸为 0.001 m，通过网格质量统计数据可发现，两个模型网格质量超过 0.3 的网格数占比 98%之上，甚至达到 100%，已远超模拟对网格质量的要求，一般情况模拟要求网格质量超过 0.3 的网格数占比超过 80%即可。

### 4.3.2　基于 ANSYS Fluent 的模拟计算

1. 选择模拟求解器

Fluent 内置两大求解器，一种为基于压力求解器，另一种为基于密度求解器，基于压力求解器适用于低速流体，基于密度求解器适用于高速流体。两种求解方法的共同点均使用有限容积离散方法，但线性化和求解离散方程的方法不同。鉴于天然气泄漏速度属于低速范围，本次模拟选择了基于压力求解器。由于需确定不同时间的燃气泄漏扩散情况，所以，时间尺度选择瞬态模型处理，设置界面如图 4-23 所示。

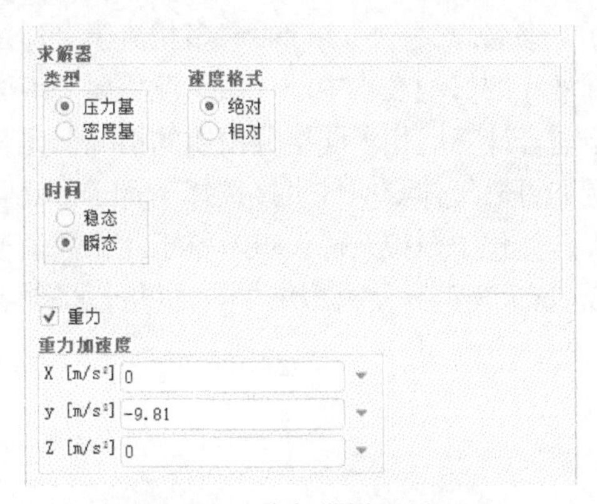


图 4-23　求解器设置界面

2. 模拟操作环境设置

打开重力，重力方向为 $Y$ 轴正方向，大小为 9.8 m/s$^2$；设置操作压力为 101325 Pa（即正常大气压），设置界面如图 4-24 所示。

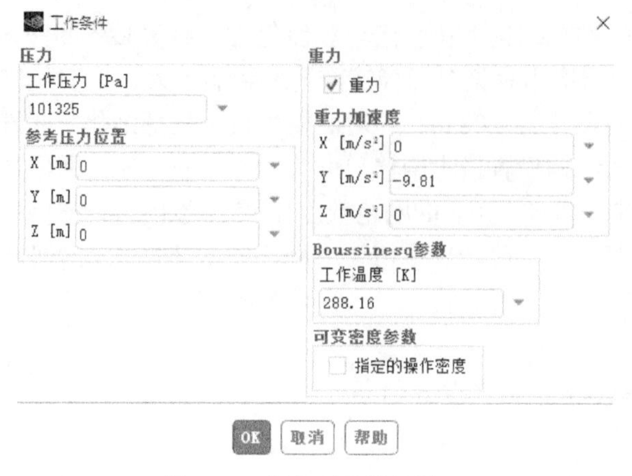


图 4-24　操作环境设置界面

3. 计算数学模型选择

Fluent 中有两种模型可以模拟流体扩散，分别为 Multiphase 多相流模型与 Species 模型，其中 Multiphase 多相流模型包括 VOF、Mixture、Euler 模型，Multiphase 多相流模型属于欧拉多相流模型，即利用欧拉方法来解算各种相的流动。Multiphase 多相流中的相指在流场或者位势场中具有相同边界条件和动力学特征的同类物质，一般分为固相、液相、气相，顾名思义，Multiphase 多相流模型适用于不相同的多种相的流体模拟，例如属于气液相的气泡在水中的扩散情况、属于液固相的水沿岸边流动的情况。而 Species 模型适合计算同相不同组分物质的情况，尤其是模型内置多种气体混合组合模型材料，例如可燃气体与空气直接选择 methane-air 气体组合，Species 模型简化了模拟设置过程，优化了模拟条件设定。鉴于此，数值模拟研究选用更适合处理 $CH_4$、空气流动的 Species 模型，使模拟结果更加贴近真实情况（图 4-25）。

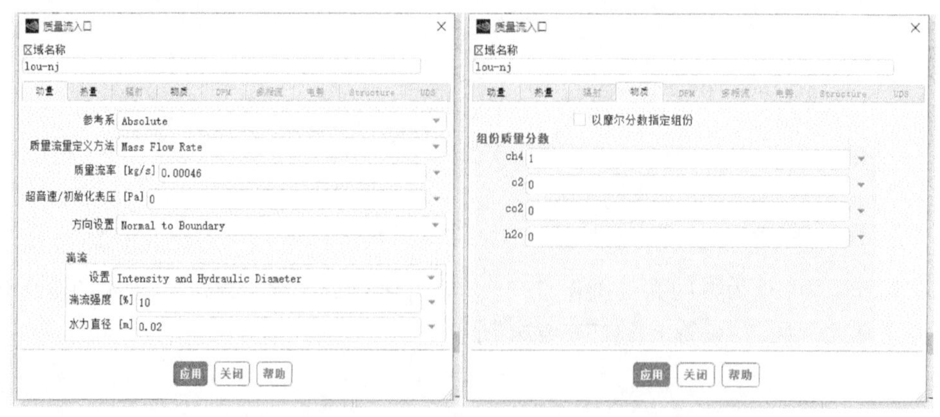


（a）Species 模型　　　　（b）湍流模型

图 4-25　计算数学模型设置界面

考虑到温度的存在和演化在整个流体流动过程中的重要作用，打开能量方程。通过计算得到在负压抽风口的速度较大，雷诺数远超过 2300，此处选用 Realizable $k$-$\varepsilon$ 模型处理湍流流动模型。工程上通常采用 Reynolds 时均方程对湍流状态进行描述，其基本思路是通过 $k$-$\varepsilon$ 两方程模型将流体的瞬态脉动量在时均化的方程中表现出来。

设 $u$，$v$，$w$ 为速度矢量 $\boldsymbol{V}$ 在 $x$，$y$，$z$ 方向的分量。湍流运动看作由时间平均流动和瞬时脉动流动叠加而成，即

$$u=\overline{u}+u';v=\overline{v}+v';w=\overline{w}+w' \tag{4-2}$$

认为风流为不可压流动，则连续方程为

$$\frac{\partial\rho}{\partial t}+\frac{\partial}{\partial x_i}(\rho u_i)=0 \tag{4-3}$$

Navier-Stokes 方程（动量方程）为

$$\frac{\partial}{\partial t}(\rho u_i)+\frac{\partial}{\partial x_j}(\rho u_i u_j)=-\frac{\partial p}{\partial x_i}+\frac{\partial}{\partial x_j}\left[\left(\mu+\mu_t\right)\left[\frac{\partial u_j}{\partial x_i}+\frac{\partial u_i}{\partial x_j}\right]\right] \tag{4-4}$$

其中，$\mu_t=\rho C_\mu k^2/\varepsilon$。

$k$ 方程为

$$\frac{\partial(\rho k)}{\partial t}+\frac{\partial(\rho k u_i)}{\partial x_i}=\frac{\partial}{\partial x_j}\left[\left[\mu+\frac{\mu_t}{\sigma_k}\right]\frac{\partial k}{\partial x_j}\right]+G_k-\rho\varepsilon \tag{4-5}$$

$\varepsilon$ 方程为

$$\frac{\partial(\rho\varepsilon)}{\partial t}+\frac{\partial(\rho\varepsilon u_i)}{\partial x_i}=\frac{\partial}{\partial x_j}\left[\left(\mu+\frac{\mu_t}{\sigma_\varepsilon}\right)\frac{\partial\varepsilon}{\partial x_j}\right]+\frac{C_{1\varepsilon}\varepsilon}{k}G_k-C_{2\varepsilon}\rho\frac{\varepsilon^2}{k} \tag{4-6}$$

其中，$G_k=\mu_t\left[\frac{\partial u_i}{\partial x_j}+\frac{\partial u_j}{\partial x_i}\right]\frac{\partial u_i}{\partial x_j}$。

式中，

$\rho$——气体密度（$kg/m^3$）；

$k$——湍动能（$m^2/s^2$）；

$\varepsilon$——湍动能耗散率（$m^2/s^3$）；

$\mu$——层流黏性系数（Pa · s）；

$\mu_t$——湍流黏性系数（Pa · s）；

$G_k$——湍动能由于平均速度梯度引起的产生项[$kg/(s^3 \cdot m^1)$]；

$C_{1\varepsilon}$, $C_{2\varepsilon}$, $C_\mu$, $\sigma_\varepsilon$, $\sigma_k$ 的取值分别为 1.44, 1.92, 0.09, 1.00, 1.30。

4. 材料选择及相态定义

研究对象共涉及两种气相流体，分别是$CH_4$及空气。由于空气为默认气体，因此只需从流体数据库中调用methane（$CH_4$）一种流体，并调用其相关参数，如密度、热容、热传导系数、黏性系数、摩尔质量、标准状态焓值。空气无需调用，默认为air（图4-26）。

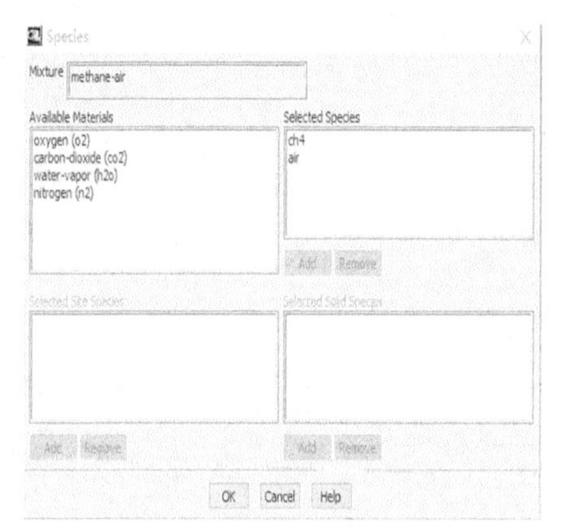


(a) 气体材料调用界面

(b) $CH_4$调用界面

图4-26　材料调用界面

5. 边界条件设定

进气口的边界类型设置为压力流率进口（pressure-inlet），根据测得用户进气压力为2.5 kPa，设定$CH_4$的进气压力为2500 Pa，壁面的边界条件设置为Wall，并保持恒温绝热，不考虑热量的向外传递。出口边界类型设置为压力出口（图4-27和图4-28）。

（a）$CH_4$进气口压力

（b）$CH_4$进气口气体成分

图4-27　$CH_4$进气口参数设置

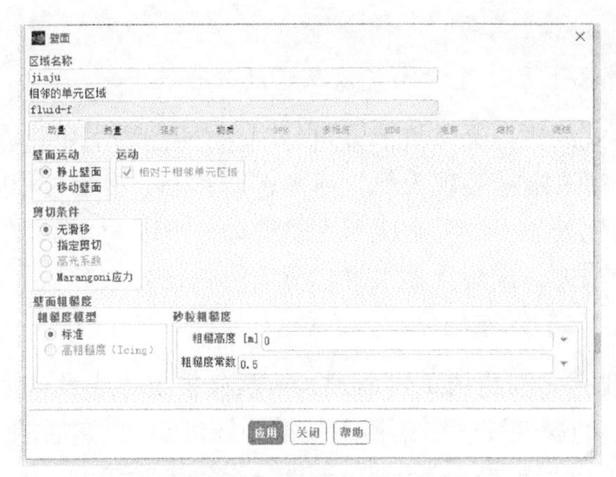


图 4-28　Wall 边界定义

考虑到实际工况中天然气中甲烷占比极大，为简化方便，设置泄漏源气体为 $CH_4$。

由于模拟软件默认气体混合气体数值为 1，故最后一项气体不再进行设置，由 1 减去设置的其他气体比例剩下的数值为最后一项气体比例。

### 4.3.3　单一厨房结构内天然气泄漏模型验证

开展了不加包封的厨房天然气泄漏模拟及加包封的厨房天然气泄漏模拟，不加包封共模拟 4 种泄漏形式，分别为燃气胶管脱落泄漏（橱柜内外）、胶管鼠咬形成小孔泄漏（橱柜内外）；加包封共模拟 4 种泄漏形式，分别为燃气胶管脱落泄漏、燃气灶具开关未关泄漏、腐蚀等原因产生裂隙泄漏、胶管鼠咬形成小孔泄漏。模拟设置情况与试验保持一致，如燃气立管腐蚀泄漏时设置 5 cm 的裂隙为泄漏源，胶管鼠咬产生小孔时在燃气管上设置小孔（直径 2 mm）为泄漏源，具体如表 4-6 所示。

**表 4-6　模拟泄漏形式设置**

| 泄漏形式 | | 模拟泄漏设置 |
|---|---|---|
| 不加包封 | 胶管脱落（橱柜内） | 胶管整个断面为泄漏源，燃气在灶橱内泄漏 |
| | 胶管鼠咬小孔（橱柜内） | 燃气管上设置小孔（直径 2 mm）为泄漏源，燃气在灶橱内泄漏 |
| | 胶管脱落（橱柜外） | 胶管整个断面为泄漏源，燃气在灶橱外泄漏 |
| | 胶管鼠咬小孔（橱柜外） | 燃气管上设置小孔（直径 2 mm）为泄漏源，燃气在灶橱外泄漏 |
| 加包封 | 胶管脱落（橱柜内） | 胶管整个断面为泄漏源，燃气在灶橱内泄漏 |
| | 胶管鼠咬产生小孔（橱柜内） | 燃气管上设置小孔（直径 2 mm）为泄漏源，燃气在灶橱内泄漏 |
| | 灶具开关未关 | 燃气灶具开关未关泄漏，灶眼为泄漏源 |
| | 主燃气管腐蚀等产生裂隙 | 燃气管设置 5 cm 的裂隙为泄漏源 |

1. 不加包封情况下天然气泄漏扩散及浓度分布

对四种泄漏形式的室内天然气泄漏进行模拟，展示了不同泄漏形式天然气浓度分布情况，为更直观清晰地表现天然气泄漏扩散状态，展示过程中将房间及室内摆设进行了完全透明化处理，常温常压下天然气爆炸下限为 5%，在同温同压情况下，气体摩尔分数等于浓度，设置天然气摩尔分数彩虹柱最大数值为 0.05，即 5%，表明天然气浓度超过 5%的区域均显示为红色。

1）燃气胶管脱落（橱柜内）泄漏形式天然气扩散迹线及浓度随时间演化规律

由图 4-29 展示的燃气胶管脱落泄漏扩散迹线可知，泄漏后的天然气初始速度较大，超过 1 m/s，由于灶橱体积较小，对天然气流场影响较大，天然气扩散速度及方向不断发生明显变化，流场状态较紊乱。天然气由橱缝隙漏向室内空间，天然气密度小于空气，进入室内空间的天然气主要向顶部方向扩散运移，在灶橱对天然气扩散的约束作用下，天然气进入室内后流场状态稳定，向顶部扩散迹线清晰。扩散至房间顶部的燃气沿着天花板横向移动，不断在天花板附近区域积聚。

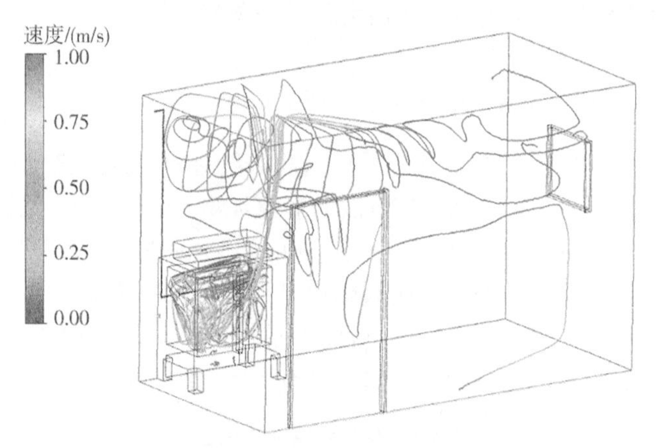


图 4-29 燃气胶管脱落（橱柜内）泄漏形式天然气扩散迹线

请扫描封底二维码查看本书彩图

图 4-30 展示了燃气胶管脱落（橱柜内）泄漏情况下天然气浓度演化规律，天然气从泄漏口泄漏后首先在灶橱内堆积聚集，浓度迅速超过爆炸下限。天然气向顶部扩散过程中也向周围做横向移动，灶橱及燃气灶迅速被燃气包围。室内天然气浓度随时间先逐渐上升，表现为上下分层结构特征，下部浓度低，上部浓度高。由于门窗缝隙存在漏风，泄漏 3600 s 后室内天然气浓度呈稳定状态，此时室内上部空间天然气浓度在爆炸下限之上，形成高浓度天然气-空气预混层，厚度在 1.1 m 左右。在门窗缝隙漏风影响下，密度较小的燃气更易受漏风影响，随漏风流出室内空间，门缝附近出现燃气堆积聚集的现象。虽然下方空间天然气浓度没有超过爆炸下限，但

是也会引发火灾等事故。

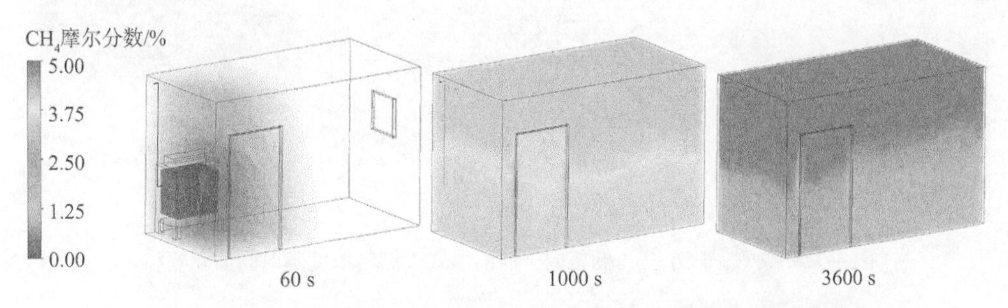


图 4-30　燃气胶管脱落（橱柜内）泄漏形式天然气浓度随时间演化规律

2）胶管鼠咬小孔（橱柜内）泄漏形式天然气扩散迹线及浓度随时间演化规律

通过对比图 4-29 与图 4-31 天然气泄漏扩散迹线可知，在灶橱对泄漏后燃气的约束作用下，胶管鼠咬小孔（橱柜内）与燃气胶管脱落泄漏燃气扩散迹线相似，两种泄漏情况下燃气均从灶橱缝隙进入室内空间，然后向顶部方向扩散。但胶管鼠咬小孔（橱柜内）泄漏相对于燃气胶管脱落泄漏单位时间泄漏量低，灶橱内燃气流场状态相对稳定，灶橱内大部分区域的流场速度小于 1 m/s。

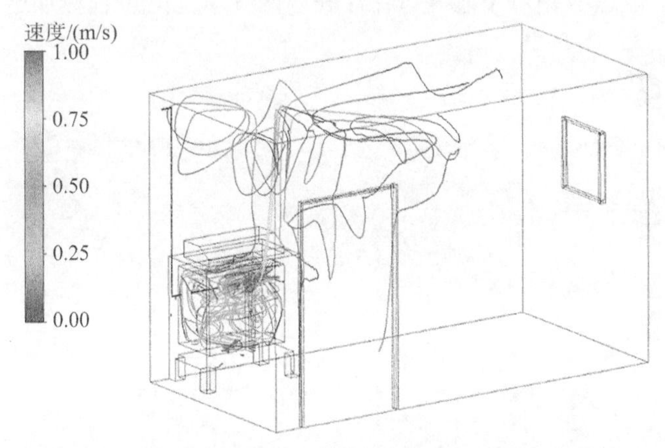


图 4-31　胶管鼠咬小孔（橱柜内）泄漏形式燃气扩散迹线

通过对比图 4-30 与图 4-32 天然气浓度演化规律发现，两者规律整体相似，燃气先在灶橱内积聚，然后扩散至整个室内空间，稳定状态后室内上方空间形成浓度超过爆炸下限的高浓度天然气-空气预混层。但是相同时间下胶管鼠咬小孔泄漏天然气浓度远低于燃气胶管完全脱落泄漏，且稳定状态下形成的高浓度燃气-空气预混层厚度约为 0.8 m，同样薄于燃气胶管泄漏情况。由于门缝处存在漏风，门缝附近高浓度天然气-空气预混层厚度稍厚于其他位置区域，燃气胶管完全脱落泄漏也有此现象。

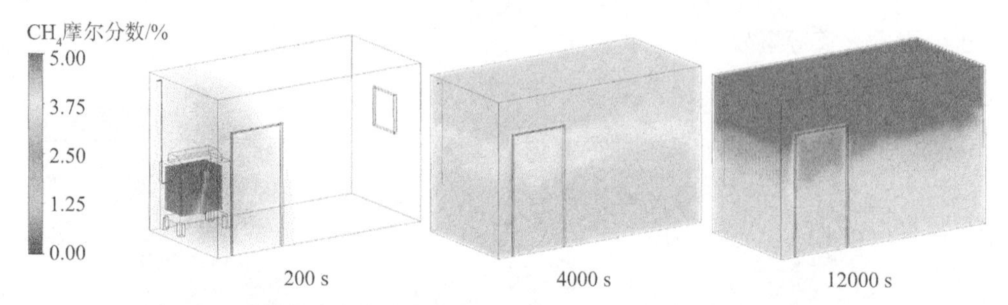


图 4-32 胶管鼠咬小孔（橱柜内）泄漏形式天然气浓度随时间演化规律

3）燃气胶管脱落（橱柜外）泄漏形式天然气扩散迹线及浓度随时间演化规律

由图 4-33 展示的燃气胶管脱落（橱柜外）泄漏扩散迹线可知，天然气从泄漏口泄漏后初始速度较大，流速远超 1 m/s，在初始速度作用下，天然气主要表现为横向射流运动。受重力及空气阻力的影响，天然气横向射流速度降低，射流断面面积增加，垂直方向的膨胀扩散速度提高，扩散迹线有所上扬。总体而言，离泄漏口越近，流速越大，反之降低；射流根部横向扩散显著，膨胀扩散较小，随着离泄漏口距离增加，膨胀扩散逐渐明显。由于泄漏口位于室内空间，天然气直接泄漏在室内，导致室内天然气扩散过程相对于泄漏口在灶橱内两种情况的过程更加迅速。

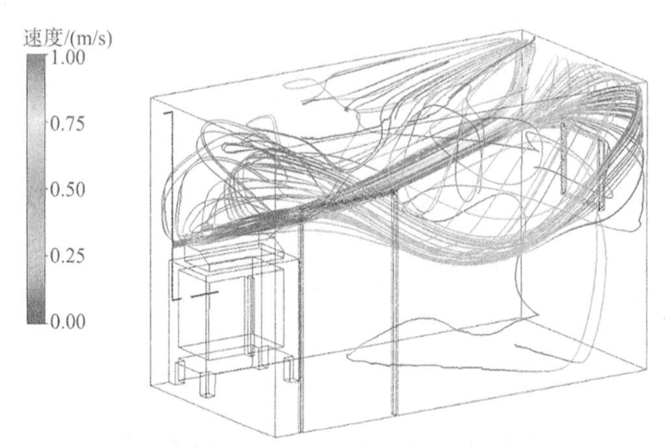


图 4-33 燃气胶管脱落（橱柜外）泄漏形式燃气扩散迹线

通过图 4-34 展示的燃气胶管脱落（橱柜外）泄漏情况可知，1 min 内泄漏口附近天然气浓度明显高于室内其他区域，泄漏口附近小范围区域形成天然气高浓度场。燃气胶管脱落（橱柜外）泄漏天然气直接泄漏在室内空间，且由于脱落泄漏横向扩散速度大，天然气扩散过程更快，分布更均匀，对比发现，泄漏 1 min 情况下燃气胶管脱落（橱柜外）泄漏燃气灶周围天然气浓度最大，750 s 时室内天然气整体浓度最高，稳定状态下高浓度天然气-空气预混层厚度可达 1.4 m，且下层的天然气体积分数也较高。

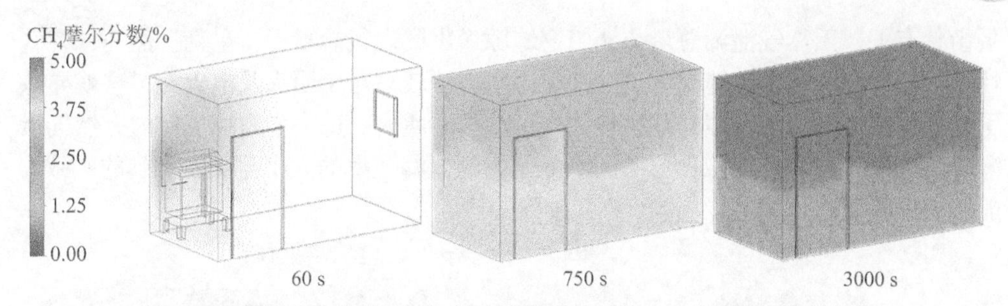


图 4-34　燃气胶管脱落（橱柜外）泄漏形式天然气浓度随时间演化规律

4）胶管鼠咬出现小孔（橱柜外）泄漏形式天然气扩散迹线及浓度随时间演化规律

通过图 4-35 展示的天然气泄漏扩散迹线可知，天然气小孔泄漏扩散首先表现为横向扩散，由于小孔位置高度低于燃气灶面高度，燃气灶对射流扩散有一定的阻碍作用，射流经过燃气灶后流速明显降低，降至 0.25 m/s 左右。随后迹线上扬趋势越来越明显，未到达墙面之前已上扬至顶板。对比燃气腐蚀泄漏扩散迹线发现，小孔泄漏迹线更早上扬，且上扬幅度大，表明燃气灶位置对天然气泄漏扩散有显著影响及小孔泄漏单位时间泄漏量低于腐蚀泄漏。

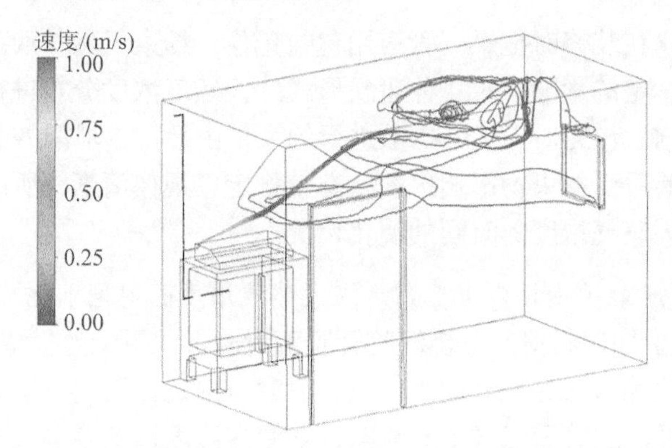


图 4-35　胶管鼠咬出现小孔（橱柜外）泄漏形式燃气扩散迹线

通过图 4-36 展示的天然气浓度演化规律可知，从泄漏口泄漏的天然气在室内空间扩散，泄漏口天然气浓度最高，室内浓度先增加后逐渐稳定。因为小孔泄漏单位时间泄漏量小于腐蚀泄漏，稳定状态下顶部形成的高浓度天然气-空气预混层小于腐蚀泄漏的情况，厚为 1 m 左右。

虽然不同泄漏情况下室内天然气浓度分布存在差异，但具有一些共性：天然气泄漏后先向顶部扩散，室内上部空间聚集形成天然气-空气预混层，随着泄漏时间加长，面积扩大，预混层厚度增加，浓度提高，逐渐超过爆炸下限即 5%，室内危险程度进一步提高，存在爆炸危险，如果此时出现明火或者电火花，将造成不可挽回的后果。由于门窗缝隙存在，室内天然气浓度并不是无限制增加，会形成平衡状态，平衡状态下，天然气泄漏总量与从门窗缝隙逸出的燃气总量保持平衡。然而，燃气灶点火、顶灯照明及门缝附近顶灯开关这些位置较易产生明火及电火花，这就导致了易发生爆炸的区域与爆炸危害较大的区域位置重合，进一步增加了室内天然气泄漏的危险性。同时，模拟得出不同泄漏位置的泄漏速率的大小与试验得到的一致，能够相互验证。

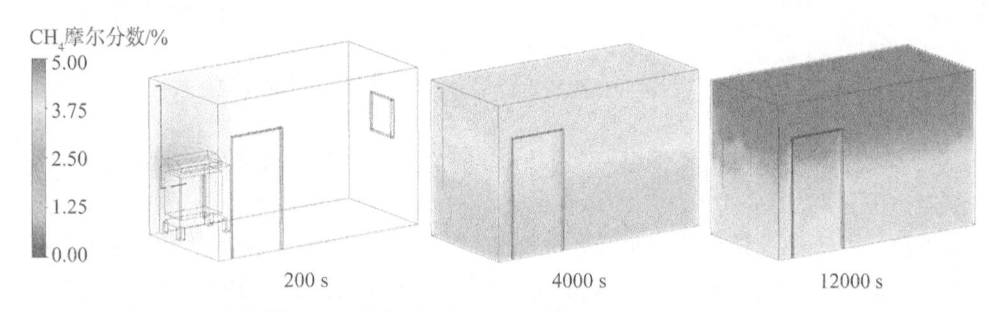


图 4-36 胶管鼠咬出现小孔（橱柜外）泄漏形式天然气浓度随时间演化规律

2. 加包封情况下天然气泄漏浓度分布

由于部分用户在装修时把燃气管道用包封包住，约束天然气的扩散行为，对天然气扩散会产生一定的影响，对 4 种泄漏形式的天然气浓度分布进行模拟。由于天然气泄漏在包封内，包封对天然气扩散进行约束，由灶橱内泄漏的天然气扩散迹线可知，天然气泄漏后受约束物影响扩散状态较稳定，规律清晰，所以，加包封情况下的模拟只展示天然气浓度随时间的演化情况。

1）燃气胶管脱落（橱柜内）泄漏形式天然气浓度随时间演化规律

图 4-37 展示了加包封情况下燃气胶管脱落泄漏形式下天然气浓度演化规律，天然气从燃气管道泄漏后首先在灶橱中扩散，泄漏口附近浓度超过了爆炸下限，但是其他区域浓度较低。随着天然气不断泄漏，灶橱内浓度逐渐增多，天然气从灶橱内向包封中扩散，天然气沿着包封向顶部方向扩散运动。1800 s 左右，灶橱及包封内天然气浓度超过了爆炸下限，但吊顶整体空间中天然气浓度相对较低，只有与管道包封连接处浓度超过了爆炸下限。随着时间推移，天然气从吊顶空间漏向室内空间，天然气在吊顶板不断积聚。由于门窗缝有漏风，吊顶板处逐渐变厚的天然气层降至缝隙高度后开始大量泄漏室外空间，泄漏 3600 s 后室内天然气浓度基本稳定。稳定状态下灶橱、管道包封、吊顶空间及门缝至吊顶板高度区域内天然气超过了爆炸下限，而室内空间天然气浓度相对较低，没有超过爆炸下限，小于没有加包封情况下胶管脱落泄漏情况。这种情况更要引起人们的注意，因为天然气高浓度区域不能被接触到，导致容易被忽略，此时若以没有加包封情况下的措施处理会有巨大隐患。

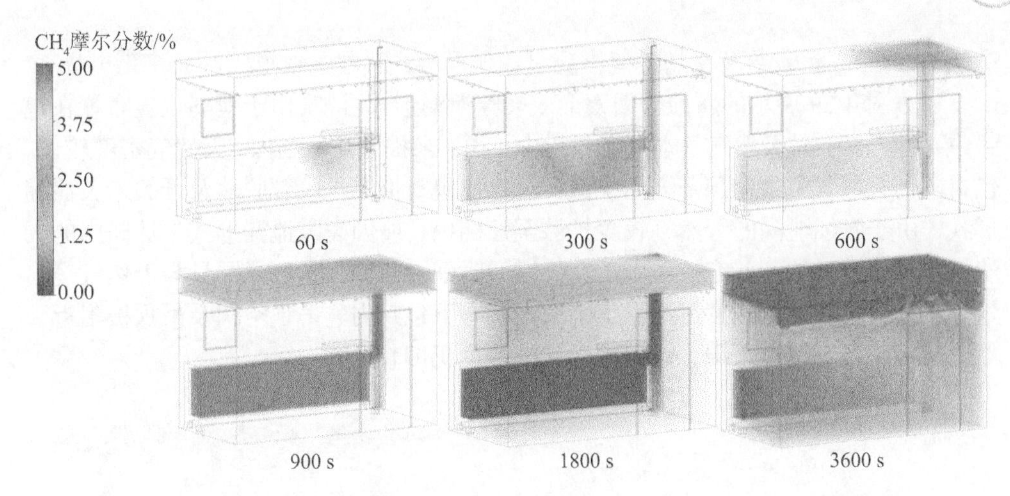


图 4-37　加包封燃气胶管脱落（橱柜内）泄漏形式下天然气浓度随时间演化规律

2）燃气灶具开关未关（灶眼泄漏）泄漏形式下天然气浓度随时间演化规律

通过图 4-38 展示的加包封情况下燃气灶具开关未关灶眼泄漏情况可知，天然气直接泄漏在室内空间，180 s 时泄漏位置附近局部小范围内天然气浓度超过了爆炸下限，天然气泄漏后向顶部方向扩散的同时也向横向水平方向扩散，天然气浓度逐渐升高，天然气稳定状态下室内顶部形成厚度为 1.3 m 左右的高浓度燃气-空间预混层，远大于泄漏形式在包封内的室内天然气浓度，由此说明泄漏位置对室内天然气浓度有极大影响。相对而言，泄漏位置在室内泄漏更易引起人们的警觉。

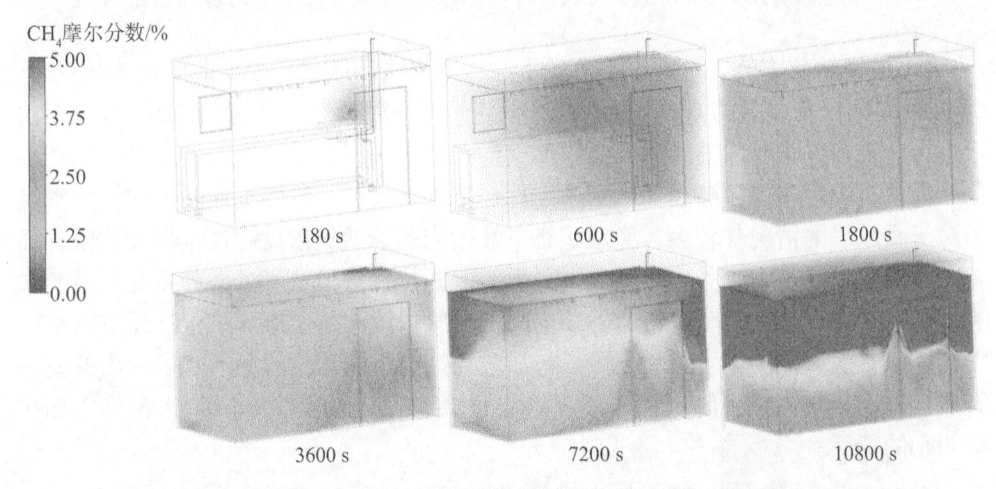


图 4-38　燃气灶具开关未关（灶眼泄漏）泄漏形式下天然气浓度随时间演化规律

3）腐蚀等因素导致主燃气管出现裂隙泄漏形式天然气浓度随时间演化规律

通过图 4-39 展示的腐蚀等因素形成裂隙泄漏形式可知，由于泄漏位置布置在包封中，泄漏 60 s 时天然气基本只在包封中扩散，未扩散至灶橱内，天然气密度较低，包封内的天然气主要向顶部方向扩散。对比加包封情况下胶管脱落及开关未关泄漏形式，由于腐蚀泄漏的天然气较少扩散至灶橱内，腐蚀裂隙泄漏形式下灶橱内的天然气浓度处于低浓度状态。随着天然气泄漏时间加长，天然气泄漏量与天然气逸出量基本持平，天然气浓度逐渐稳定，稳定状态下包封内、吊顶空间及吊顶板附近天然气浓度超过了爆炸下限，灶橱内天然气浓度仍旧较低。

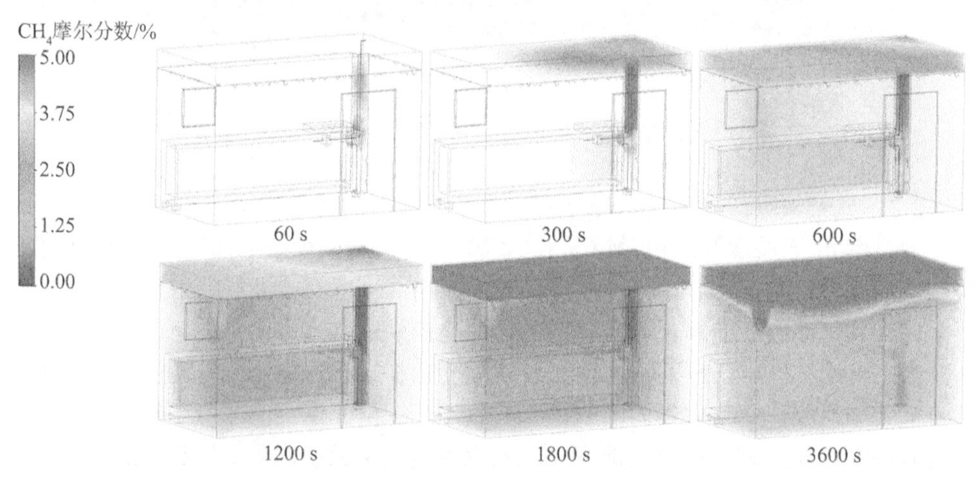


图 4-39 加包封腐蚀等因素导致主燃气管出现裂隙泄漏形式下天然气浓度随时间演化规律

4）鼠咬燃气胶管（橱柜内）出现小孔泄漏形式下天然气浓度随时间演化规律

通过图 4-40 展示的鼠咬胶管形成小孔泄漏可知，天然气首先在包封中扩散，由于小孔位置较低，泄漏的天然气向顶部空间扩散的同时也扩散至灶橱空间。虽然小孔泄漏总量小于腐蚀裂隙泄漏，由于小孔位置相对较低，扩散至灶橱内的天然气量相对于腐蚀泄漏情况却较多，稳定状态下灶橱内的天然气浓度超过了爆炸下限，而腐蚀裂隙泄漏灶橱内天然气浓度较低，说明泄漏位置对天然气浓度分布有一定的影响。稳定状态下，灶橱、包封及吊顶空间天然气浓度超过了爆炸下限，而室内空间则几乎没有区域浓度超了爆炸下限，与加包封情况下的其他泄漏形式表现出的室内天然气浓度分布规律相似，室内空间天然气浓度与没有加包封的相同泄漏形式相比呈偏小的特征。

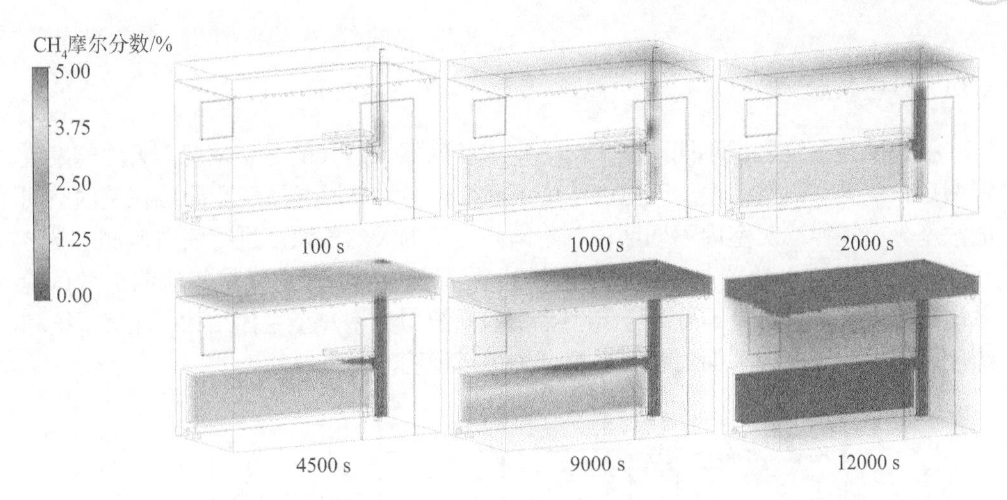


图 4-40　加包封鼠咬燃气胶管（橱柜内）出现小孔泄漏形式下天然气浓度随时间演化规律

通过模拟加包封的 4 种泄漏形式可知，泄漏位置在包封内情况下室内空间天然气浓度均比较低，低于没有加包封的泄漏。主要原因为受包封约束，天然气扩散至顶部过程中没有经过室内空间，而是通过包封直接扩散到了顶部空间，在顶部堆积过程中遇门缝流出了室内，减少了燃气在室内空间横向扩散的过程，导致了室内空间天然气浓度小于没有包封的情况。加包封情况下泄漏位置位于室内空间的模拟也证实了该原因，表明包封对室内空间天然气浓度有决定性影响。虽然泄漏位置在包封内的泄漏形式下室内空间浓度较低，而吊顶空间及泄漏位置附近天然气浓度均超过了爆炸下限，在包封阻挡下超过爆炸下限的区域不能直接接触，容易误认为天然气泄漏量较少，忽略隐藏在包封内高浓度区域的危险性，增大了天然气泄漏的危险性。并且因为包封的阻挡，加大了通风排空的难度，因此，需要特别注意燃气在包封内的泄漏情况。

## 4.4　典型户型结构内天然气泄漏试验研究

室内天然气的泄漏形式与部位主要有燃气胶管在橱柜内脱落、燃气胶管在橱柜外脱落、燃气胶管鼠咬小孔并在橱柜内泄漏、燃气胶管鼠咬小孔并在橱柜外泄漏、燃气灶具开关未关、燃气立管腐蚀泄漏（无包封，腐蚀位置在靠近墙位置）、燃气立管腐蚀泄漏（有包封，腐蚀位置在靠近墙位置）这 7 种情况。不同泄漏形式对应不同泄漏速率的研究，已在单一封闭式厨房天然气泄漏扩散规律的研究中完成。通过建立全尺寸天然气泄漏扩散试验系统，在户内燃气管道包封、不包封以及不同燃气系统布局情况下分别开展典型户型结构封闭式厨房以及典型户型结构开放式厨房内的天然气泄漏扩散试验，确定不同条件下的天然气泄漏扩散规律和空间分布规律。

### 4.4.1 试验装置

搭建试验系统测试不同泄漏工况下室内各区域天然气的分布情况。天然气发生泄漏后，整个室内空间内的天然气浓度不断变化，为掌握天然气泄漏后在室内空间的浓度分布规律，对室内不同区域、不同高度下的天然气浓度进行实时监测。

在北京理工大学东花园试验基地搭建典型户型结构户内天然气泄漏扩散试验系统，结构示意图如图 4-41 所示，整个试验系统由典型户型主体结构、注气系统和浓度采集系统构成，下面对各个系统分别进行说明。

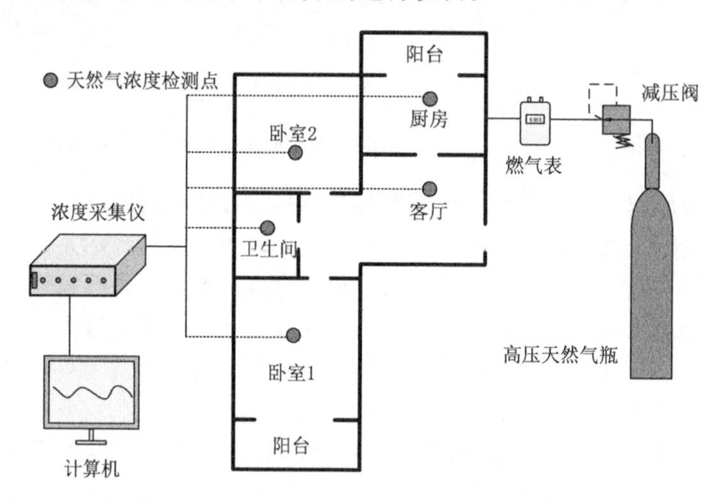


（a）封闭式厨房结构

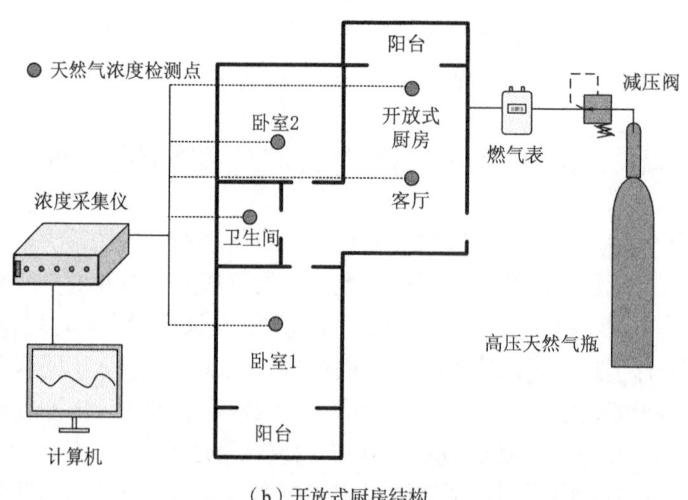


（b）开放式厨房结构

图 4-41 典型户型结构户内天然气泄漏扩散试验系统示意图

1. 典型户型主体结构

为便于试验开展，拟将两居室户型作为研究对象。通过对北京市两居室户型进行调研，结合试验场地条件，确定了两室一厅一卫一厨的典型户型结构，总建筑面积在 60 m² 左右，其结构如图 4-42 所示。其中卧室、客厅、卫生间以及厨房根据实际情况设有门、窗，窗户安装玻璃，厨房内搭建橱柜，根据试验需求将注气管路放置在橱柜内。另外，厨房部分分为封闭式厨房和开放式厨房两种结构，燃气管路包封与未包封两种情况以及有无隔断两种情况。

厨房内部燃气系统布局与居民户内燃气布局类似，如图 4-43 所示。

图 4-42　试验用典型户型结构外观图

图 4-43　厨房内燃气系统结构

室内窗户和门的设置如图 4-44 所示，卧室 1 有阳台，卧室 2、厨房阳台、卫生间设置窗户，所有窗户在横向方向居中；窗户 1、窗户 2 距地面高度 1 m，尺寸宽 1.5 m，长 1.8 m；窗户 3 距地面高度 1 m，尺寸宽 1.2 m，长 1.5 m；窗户 4 距地面

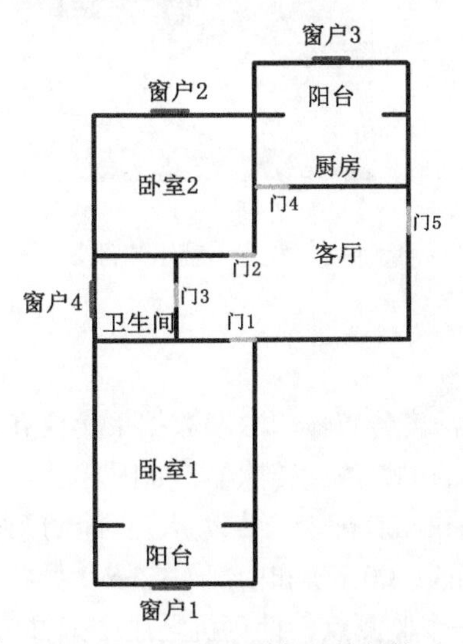


图 4-44　厨房内燃气系统结构

高度 1.5 m，尺寸宽 0.6 m，长 0.9 m；入户门尺寸宽 1.2 m，长 2 m，其他门宽 0.8 m，高 2 m。门 1、门 2 靠墙设置，门 3 居中，门 4 靠墙，入户门门 5 距墙 0.5 m。为了便于试验顺利开展，首先做开放式厨房试验研究，然后开展在厨房加设 50 cm 隔断试验研究，最后再砌墙将厨房与客厅隔开，开展封闭式厨房试验研究。

2. 注气系统

注气系统由高压天然气瓶、减压阀、注气管路和燃气表组成，如图 4-45 所示。其中高压天然气瓶由燃气公司提供，保证其成分与北京市家用燃气一致。若建筑面积以 60 $m^2$ 计，高为 3 m，则体积为 180 $m^3$，每次试验按化学计量浓度算，即甲烷浓度为 9.5%，则 9 次试验共需 153.9 $m^3$ 天然气；通过减压阀保证出口压力维持在 2.5 kPa，与户内燃气出口压力一致；在户内和户外各设置一个燃气表，其中户内用于构成完整的燃气系统，户外用于计量注入室内的燃气量，从而根据燃气注入量和注气时间计算与该工况相对应的泄漏速率；户外注气管路采用不锈钢金属管路，保证注气过程的安全性，户内注气管路采用胶管，方便设置不同的泄漏情形；燃气表与北京市家用燃气表一致。

（a）天然气气源

（b）减压阀

（c）燃气表

图 4-45　注入系统组成部分

3. 浓度采集系统

浓度采集系统由甲烷浓度传感器、浓度数据采集仪和计算机组成。采用深圳霍尼艾格科技有限公司生产的甲烷浓度传感器，如图 4-46 所示，量程为 0 ~ 100%，精度为 0.1%，浓度数据采集仪与其配套。共设置 12 个浓度监测点，其中在两个卧室、客厅、厨房以及卫生间顶部（3.0 m）和中部（1.5 m）处各设置一个，在厨房和客厅的下部（0.5 m）各设置一个监测点；计算机采用个人办公计算机，通过 USB 接口与浓度数据采集仪连接，可以实时监控浓度数据。

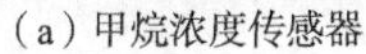

(a) 甲烷浓度传感器

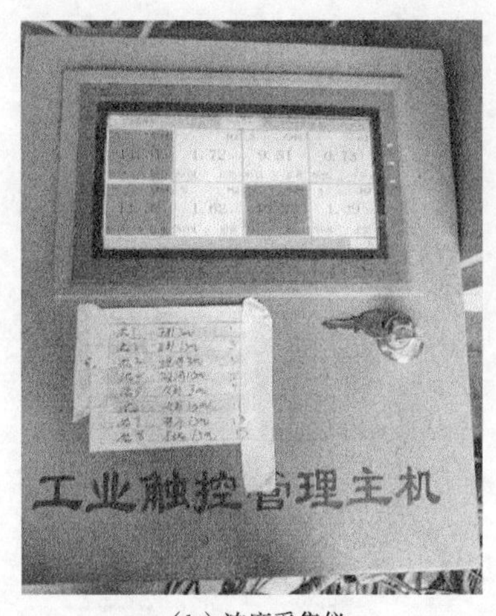


(b) 浓度采集仪

图 4-46　浓度采集系统组成部分

### 4.4.2　天然气泄漏扩散试验条件

天然气泄漏试验危险性大，泄漏试验地点选定为北京理工大学东花园试验基地，搭建典型户型结构天然气泄漏试验平台，在保证试验安全的同时，可以避免受风和其他外界因素的影响，更接近理想试验条件，有助于试验结果的分析。在试验过程中设计的泄漏压力与户内天然气压力保持一致，约为 2.5 kPa。图 4-47（a）～（d）分别给出了胶管脱落在灶橱内泄漏、燃气立管腐蚀裂隙泄漏等布置情况。图 4-47（e）～（f）分别给出了不同厨房构造下的室内布置情况。

(a) 胶管脱落在灶橱内泄漏

(b) 胶管脱落在灶橱外泄漏

（c）开放式厨房挡烟垂壁宽度为 50 cm

（d）开放式厨房燃气立管包封

（e）开放式厨房

（f）封闭式厨房

图 4-47　不同试验工况

根据汇总分析事故调查数据，选取较常发生的泄漏类型进行研究。试验开展了 9 种情况下的燃气泄漏形式进行研究，不同情况（开放式厨房、封闭式厨房、包封与未包封、不同燃气系统布局、厨房顶部设置挡烟垂壁等）开展典型户型结构燃气泄漏扩散试验研究，测定不同条件下燃气浓度分布情况，泄漏位置包括胶管泄漏、燃气灶具泄漏、燃气立管泄漏等，具体工况条件如表 4-7 所示。值得一提的是，本试验均在厨房门开着、所有对外窗户关着、点火点在厨房以及纯户内泄漏（不含户外泄漏扩散至户内）条件下开展。

**表 4-7　燃气泄漏扩散试验条件汇总**

| 工况 | 厨房结构 | 泄漏位置 | 泄漏情况 | 试验泄漏设置 |
|---|---|---|---|---|
| 1 | 开放式厨房 | 胶管 | 胶管脱落在橱柜外 | 胶管脱落在橱柜外发生泄漏 |
| 2 | 开放式厨房（有挡烟垂壁） | 胶管 | 胶管脱落在橱柜外 | 胶管脱落在橱柜外发生泄漏 |

续表

| 工况 | 厨房结构 | 泄漏位置 | 泄漏情况 | 试验泄漏设置 |
|---|---|---|---|---|
| 3 | 开放式厨房 | 燃气立管 | 燃气立管地面穿墙处（立管靠近门包封） | 地面穿墙处做径向裂隙（包封） |
| 4 | 封闭式厨房 | 胶管 | 胶管脱落在橱柜内 | 胶管脱落在橱柜内发生泄漏 |
| 5 | 封闭式厨房 | 胶管 | 胶管脱落在橱柜外 | 胶管脱落在橱柜外发生泄漏 |
| 6 | 封闭式厨房 | 胶管 | 胶管鼠咬小孔橱柜外 | 在橱柜内胶管上做直径 2 mm 小孔 |
| 7 | 封闭式厨房 | 燃气灶具灶眼 | 燃气灶具灶眼泄漏（灶具开关未关） | 燃气灶具开关打开，从灶眼（单个）泄漏 |
| 8 | 封闭式厨房 | 燃气立管 | 燃气立管地面穿墙处（立管靠近门未包封） | 地面穿墙处做径向裂隙（未包封） |
| 9 | 封闭式厨房 | 燃气立管 | 燃气立管地面穿墙处（立管在阳台上未包封） | 地面穿墙处做环向裂隙（未包封） |

### 4.4.3　试验步骤

在整个试验过程中，先进行泄漏试验，后进行燃爆试验，由于燃爆试验是在泄漏试验的基础上进行，因此，在开始泄漏前就要准备好燃爆试验的所有测试系统，具体步骤如下：

（1）试验主体结构搭建。根据调研确定的典型户型结构，搭建全尺寸试验主体结构，根据实际情况设置门、窗等构配件。

（2）试验准备。根据泄漏和燃爆试验系统准备齐全所需的所有设备、材料、工具以及人员配置。

（3）测试系统布置。根据试验要求分别布置注气系统、浓度测试系统、压力测试系统、温度测试系统、应变测试系统、高速摄像系统以及点火触发系统。

（4）注气。待所有试验系统布置好之后，打开气瓶阀门开始注气，同时采集浓度数据，待浓度曲线趋于平稳后停止注气，记录注气起止时间以及燃气表示数。

（5）点火。注气停止后，等各测点浓度波动不明显后，准备点火，检查一遍各采集系统，使其均处于待触发状态，然后点火。

（6）数据存储。将浓度、温度、压力、应变以及影像数据及时保存，数据未保存前禁止切断电源。

（7）排空。打开门、窗等，通过压入式风机或自然流通将室内剩余天然气以及燃烧产物排出。

（8）修整完善。检查注气系统、点火系统以及各测试系统，对传感器进行复位校正，若有传感器及数据传输线损坏，应及时进行更换，准备下一次试验。

### 4.4.4 典型户型结构内天然气泄漏扩散规律

通过减压阀控制出口压力维持在 2.5 kPa，同时根据燃气表所显示的注入量，结合注气时间计算所开展的试验工况相对应的泄漏速率，结果如表 4-8 所示。

**表 4-8 不同泄漏形式下的泄漏量和泄漏时间**

| 序号 | 泄漏位置 | 泄漏情况 | 泄漏量/$m^3$ | 泄漏时间/h | 试验平均泄漏速率/($m^3$/h) |
|---|---|---|---|---|---|
| 1 | 胶管 | 开放式厨房胶管脱落在橱柜外 | 12.65 | 4.52 | 2.80 |
| 2 | 胶管 | 开放式厨房（有挡烟垂壁）胶管脱落在橱柜外 | 12.45 | 4.45 | |
| 3 | 胶管 | 封闭式厨房胶管脱落在橱柜内 | 13.42 | 4.79 | |
| 4 | 胶管 | 封闭式厨房胶管脱落在橱柜外 | 12.71 | 4.54 | |
| 5 | 胶管 | 封闭式厨房胶管鼠咬小孔在橱柜外 | 12.61 | 30.41 | 0.41 |
| 6 | 燃气灶具灶眼 | 封闭式厨房燃气灶具灶眼泄漏（灶具开关未关） | 12.43 | 36.03 | 0.35 |
| 7 | 燃气立管 | 开放式厨房燃气立管地面穿墙处（立管靠近门包封） | 12.43 | 3.94 | 3.13 |
| 8 | 燃气立管 | 封闭式厨房燃气立管地面穿墙处（立管靠近门未包封） | 12.69 | 4.07 | |
| 9 | 燃气立管 | 封闭式厨房燃气立管地面穿墙处（立管在阳台上未包封） | 12.77 | 4.09 | |

室内燃气事故的点火源经常出现在电源插口、开关、电灯等位置，其中由于开关的频繁使用，其产生火花引发燃气事故的概率较高，因此接下来对室内各区域 1.5 m 处的燃气浓度演化曲线进行分析。图 4-48 为室内不同区域 1.5 m 高度处的燃气浓度数据。

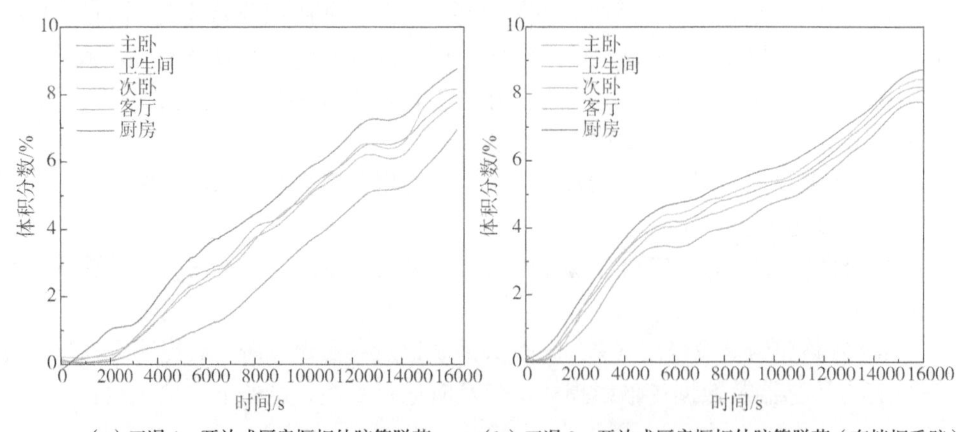


（a）工况 1，开放式厨房橱柜外胶管脱落　（b）工况 2，开放式厨房橱柜外胶管脱落（有挡烟垂壁）

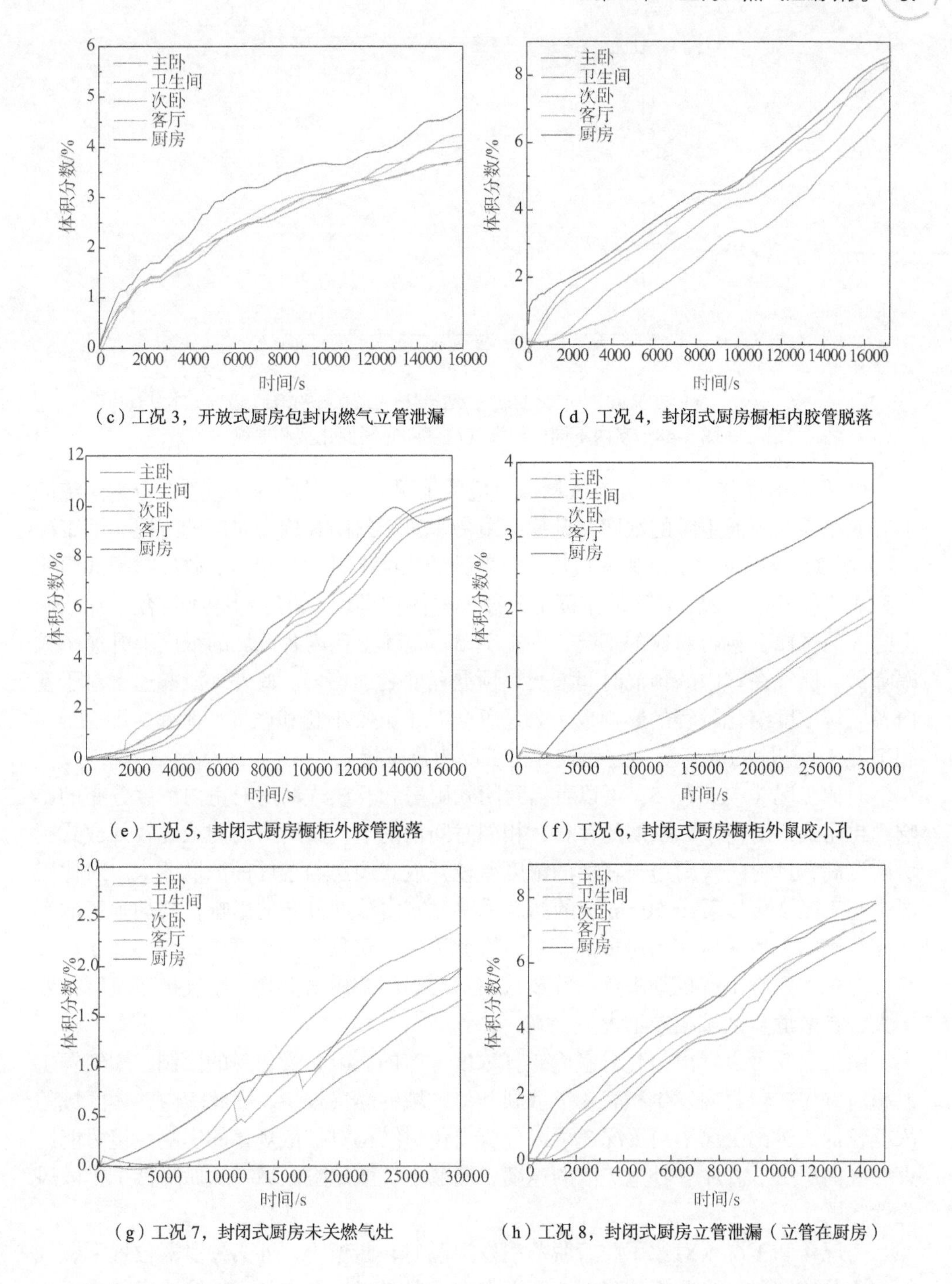


（c）工况 3，开放式厨房包封内燃气立管泄漏

（d）工况 4，封闭式厨房橱柜内胶管脱落

（e）工况 5，封闭式厨房橱柜外胶管脱落

（f）工况 6，封闭式厨房橱柜外鼠咬小孔

（g）工况 7，封闭式厨房未关燃气灶

（h）工况 8，封闭式厨房立管泄漏（立管在厨房）

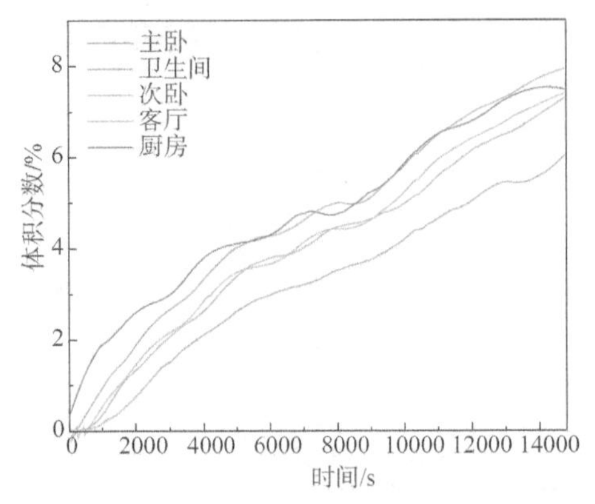


（i）工况 9，封闭式厨房燃气立管泄漏（立管在厨房阳台）

图 4-48 室内不同区域燃气浓度随时间变化实测曲线

由图 4-48 可知，对于开放式厨房对应的工况，即工况 1～工况 3，卫生间浓度上升速率最快，而主卧的浓度上升速率最慢。对于封闭式厨房对应的工况，即工况 4～工况 9，厨房浓度上升速率最快，而主卧的浓度上升速率最慢，此外封闭式厨房户型对应的各个工况，各区域浓度上升速率整体均呈现“厨房>卫生间>客厅>次卧>主卧”的规律。包封对应的工况，即工况 3，整体上室内各区域的浓度上升速率大幅降低，燃气在室内的预混时间增长，预混程度更加均匀。此外，泄漏速率对于室内各区域浓度演化过程的影响也十分显著，对于鼠咬小孔和燃气灶泄漏，即工况 6 和工况 7，整体的浓度演化过程较其他工况明显减慢。

对比工况 1 与工况 5，可以看出封闭式厨房和开放式厨房对室内浓度分布的影响，封闭式厨房由于隔断墙的存在，相同时间情况下，其厨房内的浓度较开放式厨房浓度高，且封闭式厨房与客厅的浓度差较开放式厨房与客厅的浓度差大。对比工况 1 与工况 2 可以看出 50 cm 宽的挡烟垂壁对室内浓度分布的影响，挡烟垂壁的存在导致燃气在泄漏后在厨房顶部积聚，因此造成厨房顶部的浓度更高。对比工况 2 与工况 5 可以看出有挡烟垂壁的开放式厨房与封闭式厨房对比，燃气扩散速度相差不大，扩散危险区域相差不大。

由工况 3 可以看出包封对室内燃气浓度分布的影响，受包封的限制，燃气发生泄漏后首先在包封内发生积聚，扩散到其他区域的燃气较少，因此室内整体区域的浓度较低。对比工况 1 与工况 3 可以分析出包封结构对扩散规律的影响，包封能约束燃气向厨房、客厅、卧室扩散的速度，能减小扩散危险区域，从而降低了扩散风险性。

工况 4 和工况 5 对比了胶管脱落引发泄漏时，橱柜内、外两种泄漏位置下燃气的浓度分布情况，受橱柜的限制，橱柜内发生泄漏时，室内各区域的浓度整体上均较橱柜外发生泄漏的工况低。

对比工况 5、工况 6、工况 7、工况 8 可以看出泄漏速率对室内燃气浓度分布有显著的影响，其中胶管脱落与立管腐蚀泄漏的分布情况较为相似，鼠咬小孔和未关燃气灶的作用效果较为一致，可以推出两组的泄漏速率分别相近。泄漏速率越小，在室内空间燃气浓度分布越均匀。

工况 8 和工况 9 对比了不同燃气布局对室内燃气浓度分布的影响，燃气立管设置在阳台上，在一定时间内能减缓燃气向厨房、客厅、卧室扩散的速度，但随着时间的推移，影响会越来越小，主要由于燃气泄漏孔径趋于一致，在两种工况下，室内各区域的浓度分布呈现相似的规律。

分析图 4-49 中泄漏试验末期的厨房内高度为 0 m、1.5 m、2.8 m 的数据可以看出，受气体密度的影响，燃气浓度随着高度的上升呈现逐渐上升的趋势。燃气浓度分布随高度的变化并不是线性的，在顶部变化的幅度不大，在地面处的变化幅度较大，且对于鼠咬小孔泄漏、包封内泄漏以及灶眼泄漏等泄漏类型时，地面处浓度基本接近于 0。对于泄漏位置较低的泄漏工况，比如工况 8 和工况 9，泄漏位置位于燃气立管底部，纵向浓度分布差距较小，较为均匀，而对于其他泄漏位置较高的泄漏工况，气体泄漏后直接扩散到泄漏位置上方，向底部扩散的速度较慢，因此纵向浓度分布差异较大；对于泄漏时间较长的工况，即工况 6 和工况 7，随着泄漏时间的增长，燃气的纵向分层现象逐渐显著，因此其不同高度的浓度差距较大。

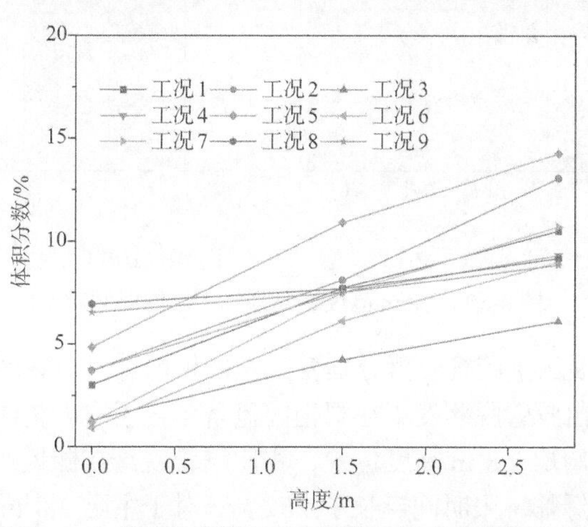

图 4-49　泄漏试验结束时，厨房不同高度浓度分布

分析图 4-50（a）可以看出，挡烟垂壁的存在，缩短了厨房达到爆炸下限的时间，延缓了室内其他区域燃气达到爆炸下限的时间。其中对于厨房的影响较为显著，相比开放式厨房结构，封闭式厨房结构和挡烟垂壁宽度为 50 cm 开放式厨房结构 2.8 m 高度处达到爆炸下限的时间分别缩短了 14.1%和 8.6%；对于主卧，相比开放式厨房结构，封闭式厨房结构和挡烟垂壁宽度为 50 cm 开放式厨房结构 2.8 m 高度

处达到爆炸下限的时间分别延长了 3.2%和 2.3%。

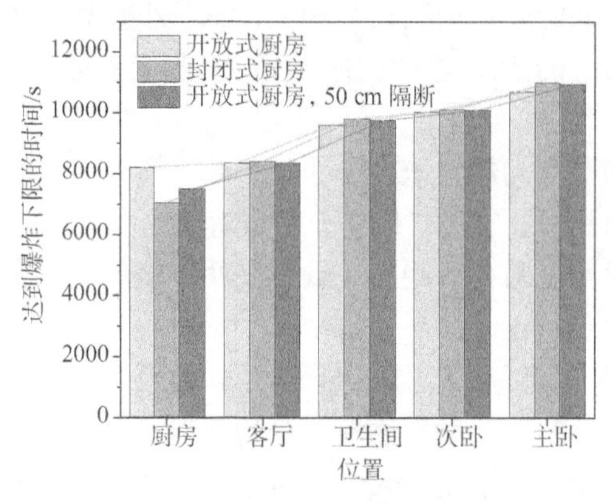


（a）开放式厨房（工况 1），有 50 cm 挡烟垂壁（工况 2），封闭式厨房（工况 5）

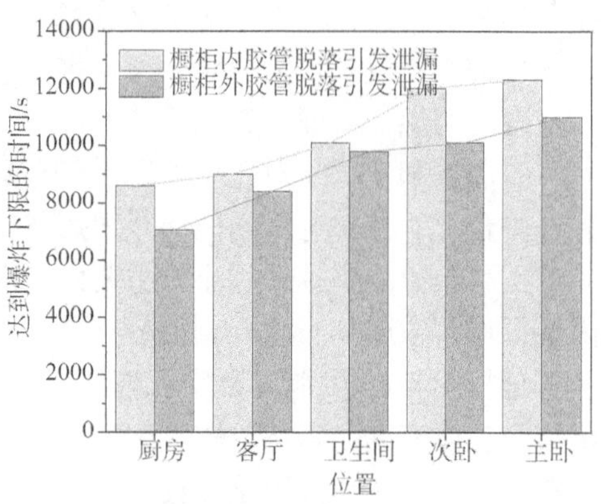


（b）胶管橱柜内脱落（工况 4），橱柜外脱落（工况 5）

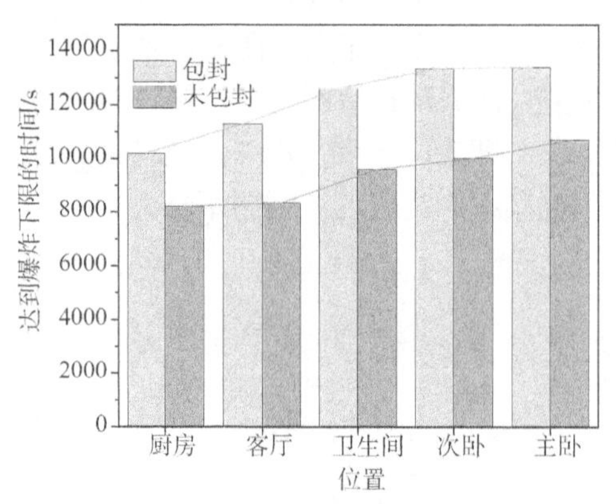


（c）包封（工况 3），未包封（工况 1）

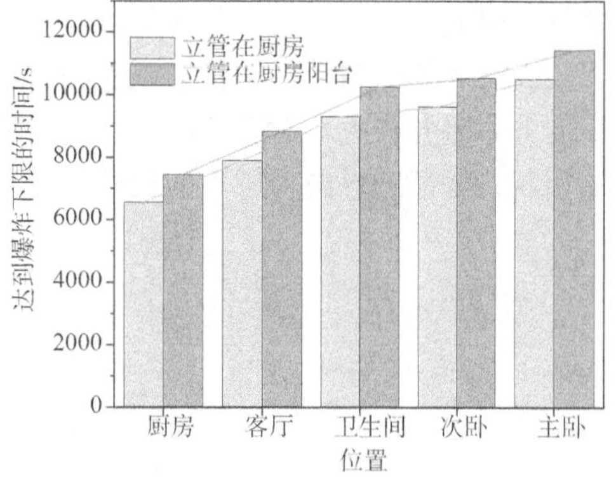


（d）立管在厨房（工况 8），立管在阳台（工况 9）

图 4-50　2.8 m 高度达到爆炸下限的时间对比

图 4-50（b）展示了胶管脱落分别发生在橱柜内外时对各区域达到爆炸下限时间的影响，可以看出胶管脱落发生在橱柜内显著延迟了室内整体区域达到爆炸下限的时间。比如对于厨房 2.8 m 高度位置，相比胶管脱落在橱柜外，胶管脱落在橱柜内使对应位置达到爆炸下限时间延长了 26.6%。对于主卧 2.8 m 高度位置，相比胶管脱落在橱柜外，胶管脱落在橱柜内使对应位置达到爆炸下限时间延长了 36.4%。

分析图 4-50（c），可以看出包封的存在对室内燃气分布有显著的影响。对于开放式厨房结构而言，包封的存在显著延长了各区域达到爆炸下限的时间。相比未包封结构，包封结构的存在将厨房、客厅、卫生间、次卧和主卧达到爆炸下限的时间分别延长了 24.2%、35.3%、31.3%、33.3%和 25.2%。

图 4-50（d）展示了不同燃气布局对各区域达到爆炸下限时间的影响，可以看出

相比立管在厨房发生泄漏时，立管在厨房阳台发生泄漏时各区域达到爆炸下限一定程度上有所延缓，其中，2.8 m 高度处厨房内达到爆炸下限的时间延缓了 13.7%，主卧延缓了 8.8%。

## 4.5　典型户型结构内天然气泄漏模拟研究

利用 Fluent 模拟燃气在室内的泄漏扩撒过程。Fluent 是目前国际上比较流行的商用 CFD 软件包，在美国的市场占有率为 60%，凡是和流体、热传递和化学反应等有关的工业均可使用。它具有丰富的物理模型、先进的数值方法和强大的前后处理功能，在航空航天、汽车设计、石油燃气和涡轮机设计等方面都有着广泛的应用。Fluent 软件包含基于压力的分离求解器、基于密度的隐式求解器、基于密度的显式求解器，多求解器技术使 Fluent 软件可以用来模拟从不可压缩到高超音速范围内的各种复杂流场。Fluent 软件包含非常丰富、经过工程确认的物理模型，由于采用了多种求解方法和多重网格加速收敛技术，因而能达到最佳的收敛速度和求解精度。灵活的非结构化网格和基于解的自适应网格技术及成熟的物理模型，可以模拟高超音速流场、传热与相变、化学反应与燃烧、多相流、旋转机械、动/变形网格、噪声、材料加工等复杂机理的流动问题。

### 4.5.1　模型构建与网格划分

1. 物理模型与网格划分

为了进行室内燃气泄漏扩散数值模拟研究，首先需要构建可客观表征实际情况的三维几何模型，通过改变户型结构与燃气系统布局构建了如表 4-9 所示的 8 种三维几何模型，图 4-51 ~ 图 4-53 展示了其中三种模型的三维模型结构示意图。模型按照真实的住宅尺寸进行构造，为了加快模拟进度，对住宅内的结构进行适当的简化。

**表 4-9　模拟工况**

<table>
<tr><th>工况</th><th>户型结构</th><th>厨房结构</th><th>包封结构</th><th>燃气布局</th><th>厨房隔断</th><th>泄漏位置</th><th>泄漏速率/(kg/s)</th></tr>
<tr><td>1</td><td rowspan="3">模型 1</td><td rowspan="3">封闭式</td><td rowspan="3">无包封</td><td rowspan="3">立管位于厨房</td><td rowspan="3">—</td><td>橱柜内胶管脱落</td><td>0.00046</td></tr>
<tr><td>2</td><td>立管腐蚀</td><td>0.00055</td></tr>
<tr><td>3</td><td>未关燃气灶</td><td>0.00010</td></tr>
<tr><td>4</td><td>模型 2</td><td>封闭式</td><td>无包封</td><td>立管位于厨房阳台</td><td>—</td><td>立管腐蚀</td><td>0.00055</td></tr>
<tr><td>5</td><td>模型 3</td><td>封闭式</td><td>有包封</td><td>立管位于厨房</td><td>—</td><td>立管腐蚀</td><td>0.00055</td></tr>
<tr><td>6</td><td>模型 4</td><td>封闭式</td><td>有包封</td><td>立管位于厨房阳台</td><td>—</td><td>立管腐蚀</td><td>0.00055</td></tr>
</table>

续表

| 工况 | 户型结构 | 厨房结构 | 包封结构 | 燃气布局 | 厨房隔断 | 泄漏位置 | 泄漏速率/(kg/s) |
|---|---|---|---|---|---|---|---|
| 7 | 模型 5 | 开放式 | 无包封 | 立管位于厨房 | — | 橱柜内胶管脱落 | 0.00046 |
| 8 | | | | | | 橱柜内鼠咬小孔 | 0.00018 |
| 9 | | | | | | 立管腐蚀 | 0.00055 |
| 10 | 模型 6 | 开放式 | 无包封 | 立管位于厨房阳台 | — | 立管腐蚀 | 0.00055 |
| 11 | 模型 7 | 开放式 | 无包封 | 立管位于厨房 | 30 cm | 橱柜内胶管脱落 | 0.00046 |
| 12 | 模型 8 | 开放式 | 无包封 | 立管位于厨房 | 50 cm | 橱柜内胶管脱落 | 0.00046 |

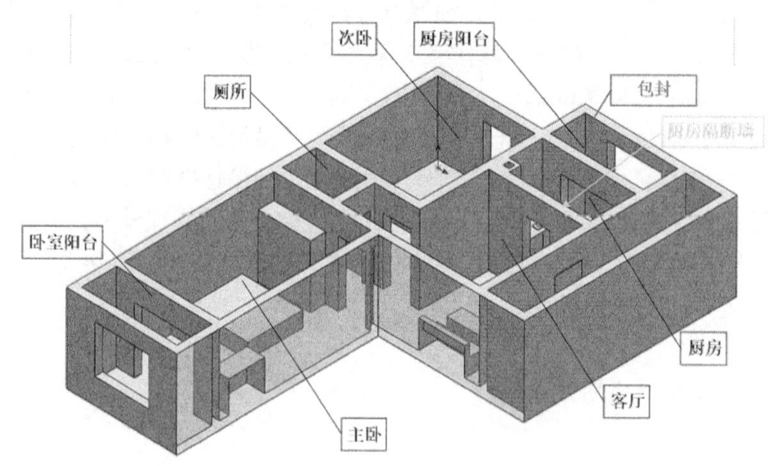


图 4-51 模型 3（封闭式厨房、有包封、立管位于厨房）三维模型示意图

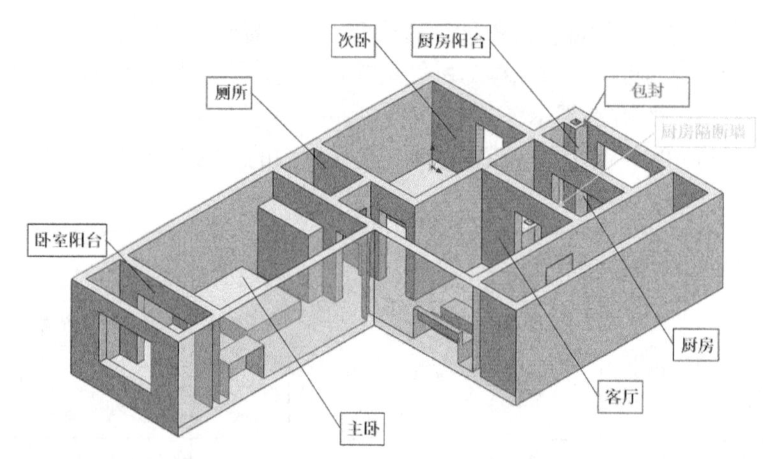


图 4-52 模型 4（封闭式厨房、有包封、立管位于厨房阳台）三维模型示意图

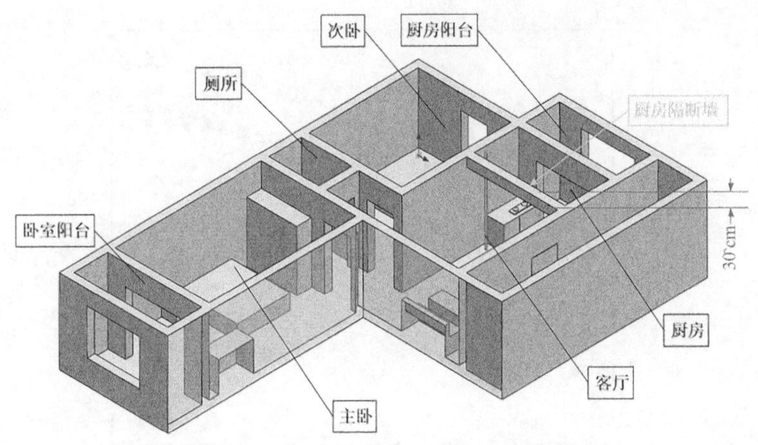


图 4-53　模型 7（开放式厨房、无包封、立管位于厨房、厨房隔断 30 cm）三维模型示意图

利用 Fluent Meshing 对不同模型进行网格划分，利用 BOI（body of influence）方法对狭窄的区域进行网格加密，划分过程中选用 Ansys Fluent 特有的 Poly-Hexcore 技术对网格优化，在减少网格数量的同时，达到提高网格质量的目的，网格划分结果如图 4-54 所示。

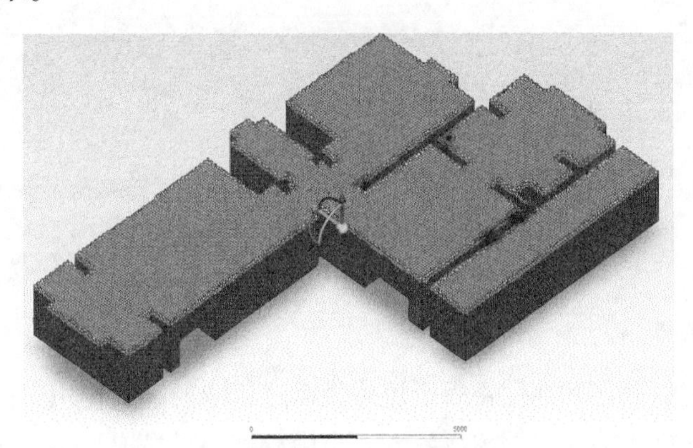

图 4-54　Fluent Meshing 网格划分

首先进行网格独立性检验，分别设置最大面网格尺寸为 30 mm、40 mm、50 mm、80 mm、100 mm、200 mm，得到如图 4-55 所示的六种网格方案，其中 BOI 控制的狭窄区域网格尺寸设置为 10 mm。

从图 4-55 可以看出，六种网格方案监测点浓度变化趋势大致相同，当网格数量增加到 1203345 后，模拟精度基本不再随着网格数量的增加而增加。当不同网格方案的模拟结果精度相近时，为了保证计算速度，应选取网格数量较少的网格方案。因此，本研究选取网格数量为 1203345 的网格进行数值模拟，对于其他的模型结构也采取同样的网格划分方式进行网格划分，设置方案如图 4-56 所示。

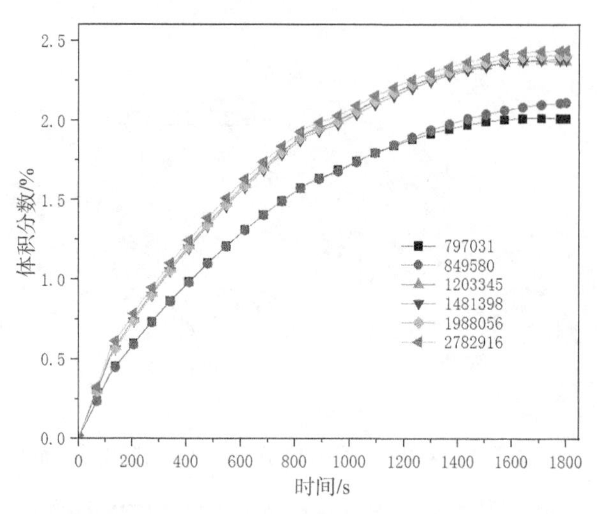


图 4-55　六种网格方案下监测点 2 浓度变化曲线

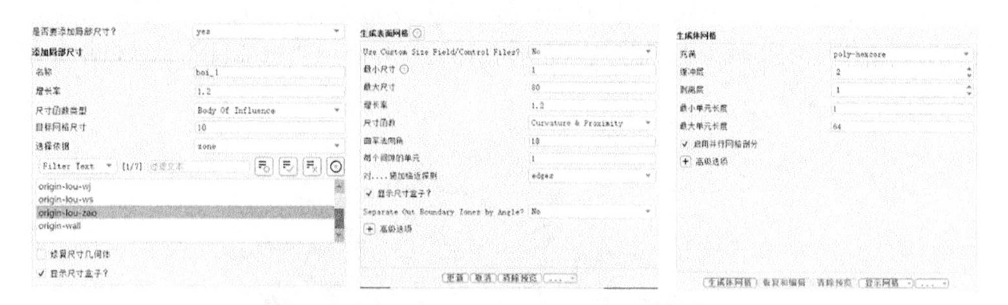

图 4-56　Fluent Meshing 网格划分参数设置

2. 数学模型

考虑到温度的存在和演化在整个流体流动过程中的重要作用，打开能量方程。通过计算得到在负压抽风口的速度较大，雷诺数远超过 2300，此处选用 Realizable *k*-*ε* 模型处理湍流流动模型。工程上通常采用 Reynolds 时均方程对湍流状态进行描述，其基本思路是通过 *k*-*ε* 两方程模型将流体的瞬态脉动量在时均化的方程中表现出来。室内天然气泄漏过程的控制方程包括连续性方程、动量方程、组分传递方程和湍流模型。具体可见式（4-2）~式（4-6）。

### 4.5.2　基于 ANSYS Fluent 的模拟计算

模拟求解器选择、操作环境设置、数学模型选择、边界条件设定与 4.3.2 一致，此处不再赘述。下面主要说明监测点的设定。

监测点以及泄漏点的分布情况如图 4-57 所示，表 4-10 展示了各点的坐标值，其中，Inlet 1 代表橱柜内胶管脱落引发泄漏，Inlet 2 代表橱柜内鼠咬小孔引发泄漏，Inlet 3 代表燃气灶泄漏，Inlet 4 代表燃气立管底部腐蚀引发的泄漏，Inlet 5 代表位于厨房阳台立管底部腐蚀引发的泄漏。

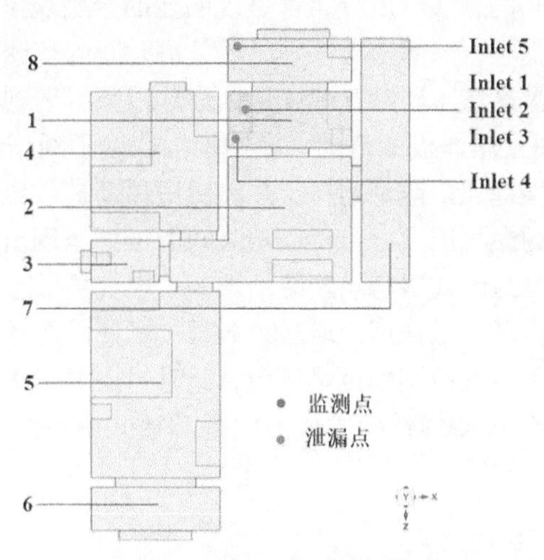


图 4-57　监测点及泄漏点分布

**表 4-10　监测点及泄漏点坐标**

| 序号 | 位置(m) | 序号 | 位置(m) |
| --- | --- | --- | --- |
| 1 | (4.5, 2.79, 1) | 8 | (4.5, 2.79, –0.55) |
| 2 | (4.5, 2.79, 3) | Inlet 1 | (4, 0.4, 0.65) |
| 3 | (0.5, 2.79, 4.5) | Inlet 2 | (4, 0.4, 0.63) |
| 4 | (1.3, 2.79, 2.1) | Inlet 3 | (4, 0.85, 0.65) |
| 5 | (1.3, 2.79, 7.5) | Inlet 4 | (3.8, 0.05, 1.5) |
| 6 | (1.3, 2.79, 10.8) | Inlet 5 | (3.8, 0.05, –1) |
| 7 | (7.2, 2.79, 3) | | |

### 4.5.3　典型户型结构内天然气泄漏扩散模型验证

对 12 种泄漏工况的室内燃气泄漏进行模拟，展示了不同泄漏形式燃气浓度分布情况，为更直观清晰地表现燃气泄漏扩散状态，展示过程中将房间及室内摆设进行了完全透明化处理，常温常压下燃气爆炸下限为 5%，在同温同压情况下，气体摩尔分数等于浓度，设置燃气摩尔分数最大数值为 0.05，即 5%，表明燃气浓度超过 5%的区域均显示为红色。接下来将针对厨房结构、包封结构、燃气布局、泄漏位置、泄漏速率等因素进行燃气泄漏扩散浓度分布演化过程的对比分析。

1. 不同厨房结构对燃气泄漏扩散特征的影响

从图 4-58 和图 4-59 可以明显看出，受空间区域间隔以及空间高度的影响，燃气泄漏后户内各个房间的燃气浓度分布都呈现明显的分层现象。燃气发生胶管脱落泄漏后，由于橱柜体积小，内部密闭性好，燃气短时间内在橱柜内发生积聚达到了爆炸下限，形成了可爆区域（即燃气浓度达到爆炸极限，遇到点火源会发生爆炸的气云区域），并快速超过爆炸极限范围，在橱柜内浓度不断增加且趋于饱和的过程中，部分燃气通过橱柜缝隙扩散到厨房，并向厨房顶部扩散集聚。由于厨房结构的不同，泄漏至橱柜外的燃气浓度分布特征随时间的推移呈现出一定的差异性，对比两种工况可以看出，受封闭式厨房隔断墙的影响，燃气扩散至各房间的速度明显低于在开放式厨房结构内的扩散速度。$t$=7500 s 时，燃气已经在开放式厨房结构内的厨房和客厅顶部形成了较大范围的可爆区域，此时封闭式厨房的可爆区域主要局限在厨房内部空间，导致该差异性的主要原因是开放式厨房结构中厨房无隔断的结

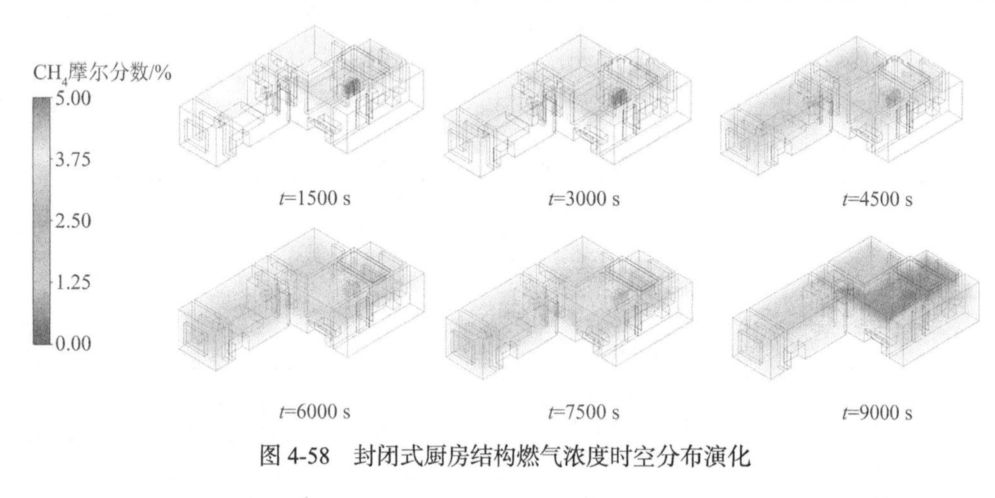


图 4-58 封闭式厨房结构燃气浓度时空分布演化

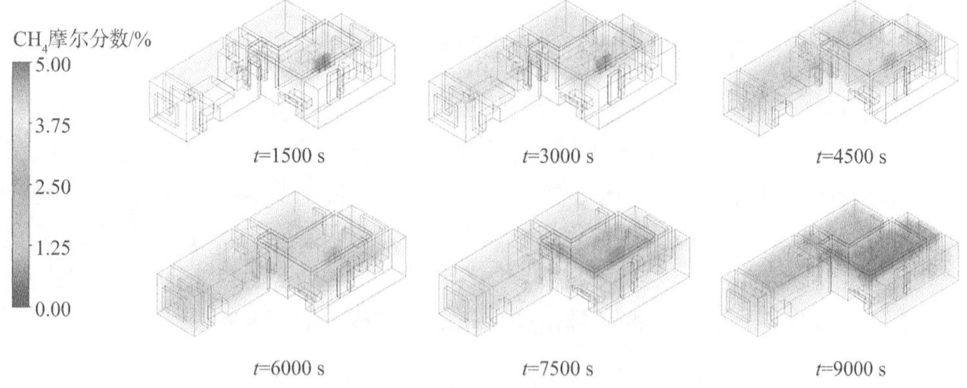


图 4-59 开放式厨房结构燃气浓度时空分布演化

构，厨房区域和客厅区域连通，燃气在厨房内部向上扩散的同时可以无障碍地向客厅等其他房间扩散。而封闭式厨房结构内发生燃气泄漏后，受封闭式厨房结构内隔断墙的阻碍，减缓了燃气向其他区域的扩散速度。同时，燃气从橱柜内泄漏后率先向厨房顶部扩散并积聚，然后通过厨房门扩散到其他区域，泄漏至其他区域速度的快慢主要取决于厨房门的面积大小。

图 4-60 展示了各监测点的浓度演化曲线。各个区域的演化曲线的上升速率在 2000 s 左右明显下降。除了厨房、厨房阳台以及客厅外，其他区域的浓度演化趋势基本一致。在后续的泄漏过程中，开放式厨房率先形成较大范围的可爆区域并且发展到其他区域，其原因为开放式厨房结构前期的燃气主要积聚在客厅和厨房的顶部空间，而非快速扩散至卧室、卫生间等其他区域，因此率先形成较大范围的可爆区域，并进一步将可爆区域发展到其他区域。相比于开放式厨房结构，封闭式厨房结构约束了燃气向厨房以外区域的快速扩散，延缓了其他区域到达爆炸危险范围的时间，降低了燃气引爆的概率。

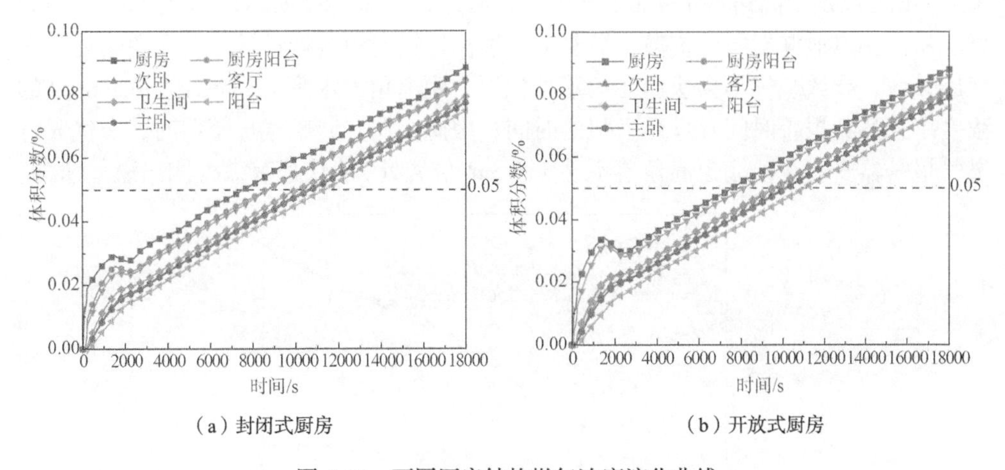


（a）封闭式厨房　　（b）开放式厨房

图 4-60　不同厨房结构燃气浓度演化曲线

为了定量分析不同工况下各区域的危险性，引入达到爆炸下限的时间这一物理量，本次分析中，将燃气浓度达到 5%的时间定义为达到爆炸下限的时间。图 4-61 展示了两种厨房结构户型内顶部 2.8 m 处达到爆炸下限的时间对比图，可以看出，相比开放式厨房结构，封闭式厨房结构内除了厨房和厨房阳台达到爆炸下限的时间缩短了 4.5%和 8.6%，其他区域达到爆炸下限的时间都一定程度上有所延长，客厅、卫生间、次卧、主卧和主卧阳台分别延长了 7.6%、7.1%、5.9%、5.3%和 2.8%。由此可以表明，相同时间内开放式厨房结构内燃气泄漏扩散危险区域更大。

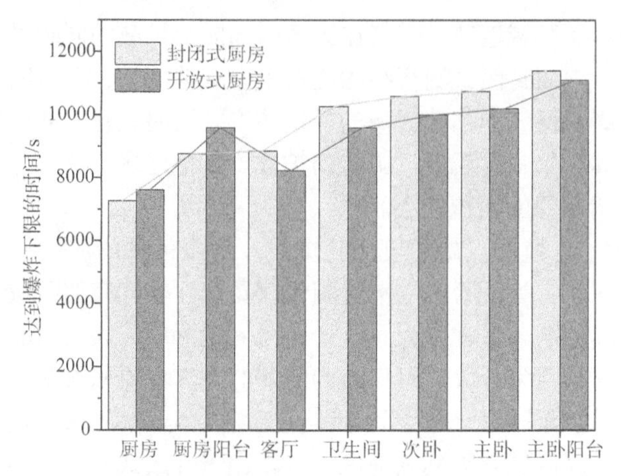


图 4-61　不同厨房结构达到爆炸下限的时间对比

为了进一步确定报警器最优安装位置，分别在灶具对侧的角落处、距离角落水平 0.3 m 处以及距离角落水平 0.5 m 处布置测点，如图 4-62 所示，从模拟结果可知，燃气从泄漏点泄漏后向上扩散，沿着上方顶棚位置向角落处扩散，但在角落处存在涡旋效应，导致燃气不会快速在角落处积聚，距离角落水平 0.3 m 处及 0.5 m 处的浓度率先达到报警时间及爆炸下限的时间，因此，在安装燃气报警器时，应优先将燃气报警器安装在顶棚距离角落不小于 0.3 m 位置处，能快速有效检测出燃气泄漏。

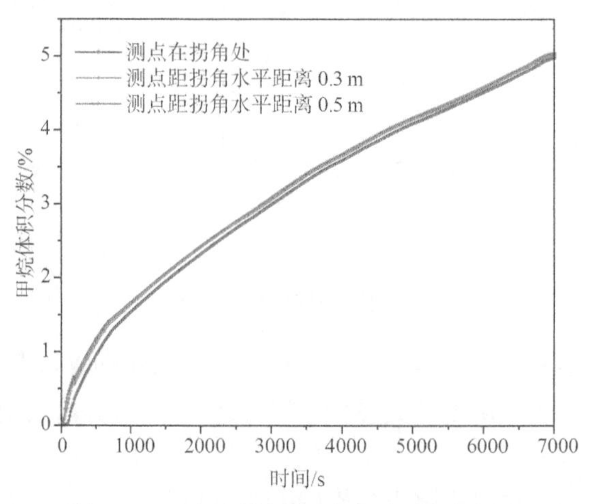


图 4-62　不同测点燃气浓度时空分布规律

2. 有无包封结构对燃气泄漏扩散特征的影响

图 4-63 和图 4-64 展示了封闭式厨房结构内包封结构对燃气室内浓度分布的演化过程的影响，泄漏情况为燃气立管腐蚀引发的泄漏。

对于无包封结构，燃气发生泄漏后，首先向厨房顶部区域扩散并向四周蔓延。

对于包封结构，受包封结构的影响，泄漏初期，燃气主要在包封内扩散集聚并逐渐向厨房顶部天花板处运移，形成小区域的可爆区域并快速超过爆炸极限范围，然后通过天花板顶部缝隙，扩散到厨房，进一步扩散到其他区域。*t*=1500 s 时，无包封结构中燃气扩散到了客厅区域，此时包封结构内燃气依旧在厨房包封以及天花板区域积聚，直至 *t*=3000 s 时包封结构内燃气才扩散至客厅区域，整体上未包封结构的燃气浓度演化过程明显快于包封结构。根据上述扩散过程可以看出，燃气立管有无包封结构对立管腐蚀引发的燃气泄漏过程有着明显的影响。在泄漏初期，包封结构户型内出现了燃气在局部空间的积聚现象，包封内气体浓度迅速超过爆炸极限范围，虽然包封内泄漏不易发现，但能明显减缓燃气向其他房间扩散的速度。

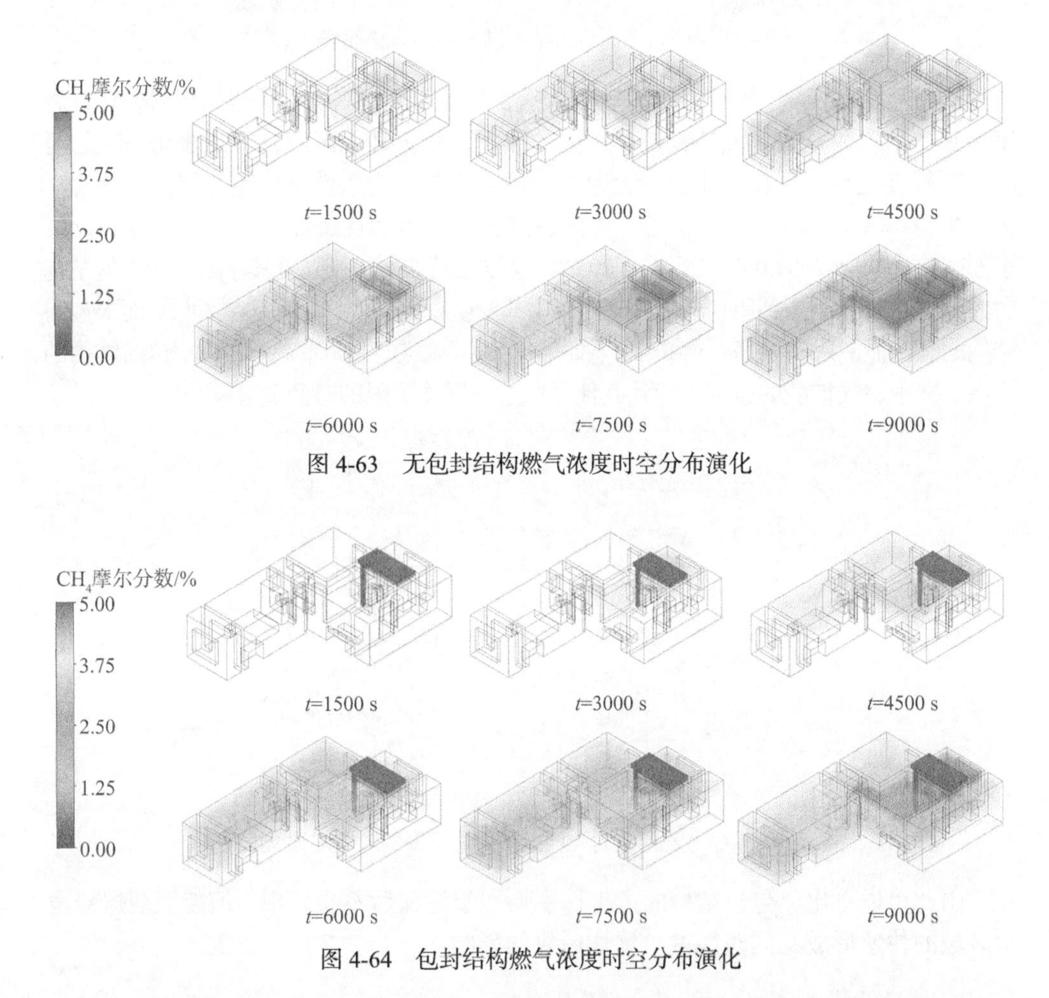


图 4-63　无包封结构燃气浓度时空分布演化

图 4-64　包封结构燃气浓度时空分布演化

图 4-65 展示了不同包封结构条件下各监测点的浓度演化曲线。可以看出两种工况的浓度演化曲线存在显著差异，尤其体现在各区域的达到爆炸下限的时间上。

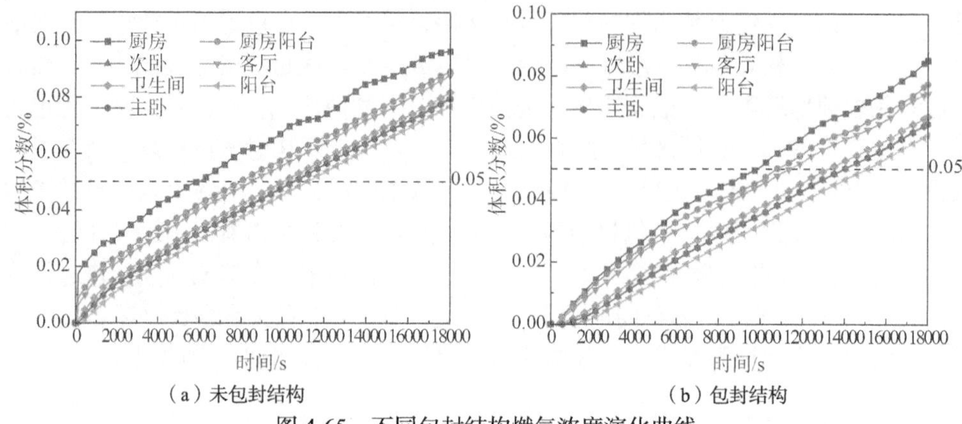

（a）未包封结构　　（b）包封结构

图 4-65　不同包封结构燃气浓度演化曲线

从图 4-66 可以看出，对于封闭式厨房结构而言，为燃气立管增加包封，会显著缩短厨房吊顶和包封区域达到爆炸下限的时间，对于其他区域，达到爆炸下限的时间不同程度上有所延长，相比于无包封结构，包封结构条件下发生泄漏后，厨房、厨房阳台、客厅、卫生间、次卧、主卧以及主卧阳台到达爆炸下限的时间分别延缓了 66.5%、39.6%、34.0%、27.7%、29.6%、28.0%及 28.9%。分析其原因为，包封结构内的燃气从顶部泄漏到厨房区域，直接在顶部发生积聚，并向下部区域发展，而未包封结构的燃气泄漏后向厨房顶部扩散，同时向其他区域进行横向扩散。同时，包封结构的存在阻碍了燃气扩散的过程，导致其他区域达到爆炸下限的时间显著延长。

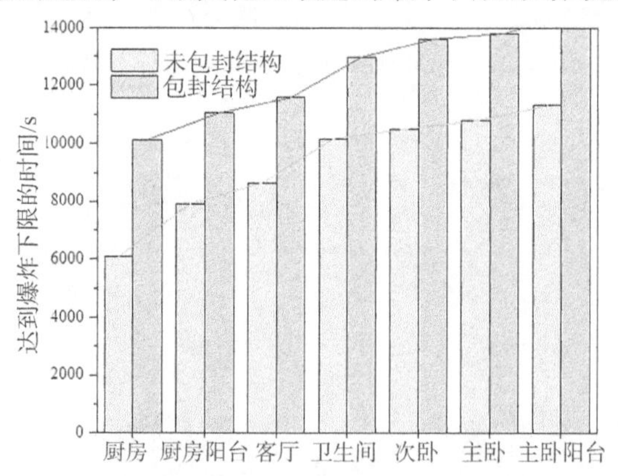

图 4-66　不同包封结构达到爆炸下限的时间对比

由此可以看出，包封结构的危害性主要在于泄漏后不易发现，但能减缓爆炸危险区域的快速形成，同时能减少爆炸后果的影响。

3. 厨房挡烟垂壁宽度对燃气泄漏扩散特征的影响

图 4-67 和图 4-68 展示了不同挡烟垂壁宽度对燃气泄漏扩散过程的影响，泄漏

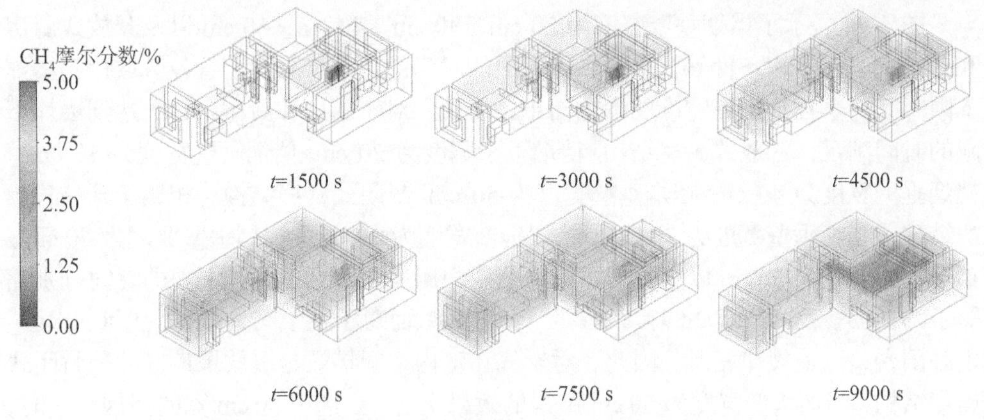


图 4-67　厨房挡烟垂壁宽度 30 cm 时燃气浓度随时间演化

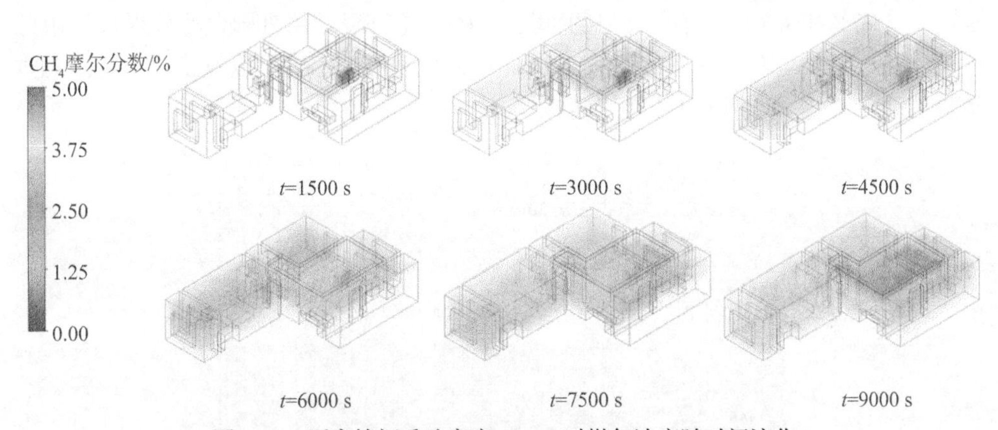


图 4-68　厨房挡烟垂壁宽度 50 cm 时燃气浓度随时间演化

情况为胶管在橱柜内脱落引发泄漏。可以看出，两种泄漏工况的浓度分布演化过程基本一致，浓度演化曲线也基本一致，如图 4-69 所示。

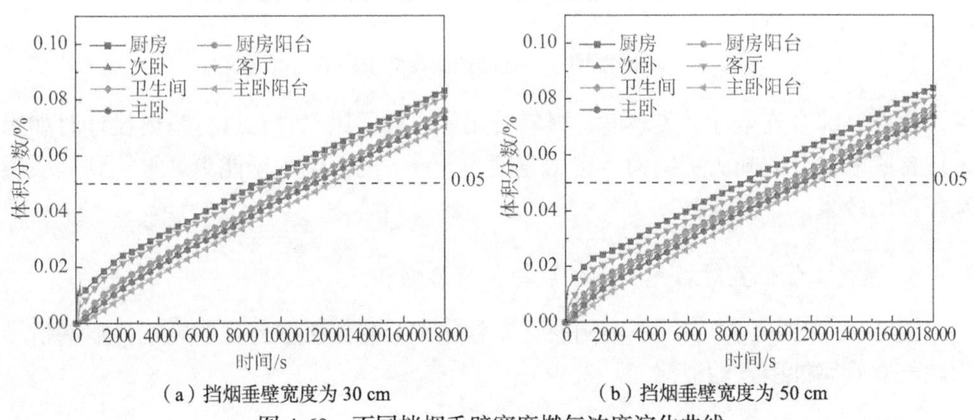


（a）挡烟垂壁宽度为 30 cm　　（b）挡烟垂壁宽度为 50 cm

图 4-69　不同挡烟垂壁宽度燃气浓度演化曲线

图 4-70 展示了挡烟垂壁宽度为 20 cm、30 cm、40 cm、50 cm 以及开放式厨房和封闭式厨房结构条件下，达到爆炸下限的时间的差别。总体上看各区域达到爆炸下限时间随着挡烟垂壁宽度的增加而单调变化。对于厨房和厨房阳台，达到爆炸下限的时间满足：开放式厨房结构>挡烟垂壁宽度为 20 cm>挡烟垂壁宽度为 30 cm > 挡烟垂壁宽度为 40 cm>挡烟垂壁宽度为 50 cm>封闭式厨房结构。相比于开放式厨房结构，挡烟垂壁宽度为 20 cm、挡烟垂壁宽度为 30 cm、挡烟垂壁宽度为 40 cm、挡烟垂壁宽度为 50 cm 以及封闭式厨房结构中厨房顶部到达爆炸下限的时间分别缩短了约 2.03%、2.21%、2.89%、3.97%及 4.65%。而对于卫生间、客厅、主卧、次卧、主卧阳台，以上规律相反。因此，对燃气在室内空间扩散延缓效果最好的是封闭式厨房结构，挡烟垂壁宽度为 50 cm 结构的效果次之。当选用 50 cm 宽的挡烟垂壁时，相比未加挡烟垂壁的开放式厨房结构，厨房、厨房阳台达到爆炸下限的时间分别被缩短了 3.97%和 4.12%，客厅、卫生间、次卧、主卧以及主卧阳台达到爆炸下限的时间分别被延长了 2.34%、4.27%、2.26%、3.62%和 4.82%。可以看出，安装挡烟垂壁对于延缓燃气扩散过程有一定的效果。

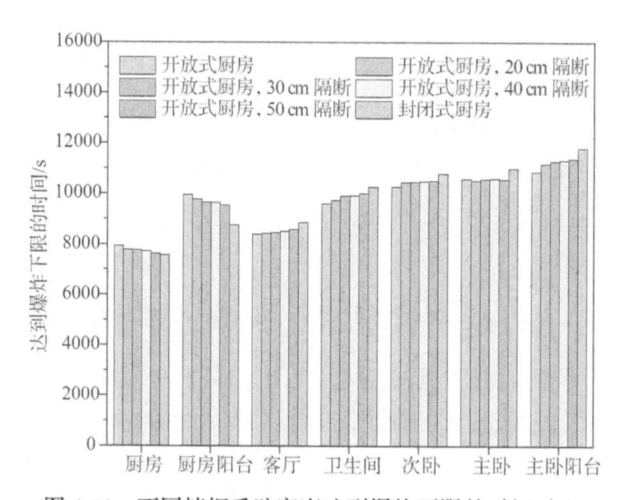


图 4-70　不同挡烟垂壁宽度达到爆炸下限的时间对比

因此，综合安全性、美观度、材料费用等方面的因素，在进行室内设计时如果采用含隔断的开放式厨房结构，选用宽度为 50 cm 的挡烟垂壁能更好地达到延缓燃气扩散的效果。

4. 燃气立管位置对燃气泄漏扩散特征的影响

图 4-71 和图 4-72 展示了不同燃气立管位置对燃气扩散过程的影响，泄漏情形为燃气立管腐蚀引发的泄漏。

$CH_4$摩尔分数/%
5.00
3.75
2.50
1.25
0.00
$t$=1500 s
$t$=3000 s
$t$=4500 s
$t$=6000 s
$t$=7500 s
$t$=9000 s

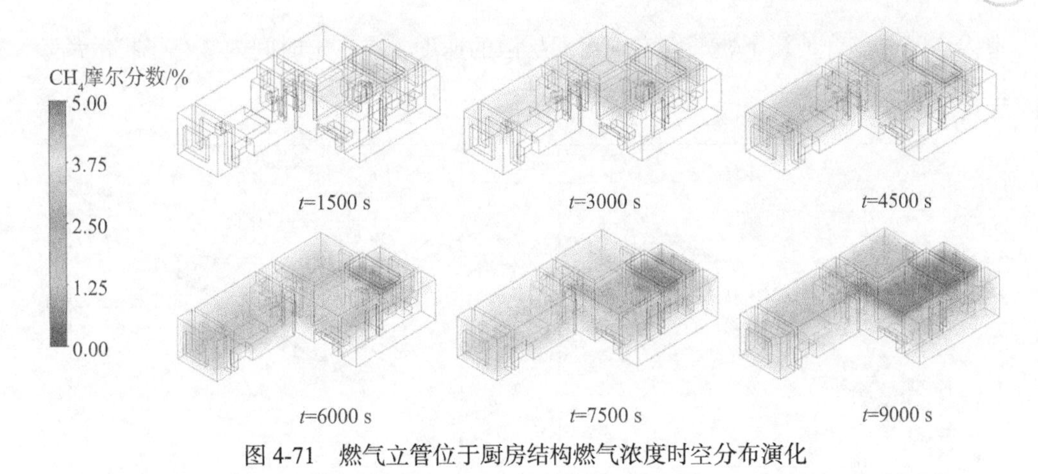

图 4-71　燃气立管位于厨房结构燃气浓度时空分布演化

$CH_4$摩尔分数/%
5.00
3.75
2.50
1.25
0.00
$t$=1500 s
$t$=3000 s
$t$=4500 s
$t$=6000 s
$t$=7500 s
$t$=9000 s

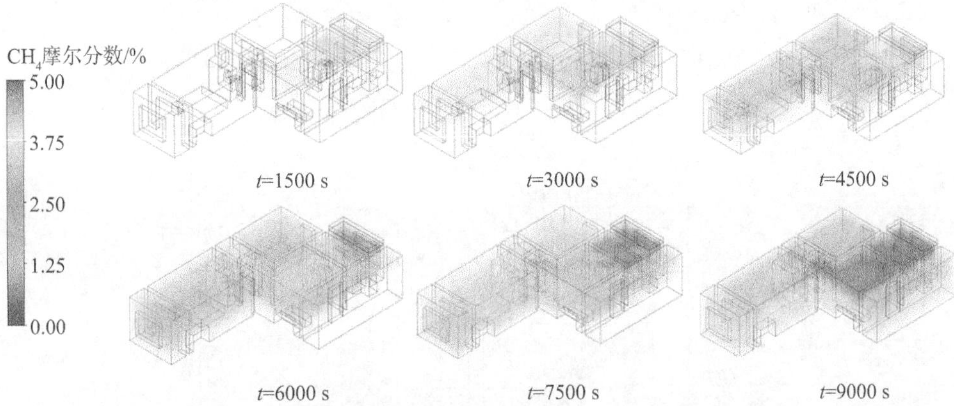

图 4-72　燃气立管位于厨房阳台结构燃气浓度时空分布演化

从浓度时空分布演化图上可以看出，在泄漏前期，即 6000 s 之前，气体积聚最明显的区域分别在厨房顶部与厨房阳台顶部，在 6000 s 之后两种工况中厨房与厨房阳台顶部均形成相同范围的可爆气云。随着燃气泄漏扩散时间的推移，两种工况下燃气在除厨房及厨房阳台外的其他区域的扩散规律及浓度分布基本趋于一致。

根据图 4-73 展示的两种工况下燃气浓度的演化曲线，得到图 4-74 所示的达到爆炸下限的时间对比图。相比燃气立管在厨房、燃气立管在厨房阳台时，厨房阳台顶部达到爆炸下限的时间缩短了 34.1%，厨房、客厅、卫生间、次卧、主卧、主卧阳台达到爆炸下限的时间分别延长了 19.0%、4.6%、2.6%、3.3%、4.0%和 2.6%。两种工况中除了厨房、厨房阳台以及客厅具有差异性外，其他区域达到爆炸下限的时间无明显差别，两种工况下厨房和厨房阳台对应的达到爆炸下限的时间的数量关系恰好相反。对于客厅，燃气立管位于厨房的工况达到爆炸下限的时间小于燃气立管位于厨房阳台的工况，其原因为燃气立管位于厨房阳台的工况泄漏位置距离客厅较远，当立管发生泄漏后，由于要通过厨房和阳台之间的门，方可扩散至厨房及其他室内房间，显著延缓了燃气向室内房间扩散的速度，在一定时间内减小了扩散危险区域。

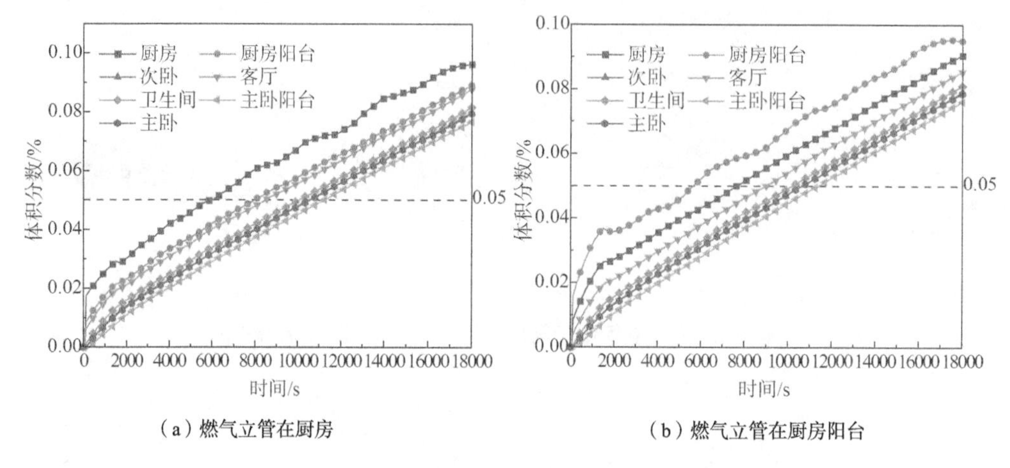


（a）燃气立管在厨房　　　　（b）燃气立管在厨房阳台

图 4-73　不同燃气布局燃气浓度演化曲线

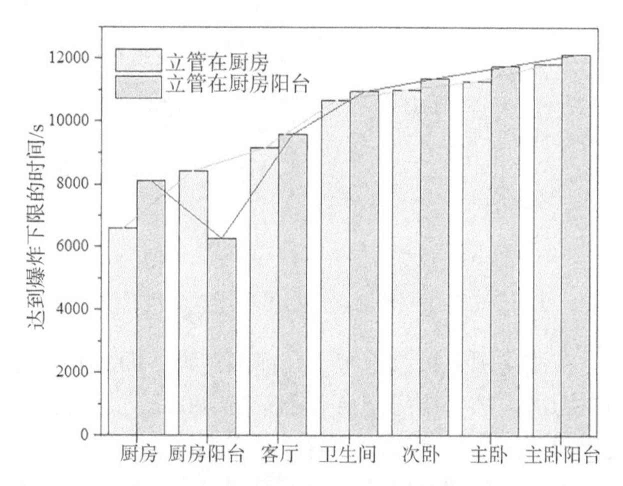


图 4-74　不同燃气布局达到爆炸下限的时间对比

5. 胶管脱落位置对燃气泄漏扩散特征的影响

图 4-75、图 4-76 展示了橱柜内、外胶管脱落引发泄漏的情况下燃气浓度时空演化过程。在泄漏前期，即 7500 s 之前，由于橱柜门的存在，导致燃气扩散过程受到阻碍，扩散危险区域更小，但随着时间的进一步推进，两者的浓度分布逐渐趋于一致。

根据图 4-77 展示的两种工况下燃气浓度的演化曲线，得到图 4-78 所示的达到爆炸下限的时间对比图。相比于胶管脱落在橱柜外，胶管脱落在橱柜内条件下发生泄漏后，厨房、厨房阳台、客厅、卫生间、次卧、主卧以及主卧阳台到达爆炸下限

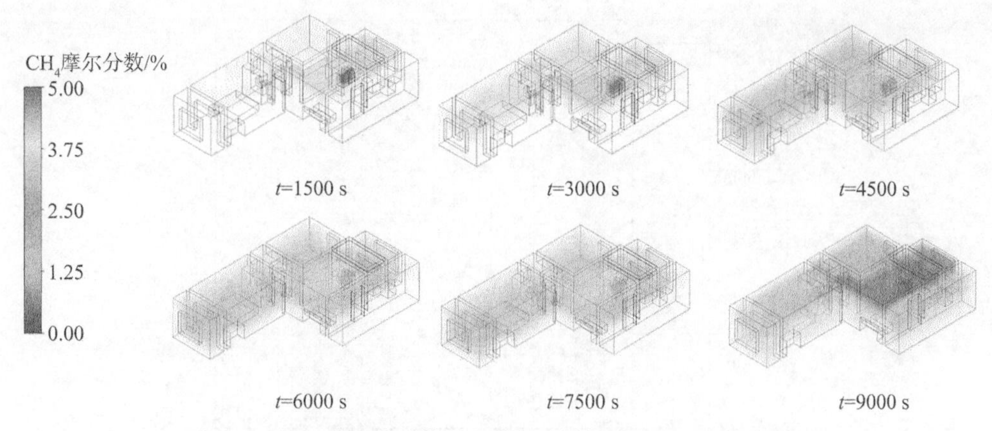


图 4-75　橱柜内胶管脱落引发泄漏时燃气浓度的时空分布演化

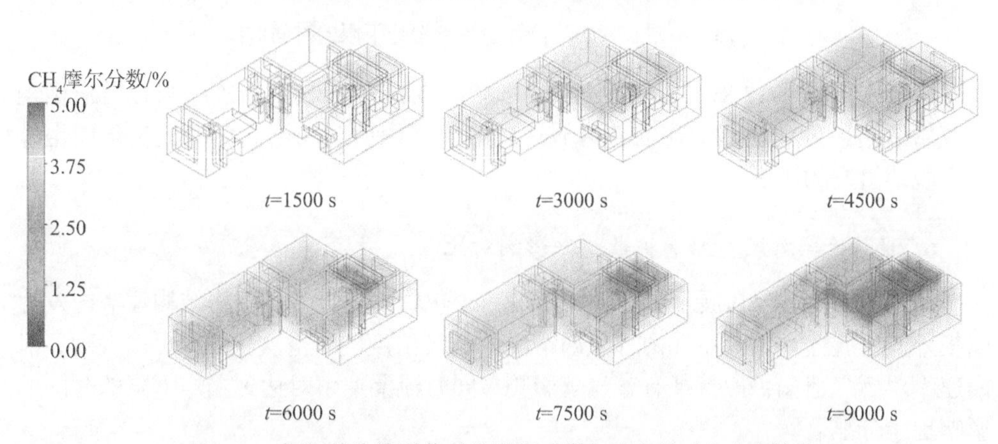


图 4-76　橱柜外胶管脱落引发泄漏时燃气浓度的时空分布演化

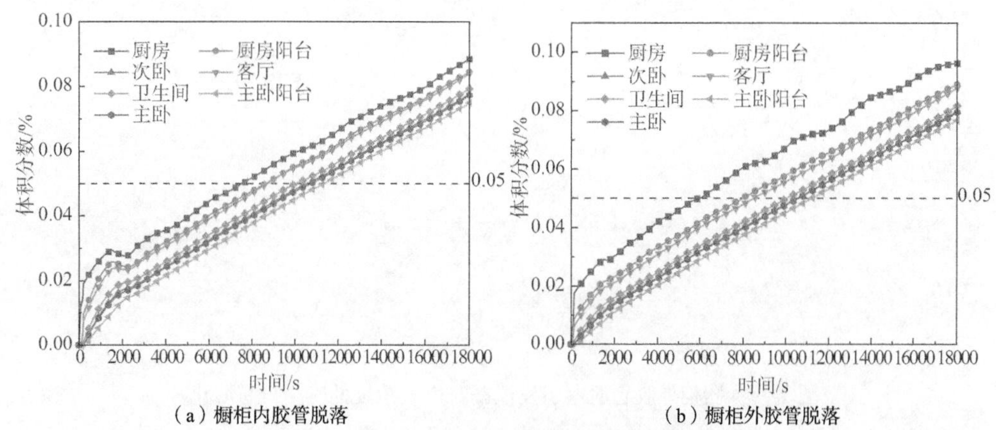


图 4-77　不同胶管脱落位置的燃气浓度演化曲线

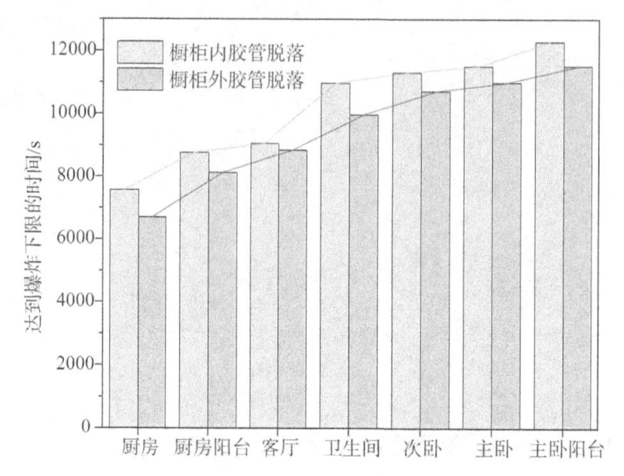


图 4-78 不同胶管脱落位置的达到爆炸下限的时间对比

的时间分别延缓了 12.8%、8.0%、9.9%、5.7%、5.7%、4.8%及 6.7%。可以看出橱柜内胶管脱落引发的泄漏对应的各区域达到爆炸下限的时间不同程度上长于橱柜外胶管脱落引发的泄漏。

6. 泄漏速率对燃气泄漏扩散特征影响对比

图 4-79 和图 4-80 展示了开放式厨房、未包封、立管位于厨房结构住宅内发生橱柜外胶管脱落和鼠咬小孔两种泄漏情况的燃气浓度的时空演化图。可以发现，泄漏速率对燃气泄漏扩散特征有着显著影响，同时泄漏速率对达到爆炸下限的时间的影响也十分显著。

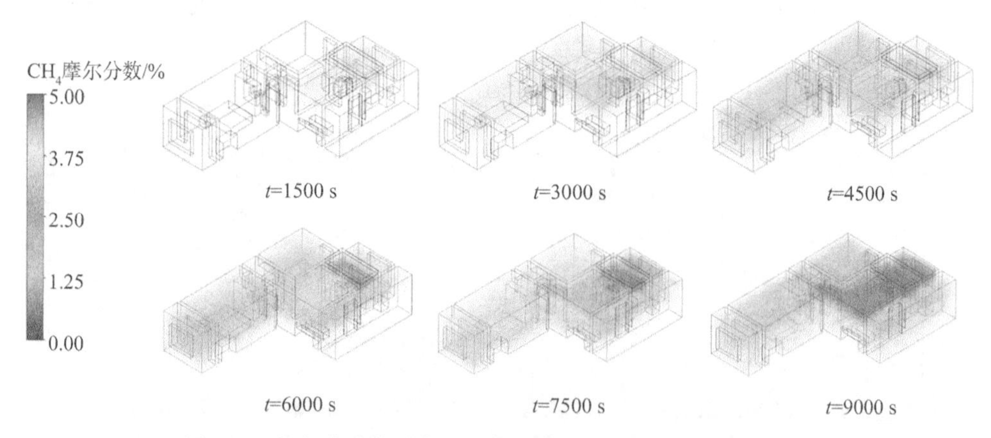


图 4-79 橱柜外胶管脱落引发泄漏时燃气浓度的时空分布演化

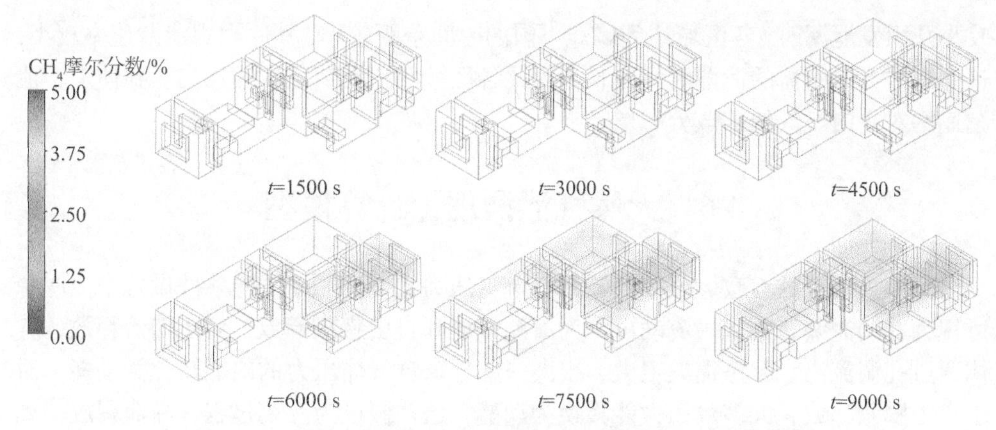


图 4-80　橱柜外鼠咬小孔引发泄漏时燃气浓度的时空分布演化

分析图 4-81 和图 4-82，可以看出，胶管脱落和鼠咬小孔引发泄漏时，各区域达到爆炸下限的时间，均符合厨房<客厅<厨房阳台<卫生间<次卧<主卧<主卧阳台。鼠

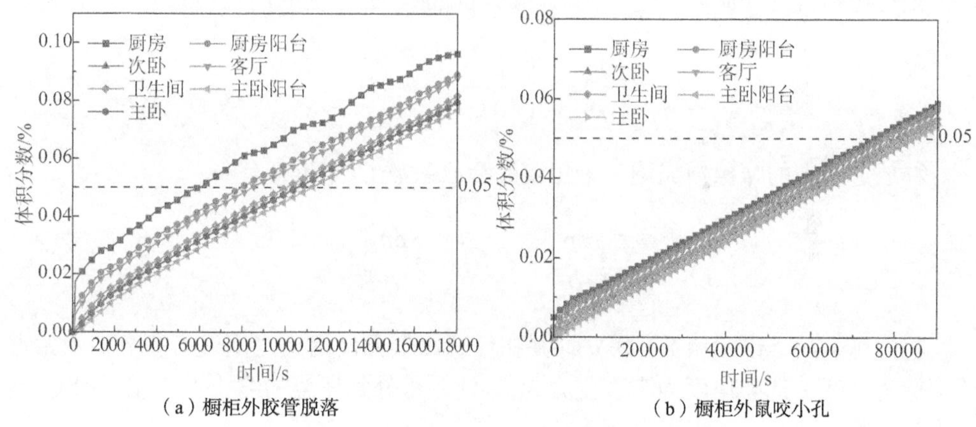


（a）橱柜外胶管脱落　（b）橱柜外鼠咬小孔

图 4-81　不同泄漏速率的燃气浓度演化曲线

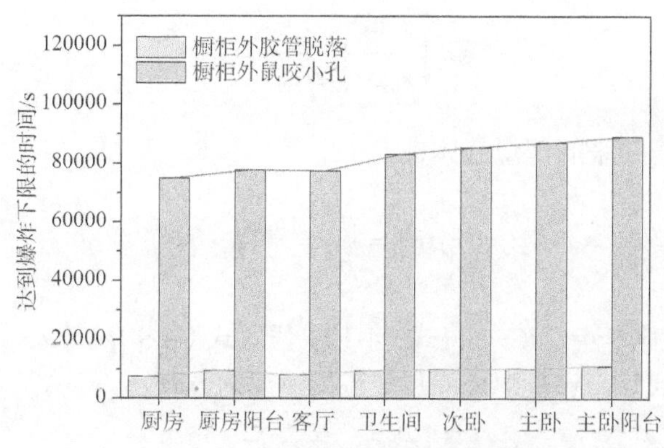


图 4-82　不同泄漏速率条件下达到爆炸下限的时间对比

咬小孔引发泄漏时，各区域达到爆炸下限的时间差距较小，其原因为泄漏速率较小，达到爆炸下限所需的泄漏时间较长，因此各区域的预混情况较为均匀。整体上，泄漏速率对室内燃气的扩散分布影响显著。

## 4.6 天然气泄漏理论计算模型

本项目研究的市政燃气用户天然气进气压力为2.5 kPa，试验条件设置中泄漏源可视为孔洞泄漏，天然气流动可分为滞流释放和自由膨胀释放，对于滞流释放，气体通过孔洞流出，摩擦损失很大，很大一部分来自气体压力的内能转化为动能，对于自由膨胀释放，大多数压力能转换为动能，通常假设为等熵过程。滞流释放的源模型需要有关孔洞物理结构的详细信息，在此不予考虑，自由膨胀释放源模型仅考虑孔洞直径。

自由膨胀释放假设内能变化可以忽略，机械能守恒公式描述了可压缩气体的流动，则可得到可压缩流体经过孔洞流动的机械能守恒方程的简化形式为

$$\int \frac{\mathrm{d}p}{\rho} + \Delta\left(\frac{\overline{u}^2}{2\alpha g_\mathrm{c}}\right) + F = 0 \tag{4-7}$$

释放过程中的摩擦损失用一个恒定的释放系数 $C_1$ 来近似代替：

$$-\int \frac{\mathrm{d}p}{\rho} - F = C_1^2\left(-\int \frac{\mathrm{d}p}{\rho}\right) \tag{4-8}$$

将式（4-7）与式（4-8）联立，并在任意两个方便的点之间进行积分。初始点（下标为“0”）选在速度为零、压力为 $P_0$ 处，积分到任意的终止点（无下标）。其结果为

$$C_1^2 \int_{p_0}^{p} \frac{\mathrm{d}p}{\rho} + \frac{\overline{u}^2}{2\alpha g_\mathrm{c}} = 0 \tag{4-9}$$

对于任何等熵膨胀的理想气体，有

$$pV^\gamma = \frac{p}{\rho^r} = 常数 \tag{4-10}$$

式中，$\gamma$ 为比热容比，$\gamma = C_p/C_V$。将式（4-10）代入式（4-9），定义一个新的释放系数 $C_0$，并积分，得到等熵膨胀中任一点处流体速度的方程：

$$\overline{u}^2 = 2g_c C_0^2 \frac{\gamma}{\gamma-1}\frac{p_0}{\rho_0}\left[1-\left(\frac{p}{p_0}\right)^{(\gamma-1)/\gamma}\right] = \frac{2g_c C_0^2 R_g T_0}{M}\frac{\gamma}{\gamma-1}\left[1-\left(\frac{p}{p_0}\right)^{(\gamma-1)/\gamma}\right] \quad (4\text{-}11)$$

第二种形式是在理想气体定律中代入初始速度 $\rho_0$。$R_g$ 为理想气体常数，$T_0$ 为释放源温度，使用连续性方程：

$$Q_m = \rho\overline{u}A \quad (4\text{-}12)$$

对于等熵膨胀，理想气体定律可写成下述形式：

$$\rho = \rho_0\left(\frac{p}{p_0}\right)^{1/\gamma} \quad (4\text{-}13)$$

从而得到质量流量的表达式为

$$Q_m = C_0 A p_0\sqrt{\frac{2g_c M}{R_g T_0}\frac{\gamma}{\gamma-1}\left[\left(\frac{p}{p_0}\right)^{2/\gamma}-\left(\frac{p}{p_0}\right)^{\gamma+1/\gamma}\right]} \quad (4\text{-}14)$$

式中：

$C_0$——释放系数，一般取 0.61；

$Q_m$——质量流量（kg/s）；

$A$——泄漏面积（$m^2$）；

$p_0$——环境大气压（Pa）；

$p$——管道内压力（Pa）；

$\gamma$——气体比热容比；

$T_0$——释放源温度（K）；

$g_c$——重力加速度（$m/s^2$）；

$R_g$——理想气体常数[J/(mol·K)]；

$M$——气体相对分子量（kg/mol）。

在计算过程中代入不同情形下的泄漏面积确定泄漏速率。

利用式（4-14）可以计算得到不同位置泄漏时的质量流量，进而得到不同位置的泄漏速率，如表 4-11 所示。具体地，当燃气胶管脱落时代入式（4-14）可得此时泄漏的质量流量为 0.000612 kg/s，则其泄漏速率约为 3.08 $m^3/h$。当燃气胶管鼠咬发生小孔泄漏时，代入式（4-14）可得此时天然气泄漏的质量流量约为 0.000117 kg/s，则其泄漏速率约为 0.58 $m^3/h$。当燃气灶开关未关时，代入式（4-14）可得此时泄漏的质量流量为 0.0000875 kg/s，则其泄漏速率约为 0.44 $m^3/h$。当燃气立管腐蚀泄漏时，代入式（4-14）可得此时天然气泄漏的质量流量为 0.0007 kg/s，则其泄漏速率约为 3.52 $m^3/h$。可以看出，燃气立管腐蚀泄漏速率较快，室内天然气浓度上发生速度较快，且稳定状态下浓度较高。因此，要格外注意燃气管道的防腐，定期检查，及时更换发生腐蚀的薄弱部位。

**表 4-11 各泄漏位置的泄漏速率对比表**

| 工况 | 泄漏位置 | 理论泄漏速率/($m^3/h$) | 试验泄漏速率/($m^3/h$) |
|---|---|---|---|
| 1 | 胶管脱落 | 3.08 | 2.80 |
| 2 | 胶管鼠咬小孔（2 mm） | 0.58 | 0.41 |
| 3 | 燃气灶具未关 | 0.44 | 0.35 |
| 4 | 燃气立管腐蚀裂隙（5 cm） | 3.52 | 3.12 |

通过理论数据与试验数值对比，两者误差较小，符合规律，验证了理论计算的准确性，为计算泄漏量与引发爆炸最短泄漏时间提供了理论支撑。针对胶管鼠咬小孔泄漏，不同口径下的泄漏速率也有所不同，为了便于查找，利用该理论模型计算了泄漏口直径为 2～10 mm 下的泄漏速率，如图 4-83 所示。

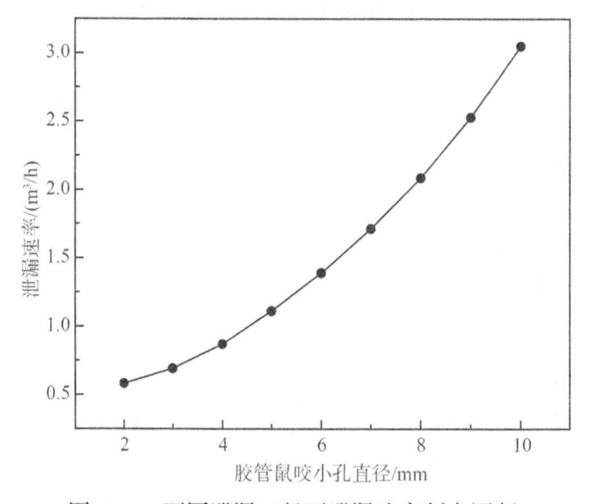


图 4-83 不同泄漏口径下泄漏速率判定图版

## 4.7 结 论

通过开展室内天然气泄漏全尺寸试验研究、数值模拟研究以及理论计算研究，获得了室内天然气泄漏扩散规律，主要得到以下结论。

1）厨房结构的影响

泄漏初期，开放式厨房的气体扩散过程明显比封闭式厨房结构快，但由于封闭式厨房隔断墙的存在，因此在6000 s时率先在厨房顶部发生燃气的明显积聚，开始形成可爆气云。在7500 s开放式厨房结构住宅内厨房和客厅顶部形成了较大范围的可爆区域。封闭式厨房中隔断墙的存在会延缓室内区域可爆气云的发展，延长室内除厨房和厨房阳台外其他区域的达到爆炸下限的时间。

2）开放式厨房挡烟垂壁的影响

引入挡烟垂壁对燃气扩散的危险性产生一定积极影响。相比于开放式厨房结构，挡烟垂壁宽度为20 cm、挡烟垂壁宽度为30 cm、挡烟垂壁宽度为40 cm、挡烟垂壁宽度为50 cm以及封闭式厨房结构中厨房到达爆炸下限的时间分别缩短了约2.03%、2.21%、2.89%、3.97%及4.65%。当选用50 cm的挡烟垂壁时，相比未加挡烟垂壁的开放式厨房结构，厨房、厨房阳台达到爆炸下限的时间分别被缩短了3.97%和4.12%，客厅、卫生间、次卧、主卧以及主卧阳台达到爆炸下限的时间分别被延长了2.34%、4.27%、2.26%、3.62%和4.82%。挡烟垂壁的设置限制了燃气朝客厅、卧室扩散的速度，减小了扩散的危险区域，降低了扩散风险性。实施开放式厨房的安全措施时，添加挡烟垂壁成为一种可行的手段，进一步提高了安全性。这一设计创造了安全屏障，阻碍了燃气的无控扩散，提高了开放式厨房的使用安全性。

3）橱柜内、外的影响

在橱柜内发生燃气泄漏，能有效约束燃气朝厨房、客厅、卧室扩散的速度，显著减小了危险区域的扩散，有效地降低了扩散风险性。对于封闭式厨房户型，相比于胶管脱落在橱柜外，胶管脱落在橱柜内条件下发生泄漏后，厨房、厨房阳台、客厅、卫生间、次卧、主卧以及主卧阳台到达爆炸下限的时间分别延缓了12.8%、8.0%、9.9%、5.7%、5.7%、4.8%及6.7%。为了进一步提升安全性，建议在连接胶管时尽量将接口设置在橱柜内，以降低在橱柜外发生脱落的概率。这一策略有助于防止燃气外泄，从而最大限度地保证了厨房及其周边区域的安全。综合而言，这种设计不仅有效控制了燃气扩散，还通过技术手段降低了橱柜外部发生意外的可能性，全面提升了居住环境的安全性和稳定性。

4）包封结构的影响

包封结构在燃气扩散规律中发挥着关键的作用。这种结构可以有效约束燃气朝厨房、客厅、卧室等区域扩散的速度，显著减小了扩散的危险区域，由此大大降低了扩散风险性。对于封闭式厨房结构而言，为燃气立管增加包封，会显著缩短厨房吊顶和包封区域达到爆炸下限的时间，对于其他区域，达到爆炸下限的时间不同程度上有所延长，相比于无包封结构，包封结构条件下发生泄漏后，厨房、厨房阳台、客厅、卫生间、次卧、主卧以及主卧阳台到达爆炸下限的时间分别延缓了66.5%、39.6%、34.0%、27.7%、29.6%、28.0%及28.9%。但包封结构中发生泄漏不易被及时发现，可能导致潜在的危险，为了弥补这一缺陷，建议在包封结构内设置报警器，以提高泄漏报警的速度，使得在出现问题时能够迅速采取有效的应对措施。

5）泄漏速率的影响

泄漏速率对燃气浓度分布产生显著影响。泄漏速率较小时，燃气在环境中的扩散更为有序，导致燃气浓度分布更为均匀。需要注意的是，燃气浓度分布并非在所有高度上都呈线性变化。特别是在地面处，燃气浓度分布的变化幅度较大，且地面处的浓度基本接近于 0。这意味着在地面附近，燃气的浓度可能会迅速增加，需要特别关注此区域的安全性，以防止潜在的风险。在进行泄漏检测时，不能仅仅关注地面处。由于燃气浓度分布的非线性特性，必须全面考虑不同高度的检测点。在制定泄漏检测策略时，应该覆盖从地面到天花板的各个高度，以确保对潜在泄漏的及时发现和准确监测。这样的全面性检测措施将更有效地提高环境安全性，降低潜在燃气泄漏所带来的风险。

6）燃气立管位置的影响

阳台上设置燃气管道在一定程度上减缓了燃气向厨房、客厅、卧室扩散的速度。然而，随着时间的推移，这种影响逐渐减小。相比燃气立管在厨房，燃气立管在厨房阳台时，厨房阳台顶部达到爆炸下限的时间缩短了 34.1%，厨房、客厅、卫生间、次卧、主卧、主卧阳台达到爆炸下限的时间分别延长了 19.0%、4.6%、2.6%、3.3%、4.0%和 2.6%。因此，尽管初期布局有助于降低扩散风险，长期来看，需要综合考虑其他安全因素，确保燃气系统布局的可持续性和整体安全性。

## 参 考 文 献


[1] CLEAVER R P, MARSHAL M R, LINDEN P F. The build-up of concentration within a single enclosed volume following a release of natural gas[J]. Journal of Hazardous Materials, 1994, 36(3): 209-226.

[2] LOWESMITH B J, HANKINSON G, SPATARU C, et al. Gas build-up in a domestic property following releases of methane/hydrogen mixtures[C]. 2nd International Conference on Hydrogen Safety, 2009, 34(14): 5932-5939.

[3] MOGHADAM DEZFOULI A, SAFFARIAN M R, BEHBAHANI-NEJAD M, et al. Experimental and numerical investigation on development of a method for measuring the rate of natural gas leakage[J]. Journal of Natural Gas Science and Engineering, 2022, 104: 104643.

[4] WANG C, LI J, TANG Z, et al. Flame propagation in methane-air mixtures with transverse concentration gradients in horizontal duct[J]. Fuel, 2020, 265: 116926.

[5] 吴晋湘，张丽娟，刘立辉，等. 室内可燃气体泄漏后浓度场变化的实验研究[J]. 消防科学与技术，2005, 24(2): 169-171.

[6] 汪建平，史立军，马长城. 室内天然气泄漏过程试验研究[J]. 安全与环境学报，2022, 22: 292-297.

[7] ZHU J, PAN J, ZHANG Y, et al. Leakage and diffusion behavior of a buried pipeline of hydrogen-blended natural gas[J]. Prof Special issue on the 4th International Symposium on Hydrogen Energy and Energy Technologies (HEET 2021), 2023, 48(30): 11592-11610.

[8] 侯庆民. 燃气长直管道泄漏检测及定位方法研究[D]. 哈尔滨: 哈尔滨工业大学, 2014.

[9] LUKETA-HANLIN A, KOOPMAN R P, ERMAK D L. On the application of computational fluid dynamics codes for liquefied natural gas dispersion[J]. Journal of Hazardous Materials, 2007, 140(3): 504-517.

[10] SUN B, UTIKAR R P, PAREEK V K, et al. Computational fluid dynamics analysis of liquefied natural gas dispersion for risk assessment strategies[J]. Journal of Loss Prevention in the Process Industries, 2013, 26(1): 117-128.

[11] LICARI F A. Performance metrics for evaluating liquefied natural gas, vapor dispersion models[C]. Papers Presented at the 2009 International Symposium of the Mary Kay O'Connor Process Safety Center, 2010, 23(6): 745-752.

[12] SIUTA D, MARKOWSKI A S, MANNAN M S. Uncertainty techniques in liquefied natural gas (LNG) dispersion calculations[C]. Papers presented at the 2011 Mary Kay O'Connor Process Safety Center International Symposium, 2013, 26(3): 418-426.

[13] OLVERA H A, CHOUDHURI A R. Numerical simulation of hydrogen dispersion in the vicinity of a cubical building in stable stratified atmospheres[J]. International Journal of Hydrogen Energy, 2006, 31(15): 2356-2369.

[14] 张增刚, 贾文磊, 田贯三, 等. 燃气管道泄漏原因及扩散影响因素分析[J]. 山东建筑大学学报, 2012, 27(2): 198-202.

[15] 程浩力, 刘德俊. 城镇燃气管道泄漏扩散模型及数值模拟[J]. 辽宁石油化工大学学报, 2011, 31(2): 27-31.

[16] 程浩力, 张艺, 林新宇, 等. 城市街道峡谷形状对燃气管道泄漏扩散影响 CFD 模拟[J]. 北京石油化工学院学报, 2012, 20(3): 60-64.

[17] 张甫仁, 杨佳玲, 阚正武, 等. 建筑群外空间城市燃气泄漏扩散浓度场模拟[J]. 天然气工业, 2013(4): 114-119.

[18] 李又绿, 姚安林, 李永杰. 天然气管道泄漏扩散模型研究[J]. 天然气工业, 2004, 24(8): 102-104.

[19] 张琼雅. 城镇天然气管道泄漏扩散的 CFD 模拟及后果分析[D]. 重庆: 重庆大学, 2013.

[20] 王新. 天然气管道泄漏扩散事故危害评价[D]. 哈尔滨: 哈尔滨工业大学, 2010.

[21] 向启贵. 天然气管道泄漏扩散机理研究[D]. 成都: 西南交通大学, 2006.

[22] 薛海强, 张增刚, 田贯三, 等. 可燃气体泄漏扩散影响因素的数值分析[J]. 山东建筑大学学报, 2009(6): 558-563.

[23] 何利民, 王林. 高压天然气管道破裂时气体扩散规律和气液分离技术进展[J]. 石油工业技术监督, 2005, 21(5): 89-94.

[24] (a) 李杜. 典型受限空间掺氢天然气泄漏爆炸后果评估[D]. 重庆: 重庆大学, 2021; (b) 张娇. 居民住宅室内燃气泄漏扩散数值模拟与后果分析[D]. 青岛: 中国石油大学(华东), 2018.

[25] 于义成. 室内燃气泄漏扩散模拟及爆炸后果分析[D]. 哈尔滨: 哈尔滨工业大学, 2015.

[26] 李红培. 开放式厨房燃气泄漏爆炸模拟研究[D]. 济南: 山东建筑大学, 2019.

[27] 张嘉琦. 基于 FLUENT 室内天然气管道泄漏扩散数值模拟[D]. 大庆: 东北石油大学, 2020.

[28] 王云卿. 室内燃气泄漏的危险效应分析[D]. 北京: 北京建筑大学, 2018.

[29] 张丽. 室内燃气泄漏扩散及燃烧爆炸的数值模拟[D]. 太原: 中北大学, 2015.

[30] 古蕾. 民用建筑室内燃气泄漏的数值模拟研究[D]. 成都: 西南石油大学, 2014.

[31] 郭杨华. 室内可燃气体泄漏扩散状态模拟及爆炸效应分析[D]. 重庆: 重庆大学, 2011.

[32] 贾文磊. 室内燃气系统胶管泄漏数值模拟及危害预防研究[D]. 济南:山东建筑大学, 2012.

[33] 王英. 室内燃气泄漏扩散状态模拟及后果分析[D]. 重庆: 重庆大学, 2007.

[34] 黄小美, 郭杨华, 彭世尼, 等. 室内天然气泄漏扩散数值模拟及试验验证[J]. 中国安全科学学报, 2012, 22(4): 27-31.

[35] 范开峰, 王卫强, 李亮, 等. 城市燃气管道稳态泄漏数值模拟[J]. 油气储运, 2013, 32(8): 851-856.

[36] WOODWARD J L, MUDAN K S. Liquid and gas discharge rates through holes in process vessels[J]. Journal of Loss Prevention in the Process Industries, 1991, 4(3): 161-165.

[37] JO Y D, AHN B J. Analysis of hazard areas associated with high-pressure natural-gas pipelines[J]. Journal of Loss Prevention in the Process Industries, 2002, 15(3): 179-188.

[38] LEVENSPIEL, OCTAVE. Engineering Flow and Heat Exchange [R]. The Plenum Chemical Engineering Series, 2014.

[39] MONTIEL H, VÍLCHEZ J A, CASAL J, et al. Mathematical modelling of accidental gas releases[J]. Journal of Hazardous Materials, 1998, 59(2): 211-233.

[40] ARNALDOS J, CASAL J, MONTIEL H, et al. Design of a computer tool for the evaluation of the consequences of accidental natural gas releases in distribution pipes[J]. Journal of Loss Prevention in the Process Industries, 1998, 11(2): 135-148.

[41] MOLOUDI R, ESFAHANI J A. Modeling of gas release following pipeline rupture: Proposing non-dimensional correlation[J]. Journal of Loss Prevention in the Process Industries, 2014, 32: 207-217.

[42] NOURI-BORUJERDI A, ZIAEI-RAD M. Simulation of compressible flow in high pressure buried gas pipelines[J]. International Journal of Heat & Mass Transfer, 2009, 52(25-26): 5751-5758.

[43] KEITH J M, CROWL D A. Estimating sonic gas flow rates in pipelines[J]. Journal of Loss Prevention in the Process Industries, 2005, 18(2): 55-62.

[44] OLORUNMAIYE J A, IMIDE N E. Computation of natural gas pipeline rupture problems using the method of characteristics[J]. Journal of Hazardous Materials, 1993, 34(1): 81-98.

[45] DE ALMEIDA J C, VELÁSQUEZ J A, BARBIERI R. Development and experimental validation of a computational model for the analysis of transient events in a natural gas distribution network[J]. Canadian Journal of Chemical Engineering, 2015, 92(10):1776-1782.

[46] KOSTOWSKI W J, SKOREK J. Real gas flow simulation in damaged distribution pipelines[J]. Energy, 2012, 45(1): 481-488.

[47] 陈平, 梅华锋, 赵海林. 天然气管道大孔泄漏速率的建模与分析[J]. 图学学报, 2014(3): 486-489.

[48] 董玉华, 周敬恩, 高惠临, 等. 长输管道稳态气体泄漏率的计算[J]. 油气储运, 2002, 21(8): 11-15.

[49] 刘中良, 罗志云, 王皆腾, 等. 天然气管道泄漏速率的确定[J]. 化工学报, 2008, 59(8): 2121-2126.

[50] 杨昭, 张甫仁, 赖建波. 非等温长输管线稳态泄漏计算模型[J]. 天津大学学报, 2005, 38(12): 1115-1121.

[51] 李勃聪. 天然气管道小孔泄漏量经验计算公式的比较分析[J]. 中国石油和化工标准与质量, 2018(7): 77-78.

[52] 霍春勇, 王大庆, 高惠临. 长输管线气体泄漏率简化计算方法[J]. 天然气工业, 2008, 1: 116-118.

[53] 吴起, 姜平, 冷世荣, 等. 长输天然气管道事故泄漏速率算法改进研究[J]. 中国安全生产科学技术, 2012, 8(9): 38-42.

[54] 冯文兴, 王兆芹, 程五一. 高压输气管道小孔与大孔泄漏模型的比较分析[J]. 安全与环境工程, 2009, 4: 108-110.

[55] 王兆芹. 高压输气管道泄漏模型研究及后果影响区域分析[D]. 北京: 中国地质大学（北京）, 2009.

[56] 王大庆, 张鹏. 压力容器气体非稳态泄漏模型研究[J]. 中国安全科学学报, 2012, 22(7): 154-158.

[57] 崔斌, 韦忠良. 燃气管道非等温非稳态泄漏模型[J]. 油气储运, 2010(1): 36-37+40.

[58] 侯庆民. 正常工况和泄漏工况下的管内天然气流动研究[J]. 哈尔滨商业大学学报：自然科学版, 2021, 37(3): 321-327.

[59] ZEMAN O. The dynamics and modeling of heavier-than-air, cold gas releases[J]. Atmospheric Environment, 1982, 16(4):741-751.

[60] CHEN C J, CHEN C H. On Prediction and Unified Correlation for Decay of Vertical Buoyant Jets[J]. Journal of Heat Transfer, 1979, 101(3): 532-537.

[61] CHEN C J, NIKITOPOULOS C P. On the near field characteristics of axisymmetric turbulent buoyant jets in a uniform environment[J]. International Journal of Heat & Mass Transfer, 1979, 22(2): 245-255.

[62] LI W, CHEN C J. On prediction of characteristics for vertical round buoyant jets in stably linear stratified environment[J]. Journal of Hydraulic Research, 1985, 23(2): 115-129.

[63] PAULLAY A J, MELNIK R E, RUBEL A, et al. Similarity Solutions for Plane and Radial Jets Using a k-ε Turbulence Model[J]. American Society of Mechanical Engineers, 1985, 107(1): 79-85.
[64] 丁信伟, 王淑兰, 徐国庆. 可燃及毒性气体泄漏扩散研究综述[J]. 化学工业与工程, 1999, 16(2): 118-122.
[65] 潘旭海, 蒋军成. 化学危险性气体泄漏扩散模拟及其影响因素[J]. 南京工业大学学报(自科版), 2001, 1: 19-22.
[66] 王海蓉, 马晓茜. LNG 重气连续点源泄漏扩散的数值模拟研究[J]. 天然气工业, 2006, 26(9): 144-146.
[67] 肖建兰, 吕保和, 王明贤, 等. 气体管道泄漏模型的研究进展[J]. 煤气与热力, 2006, 26(2): 7-9.

# 第 5 章　室内天然气燃爆研究

## 5.1　国内外研究现状

国内学者在小尺度实验空间内对可燃气体爆炸特性开展了试验研究。林柏泉等[1]利用瓦斯爆炸试验管道研究障碍物对瓦斯爆炸参数影响，表明障碍物的存在使得传播速度产生突升，且数量越多速度增加越快；瓦斯爆炸后有障碍物情况下冲击波会出现突变界面，可能诱导产生激波，产生更大的危害。卢捷等[2]通过对有无障碍物的管道进行气体爆炸试验分析研究，得到由于障碍物的原因管道内燃气爆炸超压峰值增加 20%。吴志远等[3]利用理论方程推导并分析了燃气爆炸的超压峰值与燃气初始压力存在着线性关系，并通过爆炸特性测试系统验证了理论推导的正确性。Bao 等[4]建立了 12 立方米的空间充满甲烷-空气的混合物，进行了 29 次不同条件下的燃气爆炸，得到燃气爆炸时内部的超压是均匀的，在爆炸过程中存在着 4 个峰值。由于泄压面的存在，第 1 个峰值大小随着泄压压力的增大而增大，而第 4 个峰值压力的大小，随着泄压压力的增大先增大后减小，且第 4 个峰值大小是和甲烷的浓度和泄压压力有关。

在数值模拟方面，张秀华[5]利用 LS-DYNA 软件建立室内甲烷-空气爆炸模型，分析了密闭空间不同燃气浓度下燃气爆炸超压规律和泄压口对爆炸超压峰值的影响，得到密闭空间下爆炸气体体积一定且燃气与氧气在化学方程式配比时产生的超压峰值最大和合理的泄压口能够很好减少冲击波对建筑结构的破坏。闫秋实等[6]验证了 FLACS 在燃气爆炸仿真中的正确性，并建立模型还原了燃气爆炸的发生过程，对比了同一燃气浓度下大、中、小型燃气泄漏后产生的超压峰值，得到大型燃气泄漏爆炸产生的超压峰值远远大于中型和小型燃气泄漏，燃气泄漏的爆炸峰值与泄漏的体积成正相关。韩永利等[7]从燃气爆炸事故中分析爆炸产生的超压以及结合爆炸现场的破坏情况得到燃气爆炸产生不同大小冲击波对建筑物和人体伤害程度。

国外在受限空间内气体爆炸方面做了一系列研究，并取得重大成果。Bartknecht[8]做了大量密闭容器内可燃气体爆炸试验，探究密闭空间超压值和容积的关系，经过总结分析得到了立方根定律。该定律被 ISO 6184 国际标准“Explosion Protection System”采用。Degood[9]对气体爆炸最大超压值的影响因子进行研究，得到影响超压峰值的主要因素有泄压口压力、泄爆质量、点火位置等。Meon[10]对巷道内障碍物对可燃气体爆炸进行实验研究，由于障碍物存在，火焰有明显的加速。

在数值模拟方面，Luckritz[11]通过三大守恒方程，系统地研究与火焰产生传播相关流场参数的关系。Catlin 等[12]利用二阶有限体积差分法和半经验公式建立了数学模型，并用 $k\text{-}\varepsilon$ 模型代替未燃区的湍流情况，预混合燃烧过程使用半经验方法描述，可以合理预测火焰的传播与障碍物的关系以及产生的超压。Bielert[13]利用追踪方法描述了密闭管道中火焰传播过程，可以较准确地预测爆炸产生的最大压力、最大压升速度等。Salzano 等[14]用 AutoReaGas 对管道内燃气进行爆炸模拟，结果与实验数据很吻合，在误差范围之内，表明该软件适用于管道可燃气体的爆炸研究。

可以看出，上述研究多集中于小尺度密闭空间，针对室内全尺寸燃气泄漏扩散及燃爆特性的研究以数值模拟为主，研究结果适用性不强，难以形成完整的户内燃气爆炸事故分析程序及方法，且无法准确指导户内燃气泄漏、爆炸安全对策措施的制定。目前存在的主要问题具体如下：

（1）目前大多数燃气泄漏燃爆试验研究都是小尺寸，针对典型户型结构户内燃气泄漏爆炸的试验研究很少，全尺寸研究仅限于数值模拟。北京燃气集团在 2020 年开展了“户内天然气爆炸事故原因分析程序及方法研究”，初步研究了家庭厨房内天然气泄漏扩散与燃爆特性。但是针对整个室内空间尤其是典型户型结构户内燃气泄漏的试验研究很少，而相关的数值模拟研究居多。因此，需要建立典型户型结构户内天然气泄漏燃爆试验系统，研究天然气的泄漏扩散规律及燃爆特性，建立天然气泄漏空间浓度分布预判方法，为户内天然气爆炸事故原因的调查分析和户内天然气安全防控措施的制定提供理论依据。

（2）缺乏燃爆安全与危害控制技术的相关研究，特别是泄爆面积和泄爆压力对典型户型结构户内天然气爆炸特性的影响试验研究尚未开展。目前国内外已经有大量关于室内燃气爆炸的研究，主要涵盖燃气爆炸的特点、危害及其防护等方面。其中清华大学的研究人员针对燃气爆炸特性及其对建筑物的毁伤效应开展了一系列研究，但是目前的研究主要以理论计算和数值模拟为主，缺乏不同户型结构下户内燃气爆炸的试验研究，也没有针对泄爆面积和泄爆压力开展相关试验研究。此外，研究中很少涉及梁、板、柱等结构以及钢材、混凝土等材料在燃气爆炸载荷作用下的动力响应。因此，需要开展典型户型结构户内天然气爆炸过程及毁伤效应研究，确定包封、不包封情况下泄爆面积和泄爆压力对爆炸冲击波和热辐射的影响规律，建立天然气爆炸冲击波超压、热辐射通量的理论预测模型，对比分析不同情况下的户内天然气爆炸后果，为户内天然气安全防控措施的制定提供技术依据。

（3）目前尚未系统性地提出针对户内天然气泄漏、爆炸的安全对策措施。山东建筑大学的研究人员利用 Fluent 研究了隔断墙、通风条件对户内天然气泄漏浓度分布的影响规律，并据此提出了开放式厨房的安全防护措施，但是其研究结构单一，且模拟结果缺乏试验的验证。因此，本课题采取试验研究与数值模拟相结合的研究方法，可以验证数值模拟的准确性。根据本课题研究结果，结合现有相关标准，提出户内燃气泄漏、爆炸的安全对策措施，从而为现场紧急处置和后续事故救援提供充足的时间，将事故扼制在萌芽之中，有效避免天然气泄漏事故演变为爆炸事故。

## 5.2 单一厨房结构内天然气燃爆试验研究

### 5.2.1 试验装置

图 5-1 给出了室内天然气泄漏爆炸试验测试系统示意图，从图中可以看出，整个试验系统主要由爆炸冲击波压力采集系统、爆炸温度采集系统、燃气注入系统、影像采集系统和点火系统组成。

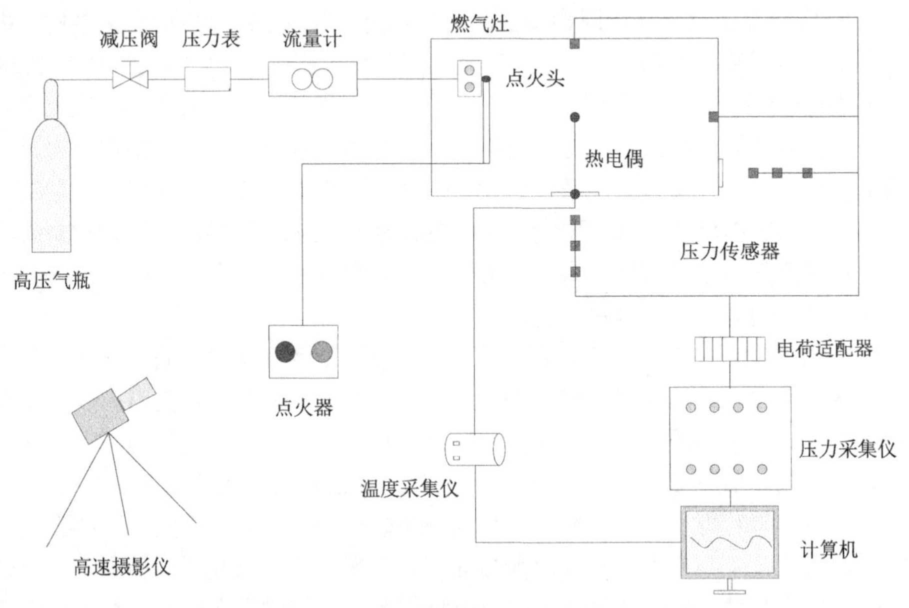


图 5-1 室内天然气泄漏爆炸试验测试系统示意图

1. 爆炸冲击波压力数据采集系统

压力数据采集系统包括压力传感器、信号线、信号调理器、数据采集仪、仪器通信线及其他辅助设备，具体连接方式如图 5-2 和图 5-3 所示，通过 STYV-2 型压力测试信号线及 SYV-5 型同轴电缆将压力传感器、信号调理器、数据采集仪连接起来，从而搭建一套完整的数据采集测试系统。

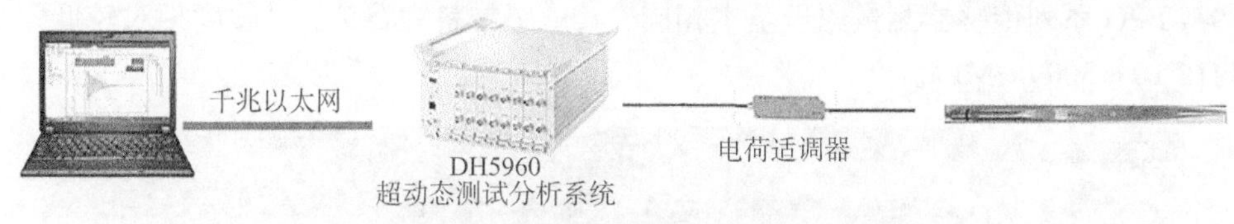


图 5-2　冲击波压力数据采集测试系统连接示意图

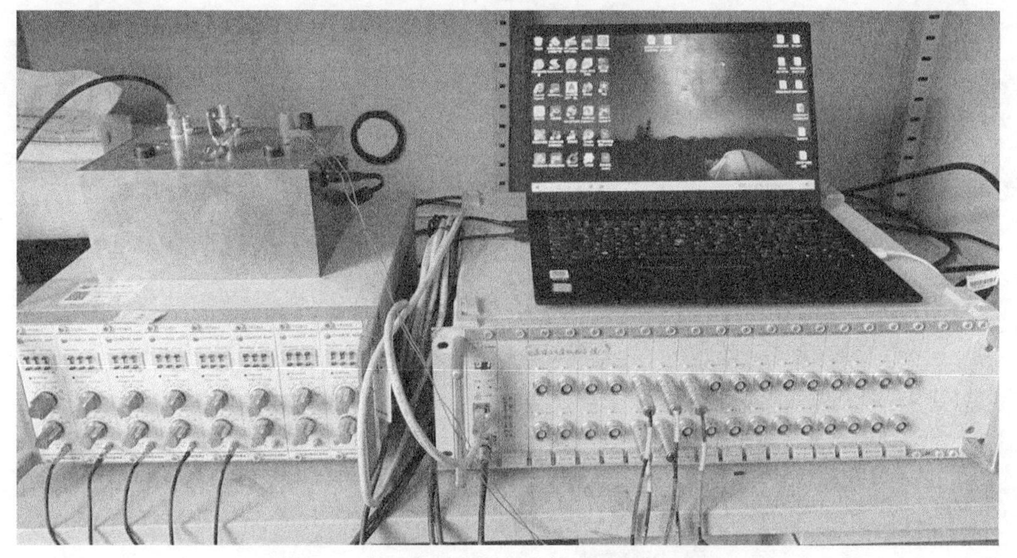

图 5-3　冲击波压力数据采集测试系统实物图

选择 FPG 型和 FPT 型压力传感器作为冲击波压力测量传感器，具体参数如表 5-1 所示。FPG 和 FPT 型传感器都是压电式压力传感器，上限响应频率 50 ~ 500 kHz，量程为 0.001 ~ 200 MPa，采用电荷放大器进行信号调理。FPG 系列压力传感器如图 5-4 所示，属于双敏感面压电式压力传感器，该传感器具有两个敏感面，安装陶瓷材质的敏感元件，测量时传感器尖端正对爆炸中心，冲击波平行扫过任意一个敏感面都可以测到压力数据，可靠性较高，灵敏度较高，一般在 500 ~ 1500 pc/MPa 之间。

**表 5-1　爆炸试验中所使用的两种压力传感器参数对比情况**

| 传感器类型 | 灵敏度/(pc/MPa) | 敏感元件材料 | 特点 |
|---|---|---|---|
| FPG 型 | 500 ~ 1500 | 陶瓷 | 双敏感面，灵敏度高 |
| FPT 型 | 10 ~ 300 | 石英 | 双敏感面，灵敏度较低 |

图 5-4　FPG 型双侧壁面压力传感器

FPT 系列压力传感器如图 5-5 所示，也是双敏感面压电式压力传感器，该传感器与 FPG 系列传感器测量原理基本相同，其敏感材料为石英，灵敏度相对较低，大约在 10 ~ 300 pc/MPa。

图 5-5　FPT 型双侧壁面压力传感器

DHDAS 数据采集仪的数据采集系统板卡为 DH5960，采用电荷适调器配合数据采集仪进行数据采集与存储，采样速率 1k-20 MHz/通道，采集系统操作界面如图 5-6 所示。

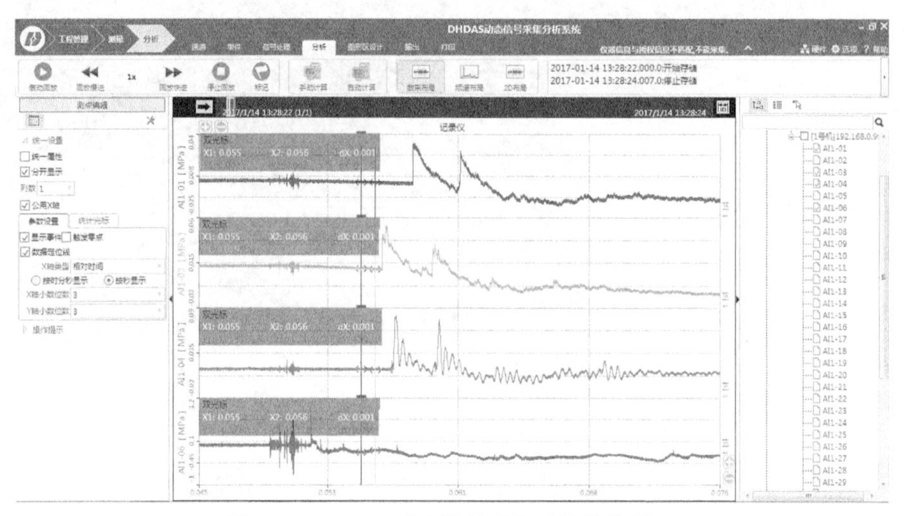


图 5-6　DHDAS 动态信号采集系统操作界面

DH5857 电荷适调器灵敏度有 0.1 mV/pC 和 10 mV/pC 两档，可切换使用，一般配合 DHDAS 数据采集仪进行数据采集与存储，每个电荷适调器对应一个数据采集接口，即插即用方便可靠。

2. 温度采集设备及系统

试验选用了瞬态 iST300 数据采集仪和瞬态 C 型热电偶测量爆炸温度，其具体参数如表 5-2 所示。

**表 5-2　爆炸试验测温设备参数表**

| 设备 | 参数及性能 |
| --- | --- |
| 瞬态 iST300 数据采集仪 | 同步测量时间精度 1 μs，16 段数据无损连续记录 |
| C 型热电偶 | 测温范围 0 ~ 2300 ℃，响应速度小于 5 ms，测量误差小于 3% |

瞬态 iST300 数据采集仪可实现多测点统一时标，同步测量时间精度 1 μs，16 段数据无损连续记录，传感器实时功能验证。C 型热电偶测温范围 0～2300℃，响应速度小于 5 ms，测量误差小于 3%，热电偶前端为 M12×1.5 螺纹，热电偶配合传感器座安装在厨房墙壁及厨房中心位置。通过与被测介质直接接触受热后把温度信号转化成热电势信号，通过电气仪表转化成被测介质的温度，瞬态高温热电偶实物及瞬态 iST300 数据采集仪如图 5-7 所示，数据采集系统界面如图 5-8 所示。

图 5-7　瞬态高温热电偶及瞬态 iST300 数据采集仪

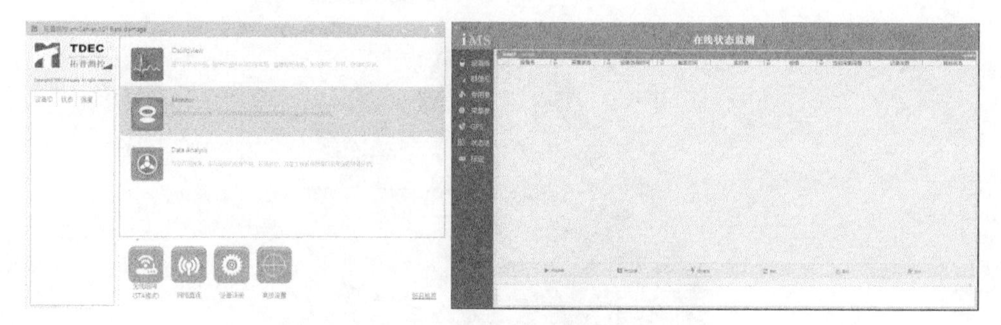


图 5-8　iMS 数据采集系统界面

3. 影像采集设备及系统

为了采集室内天然气泄漏爆炸的火焰扩展过程，本次试验选用了两种影像采集设备，分别是 Go Pro 和高速摄影仪，具体参数如表 5-3 所示。

**表 5-3　影像采集设备参数表**

| 设备名称 | 型号 | 参数 |
| --- | --- | --- |
| Go Pro | HERO3$^+$ | 最大光圈 F2.8，可拍摄 720 p，120 fps |
| 高速摄影仪 | FASTCAM SA 系列 | 1024×1024 像素下 7000 fps；最高 1000000 fps |

本次试验采用 Go Pro 设备近距离采集试验现场影像资料，此设备具有超宽广角视角，超清六元素非球面玻璃镜头，最大光圈 F2.8，可拍摄 720 p、120 fps 的动

态录像，设备可以进行无线遥控，适合近距离拍摄，完全可以满足本次试验的需求（图 5-9）。

图 5-9　室内天然气泄漏爆炸火焰扩展过程影像采集设备

为了捕捉室内天然气泄漏爆炸过程中的具体细节，采用高速摄像机拍摄整个爆炸过程，高速摄像机采用日本 Photron 公司生产的 Fastcam SA51000K-M2 高速摄像机，如图 5-10 所示，最高拍摄速度为 1000000 fps，分辨率为 1024×1024 p 时最大拍摄速度可达 7000 fps。

图 5-10　高速摄影仪

4. 天然气注入系统

采用由北京燃气集团绿源达公司提供的北京市在用天然气进行爆炸试验测试。天然气注入系统包括液化天然气瓶、减压阀、压力表和流量计组成，如图 5-11 所示。通过减压阀控制天然气进气压力与用户实际进气压力相同，利用燃气流量计记录注入的天然气量，所用燃气流量计参数见表 5-4。

图 5-11　天然气注入系统和燃气流量计

**表 5-4　燃气流量计参数表**

| 型号 | 厂家 | 量程/($m^3$/h) | 最高使用压力/kPa |
| --- | --- | --- | --- |
| CG-Z 型 | 北京优耐燃气仪表有限公司 | 0.04～6 | 10 |

5. 点火系统

此次试验所用点火系统包括电点火器、点火线和点火头三部分。点火系统制作时参照了国际标准 ISO 6184“Explosion Protection Systems”和美国标准 NFPA 68“Guide For Venting of Deflagrations”中的规定。系统由点火线圈、电容、电源和开关等组成。具体工作原理如下，首先闭合电源开关，12 V 电源开始给电容充电，电容储存电能；充电完毕后，断开电源开关，撤去 12 V 电源；然后用点火触发点触发电容，电容放电，点火线圈产生瞬时高压，加载在电点火头电极两端使点火头发热材料产生高热，引燃药物形成高温火球实现点火目的，点火原理如图 5-12 所示。

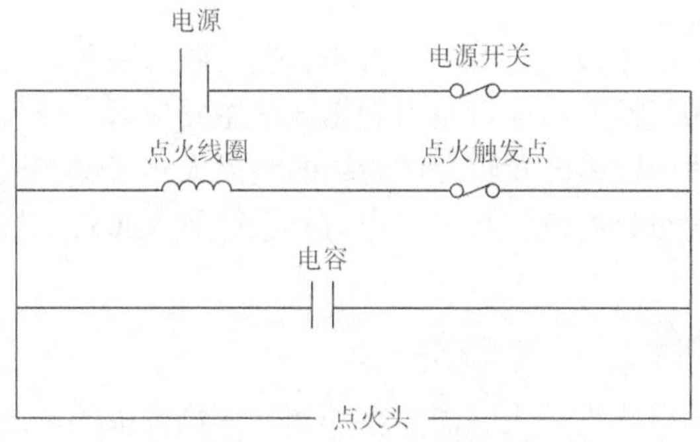


图 5-12　电点火原理图

点火源大多为电器放电火花、静电火花、高温表面等弱点火源。结合试验目的及现实情况，此次模拟试验采用电点火头作为点火源，具体参数如表 5-5 所示。电点火头的核心是一种电发热材料，在电热材料的周围裹上一层点火药物，构成点火头，当通过一定大的电流时，会使得电发热材料产生高热，引燃药物形成高温火球，从而达到点火目的（图 5-13）。电点火头的点火电流为 0.8 A，安全电流为 0.25 A。两个点火电极通过两条导线直接连接电点火头，点火能量约为 10 J，属于弱点火，其对爆炸后果的影响可以忽略不计。

表 5-5　点火设备参数表

| 设备名称 | 参数及性能 |
|---|---|
| 点火器 | 外接电源 12 V，点火同时可触发数据采集系统 |
| 电点火头 | 点火电流为 0.8 A，安全电流为 0.25 A，点火能量为 10 J |

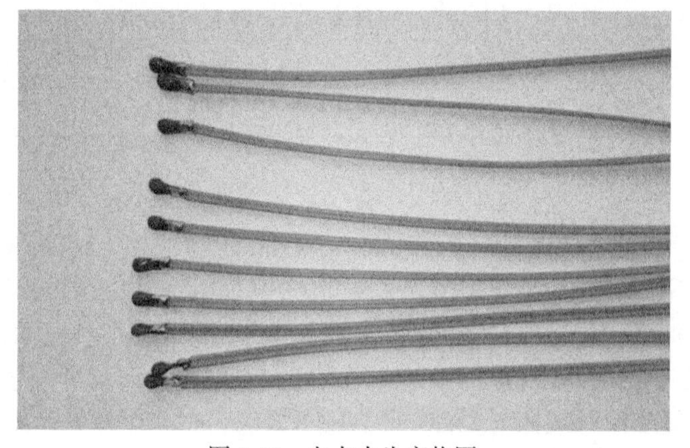

图 5-13　电点火头实物图

### 5.2.2　试验条件

通过对天然气泄漏事故进行统计和分析，燃气胶管脱落是造成天然气泄漏的主要原因，同时点火做饭及开启电灯是引起爆炸的主要原因。经与北京燃气集团四分公司讨论，确定在西山试验区及野外试验场的室内天然气爆炸试验中均设置燃气胶管脱落为泄漏原因，分别在燃气灶处、电灯开关位置及顶灯位置处设置点火源。

### 5.2.3　试验步骤和方案

天然气爆炸试验危险性较大，需要在开阔且人烟稀少的场地进行，本次试验地点选定为西山试验区及野外试验场。野外试验场为完全开放空间，试验场风速和空气湿度都相对较大，试验外部影响因素比较多，但是接近现实情况（图 5-14）。具体试验步骤如下：

1. 试验前现场布置

1）人员任务分工

由于天然气爆炸测试过程任务繁多，包括安装和调试传感器，填写试验测试记录表，控制设备，校核并记录传感器、信号线、电荷放大器、触发器及数据采集通道的对应关系，记录试验数据等，因此，需要明确分工。

2）设备安装及调试

明确分工之后，根据试验现场布置图布置试验仪器和设备。

①首先在竖杆上安装传感器，记录传感器编号及对应位置；

②按照传感器→电荷放大器→同步触发器→数据采集设备的顺序进行布线，记录传感器对应的线编号、放大器通道编号、数据采集板卡通道编号；

③每布置完一根传感器杆，就进行一次线路调试，确保整个线路连通；

④安装红外热像仪、高温传感器以及高速摄影仪，并进行调试；

⑤安装气体浓度检测装置，并进行测试；

⑥重复上述步骤，直至所有设备安装调试完毕；

⑦安装点火系统，并进行测试，确保可靠点火；

⑧调试触发装置，设置测试参数（采集频率可设置为 200 kHz，采集时间设为 10 s），设置存储路径等。

2. 试验过程及数据处理

①最后一次进行数据采集设备调试，确定设置的参数（采样频率 200 kHz，采集时间 10 s，触发位置 20%等），确定存储路径；

②调试完成后即可使其处于待触发状态；

③开始天然气泄漏扩散试验，待达到试验要求的气云浓度后，点火爆炸；

④等待气云燃烧完，确认现场安全后即可进入；

⑤试验完毕后，首先进行数据的保存、备份及查看，然后对除去数据采集设备之外的线路断电；

⑥安排人员进入现场，进行设备损坏程度的检查及收集，对试验现场进行整理和恢复，安排专人对试验设备进行筛选、看护和损失评估等；

⑦取回试验数据进行数据处理，确定数据对应的传感器、放大器通道、数据采集板卡通道等信息；

⑧分析数据结果，编写试验报告。

（a）爆炸火焰扩展过程影像采集系统布置情况

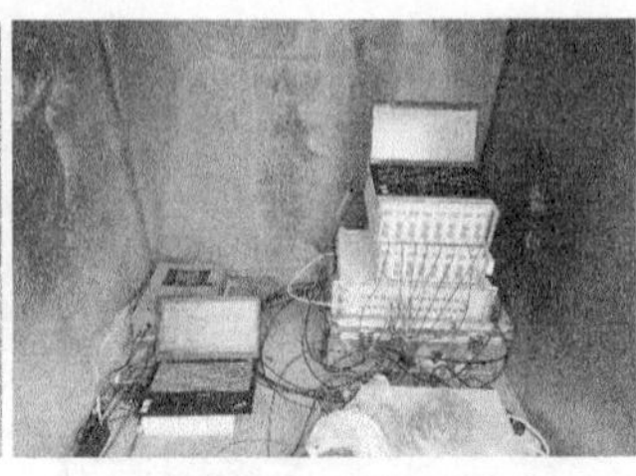

（b）天然气浓度及爆炸冲击波压力数据采集系统

（c）室内燃气灶及天然气浓度检测仪布置

（d）燃气压力表及流量计

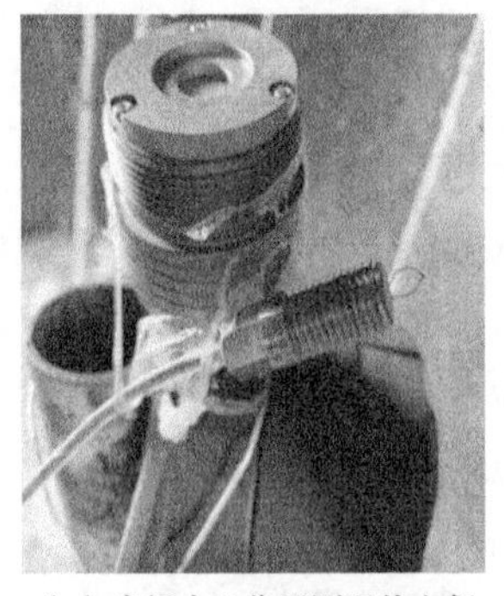

（e）房间中心位置测温热电偶

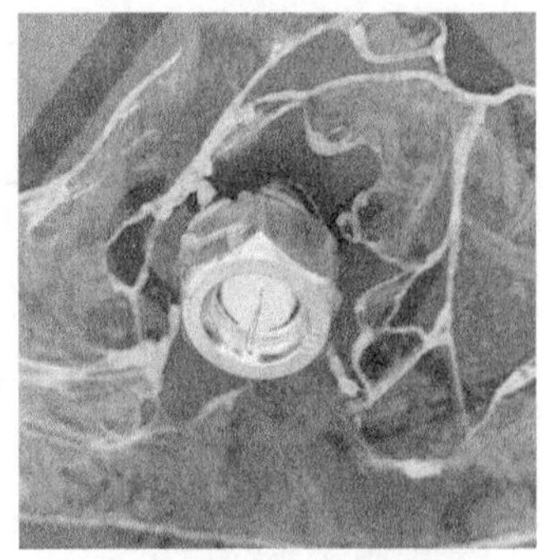

（f）墙壁测温热电偶

（g）门外冲击波压力传感器布置情况

（h）窗户外冲击波压力传感器布置情况

（i）燃气灶上面点火头布置情况

图 5-14　野外试验场室内天然气泄漏爆炸试验测试系统布置情况

### 5.2.4　单一厨房结构内天然气燃爆特性

1. 燃爆过程图像分析

1）西山试验区第一次爆炸试验

在西山试验区开展天然气泄漏爆炸试验，此次试验模拟燃气胶管脱落泄漏引发天然气爆炸事故，天然气泄漏量为 1.25 $m^3$，泄漏时间为 27 min，在顶灯位置点火，点火位置浓度为 6%，灶对角屋顶处浓度为 5.9%，门口开关处浓度为 5.8%，燃气灶处浓度为 5.6%。图 5-15 展示了火焰爆燃扩展过程。

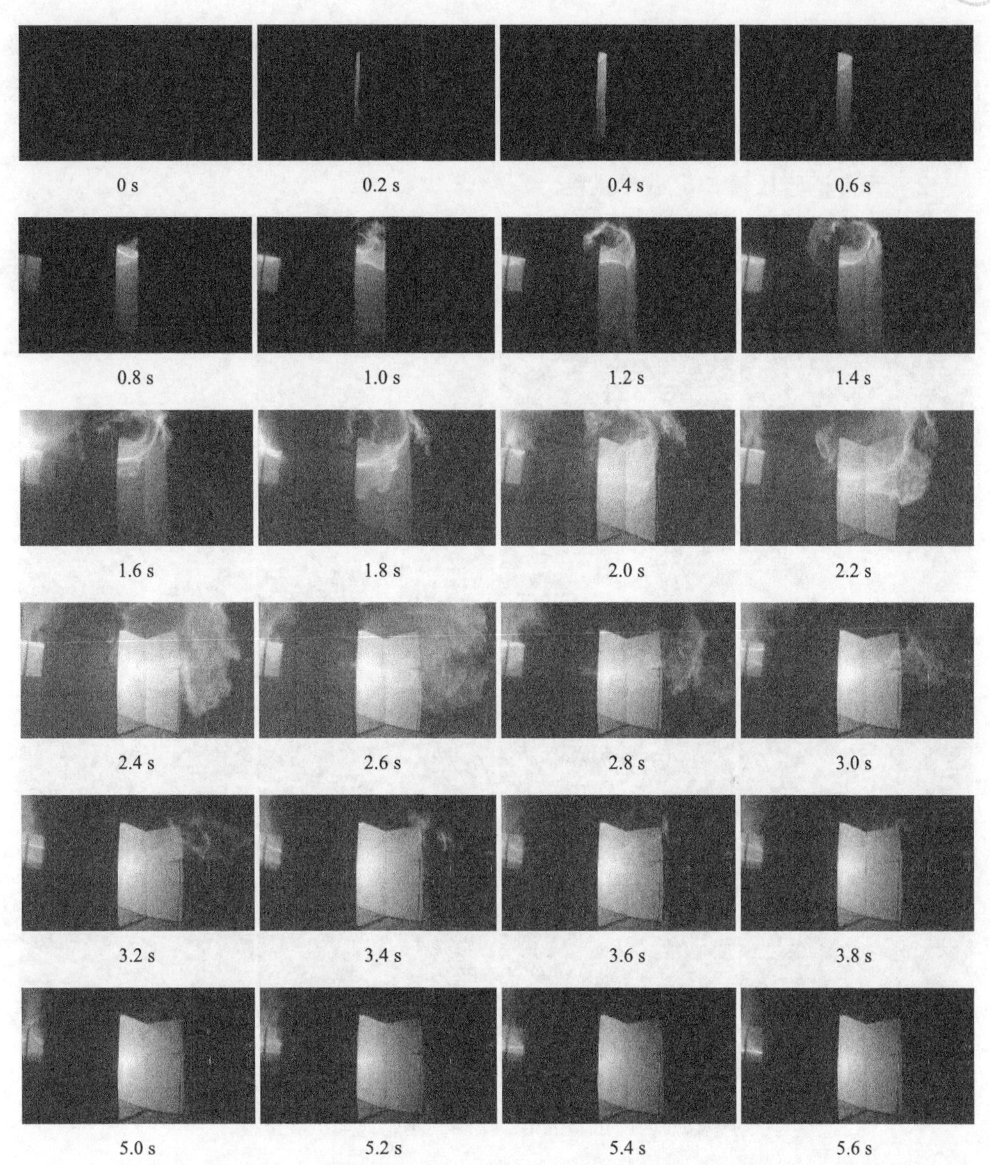


图 5-15　西山试验区第一次燃气爆燃火焰扩展过程

由于摄影设备不具备防爆隔热性，设备布置在室外记录了火焰从门喷出之后的爆燃扩展过程。燃气燃烧不断释放能量，室内温度升高，气体在高温作用下不断膨胀，并且火焰燃烧过程中不断产生冲击波，在冲击波及压强作用下，门被冲开，0.8 s 时火焰从门中喷出，直至 1.8 s 门被完全打开。1.8 s 前室内火焰呈淡蓝色，门被完全打开后，天然气燃烧受到外界因素影响，发生爆燃，火焰呈亮白色，燃烧速率加快，火焰向外扩展的距离不断增加，2.6 s 时向外喷出的距离超过 2 m。随着燃料的消耗，燃烧状态从爆燃转为缓慢燃烧，火焰逐渐收缩，5.0 s 时火焰不再从门向外喷出，但室内仍有天然气在燃烧，持续时间超过 10 s，由此可以看出，室内物品在长时间的天然气燃烧下会发生火灾，产生二次伤害。

2）西山试验区第二次爆炸试验

西山试验区第二次爆炸试验天然气泄漏量为 1.87 m³，泄漏时间约为 40 min，在顶灯位置点火，点火位置浓度为 9%，灶对角屋顶处浓度为 8.8%，门口开关处浓度为 8.6%，燃气灶处浓度为 8.2%。图 5-16 展示了火焰爆燃扩展过程。

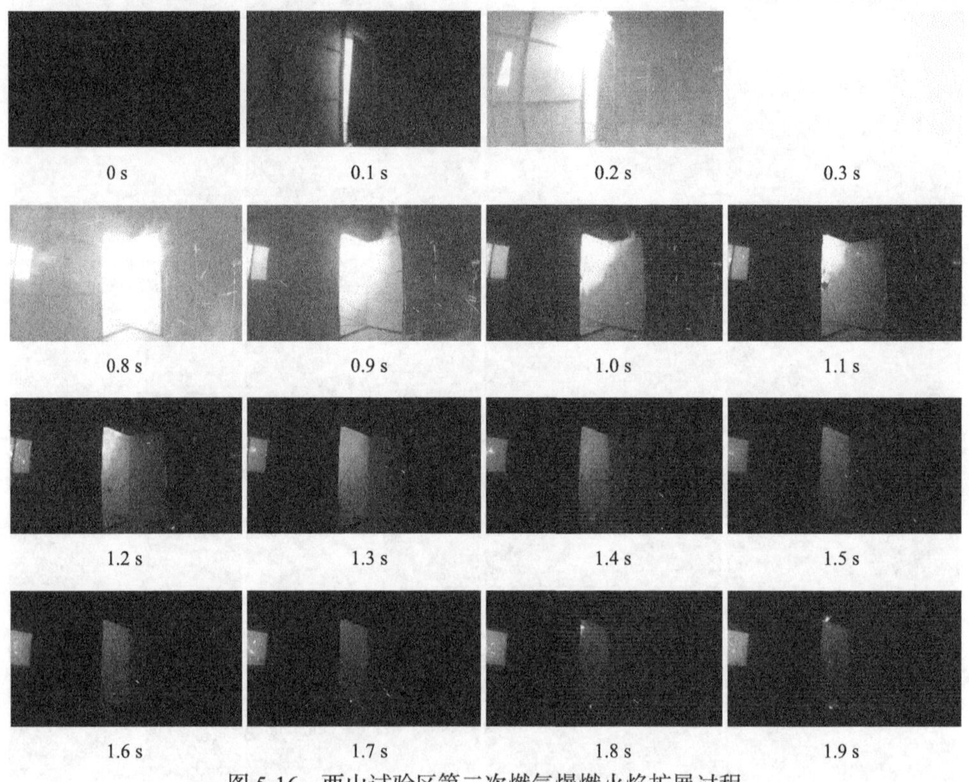


图 5-16 西山试验区第二次燃气爆燃火焰扩展过程

在第一次天然气爆炸的基础上，进行了天然气大流量泄漏爆炸研究，室内天然气浓度达到 9%左右时进行点火，天然气迅速进入爆燃阶段，室内火焰颜色为亮白色，0.2 s 火焰从门中喷出，由于火焰燃烧剧烈，亮度太强，导致摄影设备出现曝光，该过程持续了 0.3 s，1.1 s 时室外不再喷出火焰，火焰持续从门中喷出的时间短于燃气软管泄漏时天然气爆炸的情况，这是由于大流量泄漏下，燃气爆燃状态更加剧烈，化学反应速率更快，产生的冲击波更强，伤害更高。火焰不再从门喷出后，天然气仍在室内燃烧直至熄灭大约持续 1 s。

3）野外试验场第一次爆炸试验

野外试验场第一次爆炸试验天然气泄漏量为 1.66 m$^3$，泄漏时间约为 36 min，在燃气灶位置点火，点火位置浓度为 8%，灶对角屋顶处浓度为 8.2%，门口开关处浓度为 8.2%，顶灯位置处浓度为 8.4%。图 5-17 给出了野外试验场第一次试验爆炸冲击波对房屋的损坏情况，由于第一次试验没有出现明显的明火，不再展示天然气爆炸过程，仅对天然气爆炸危害进行展示，从图中可以看出，爆炸产生的冲击波将玻璃震碎，房屋构架钢梁出现明显弯曲，由此说明天然气爆炸产生的冲击波会对房屋结构造成严重破坏。

（a）门玻璃损坏情况　（b）房屋构架钢梁损坏情况　（c）爆炸冲击波对墙壁处地面的冲击情况

图 5-17　野外试验场第一次试验爆炸冲击波对房屋的损坏情况

4）野外试验场第二次爆炸试验

野外试验场第二次爆炸试验天然气泄漏量为 1.98 m$^3$，泄漏时间约为 42 min，在顶灯位置点火，点火位置浓度为 9.5%，灶对角屋顶处浓度为 9.5%，门口开关处浓度为 9.4%，燃气灶处浓度为 9%。图 5-18 给出了野外试验场第二次试验窗户处火焰扩展过程。

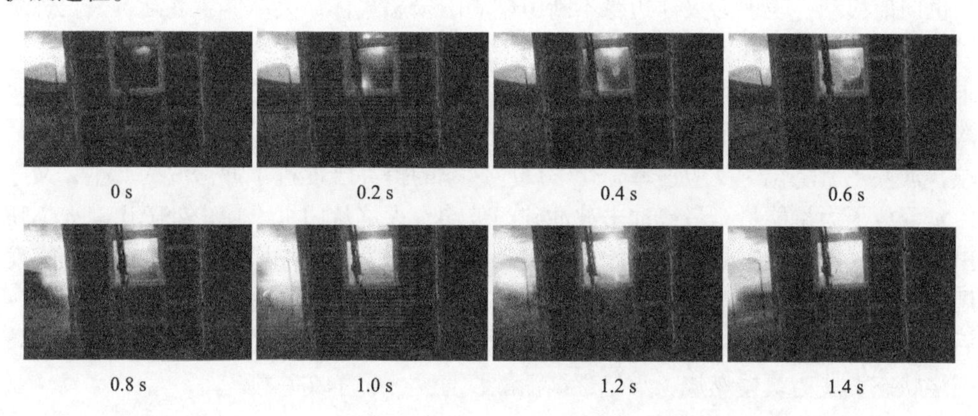

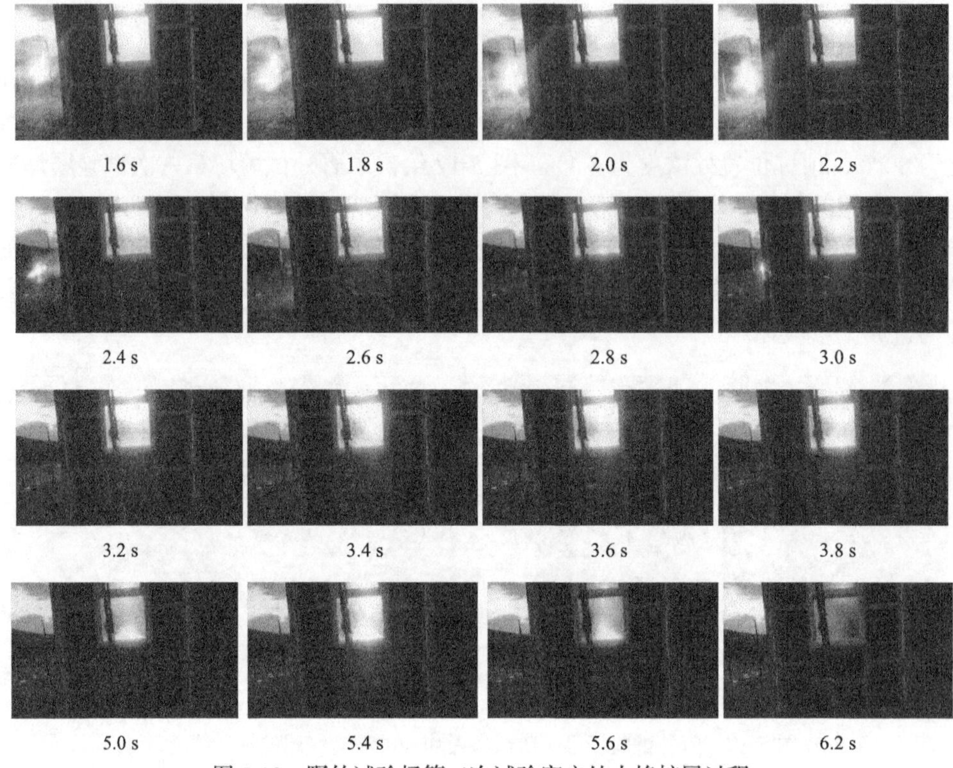


图 5-18 野外试验场第二次试验窗户处火焰扩展过程

野外试验场第二次天然气爆炸试验中，在窗户外和门外分别布置了影像采集设备，记录了室内火焰扩展过程。点火源位于房屋顶部中心位置，该位置天然气浓度较高，点火后以点火源为中心形成火球，燃烧释放大量能量，燃烧产物在高温作用下体积膨胀挤压未燃区域，未燃区域内部形成前驱冲击波，冲击波在移动过程中火焰也向前移动，表现为火球边缘不断引燃周围未燃气体，火球体积逐渐扩大。燃烧过程中前驱冲击波和燃烧波进一步压缩未燃区域，在压强增大和高温双重作用下，未燃区域出现自点火区域，自点火区域也以相同的方式不断引燃周围未燃气体形成淡蓝色球形火焰，多个淡蓝色球形火焰产生的冲击波和火焰面不断叠加扰动未燃区域，加快了燃烧化学反应速率，化学反应速率的提高既促进了冲击波的产生，又进一步释放了大量能量，最终冲击波冲破门玻璃，火焰从门框上窗户处喷出。火焰喷出室内后，室内气云受到外界因素的扰动，燃烧化学反应加剧，火焰从缓慢燃烧发展为爆燃，颜色由淡蓝色转变为亮白色，火焰喷射最远距离超过 2.5 m，点火 2.6 s 后室内火焰不再从门框上窗户处喷出，火焰喷射时间大约持续 1.9 s。随着燃料耗尽，燃烧状态发展为缓慢燃烧，火焰逐渐消散，直至 8 s 时彻底熄灭。

2. 爆炸温度场测试

天然气爆炸温度的测试方法分为接触式测温法和非接触式测温法。将传感器置于与物体相同的热平衡状态中，使传感器与物体保持同一温度的测温法，即为接触式测温法。例如利用介质受热膨胀原理的水银温度计、压力式温度计和双金属温度计等。还有利用物体电气参数随温度变化的特性来检测温度。例如热电阻、热敏电阻、电子式温度传感器和热电偶等。而非接触式测温仪表是通过热辐射原理来测量温度的，测温元件不需与被测介质接触。实现这种测温方法可利用物体的表面热辐射强度与温度的关系来检测温度。有全辐射法、部分辐射法、单一波长辐射功率的亮度法及比较两个波长辐射功率的比色法等。

由于热电偶测温比较简单，且测量精度较高，故在本试验研究中采用热电偶对天然气爆炸温度进行测试。图 5-19 和图 5-20 分别给出了野外试验场第一次爆炸试验室内中心位置和室内墙壁中间处的温度数据。由第一次爆炸试验出现明火区域较小，导致测到的温度相对较低。

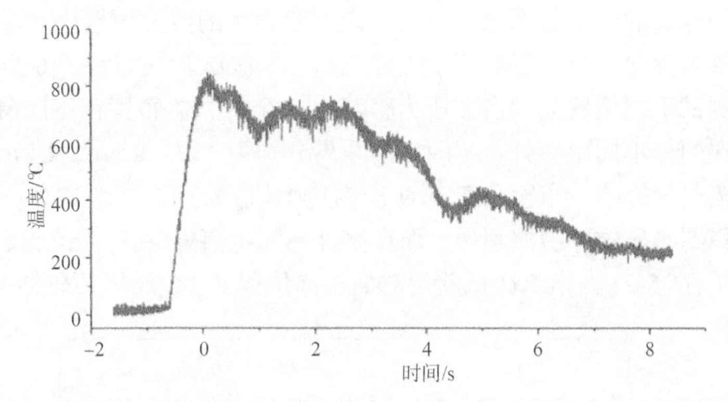


图 5-19　野外试验场第一次爆炸试验室内中心位置温度随时间变化情况

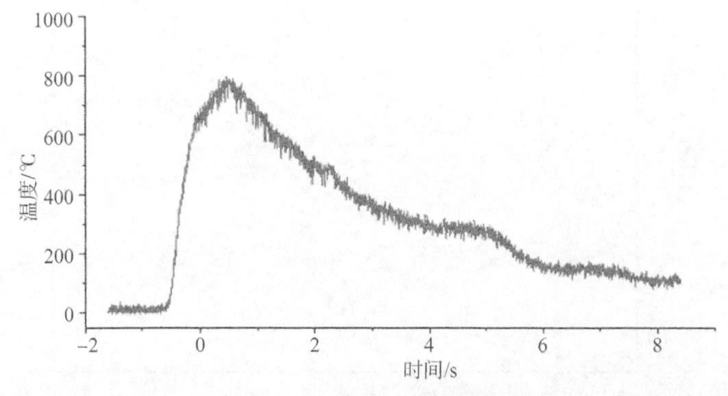


图 5-20　野外试验场第一次爆炸试验室内墙壁中间位置温度随时间变化情况

从图中可以看出，室内点火后，气体燃烧导致室内温度迅速上升，急剧增加到达峰值后再逐渐降低。由于墙壁测点距离点火源较远，墙壁测点的温度峰值出现时间晚于室内中心测点温度峰值，延后大约 400 ms，并且其温度峰值低于室内中心测点，室内中心测点温度最高达到 850 ℃，墙壁中间位置距地面 1 m 处峰值温度达到 800 ℃。室内中心位置附近燃气较多，燃烧持续时间长，导致室内中心处较长时间保持较高温度，大约有 3 s 的时间其温度超过 600 ℃。此外，房间中心处温度曲线在 1 s 和 5.5 s 时出现回升情况，这可能是由于房间的门窗离房间中心较近，门窗被破坏后，房间内的气流扰动影响温度变化。相较之下，墙壁测点处火焰燃烧持续时间短，峰值过后温度呈快速下降的趋势。从室内天然气爆炸试验温度测试结果可以看出，室内天然气爆炸产生的热辐射足以使人重伤甚至死亡，火焰长时间持续可以引起室内布料、塑料等物质的燃烧，导致二次火灾的发生，进一步增加了天然气泄漏爆炸的危险性。

3. 爆炸冲击波测试

野外试验场天然气爆炸共进行两次试验，由于第一次试验门窗玻璃未脱落，冲击波从房屋与地面的间隙处逸出导致第一次试验测到的数据值偏小，第二次试验经过改进，房屋未翘起，门窗玻璃完全震碎飞出。本次试验共布置了 6 个动态压力传感器，用于测试不同位置的冲击波压力，其中 3 个传感器布置在室内窗户处，3 个传感器布置在门外不同距离处，与门口的距离分别为 1 m，1.5 m，2.5 m。由于受到室内高温热辐射的影响，布置在室内的 3 个压力传感器和数据线均有一定程度的烧毁，没有检测到明显的冲击波超压，而在室外不同距离处的 3 个压力传感器检测到了冲击波超压，图 5-21 为第二次试验门对面不同位置处 3 个压力传感器的试验数据。

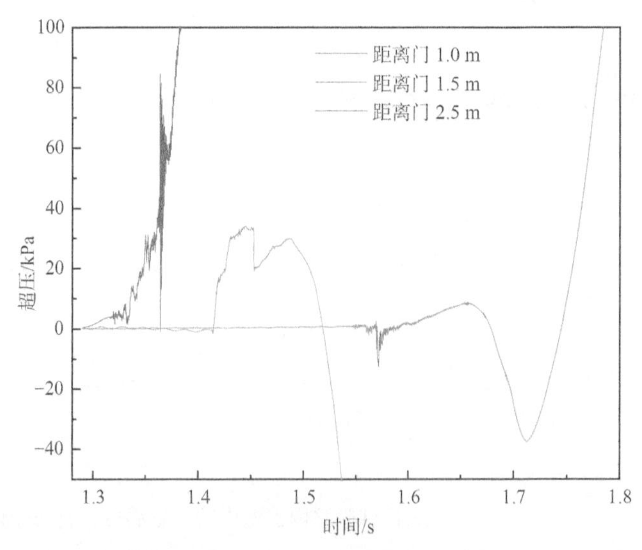


图 5-21　野外试验场第二次爆炸试验门对面三处测点冲击波压力随时间变化情况

经过分析试验所测数据可知，距离门外 1 m 位置冲击波超压峰值达到 80 kPa，1.5 m 位置超压峰值达到 33 kPa，2.5 m 位置超压峰值达到 9 kPa。由于室内燃气燃烧存在火焰加速过程，随着火焰速度的增加，冲击波超压越大，而在室外冲击波超压随着与爆源距离的增加而衰减，由此推测可知，室内门口位置的冲击波超压最大，通过估算约为 155 kPa。一般地，冲击波超压超过 50 kPa 可造成人员内脏严重损伤甚至死亡，超过 100 kPa 可造成砖墙倒塌，人员处于室内时死亡概率极高，由野外试验场第一次爆炸试验导致房屋构架钢梁弯曲也说明对房屋的构造安全也会产生严重破坏。

### 5.2.5　总结

（1）西山实验区完成的室内爆炸试验表明，当点火点天然气浓度从 6%增加到 9%时，爆燃持续时间缩短，反应更为剧烈，爆炸冲击波超压及热辐射强度更高。

（2）野外试验场第一次爆炸试验点火点天然气浓度为 8%，结果表明，在未出现明显火焰情况下温度峰值超过 800 ℃，且房屋中心温度超过 600 ℃的持续时间长达 3 s。第二次试验点火点天然气浓度为 9.5%，结果表明，室内房屋钢梁结构弯曲，冲击波超压约为 155 kPa，对房屋结构破坏严重，人员处于室内时死亡概率极高。由此可以看出，点火点浓度越接近化学计量浓度，破坏后果越严重。距离门外 1 m 位置峰值达到 80 kPa，可导致人员死亡；1.5 m 位置达到 33 kPa，可导致人员轻伤；2.5 m 位置达到 9 kPa，对人员伤害较小。

（3）天然气泄漏爆炸试验可为市政燃气事故危害效应评估与事故调查提供技术依据，并可为室内天然气泄漏爆炸现场应急处置工作提供指导。

## 5.3　单一厨房结构内天然气燃爆模拟研究

FLACS 是在安全技术领域模拟易燃物质泄漏和爆炸方面的专业软件，通过了大量商业应用的验证，可靠性高。通过三维的 CFD（计算流体力学）模拟，可以更加准确预测事故后果，包括周围环境的影响（例如基于真实障碍物的受限空间和拥塞环境、通风等）。FLACS 将三维 CFD 软件的通用性能与超过 35 年的大量验证经验和直观的图形用户界面相组合，功能全面，操作简单，可以进行三维场景中典型的易燃和有毒物质泄漏和爆炸的后果模拟，是一款适用于释放易燃液体或气体的事故后果模拟预测软件。

### 5.3.1 计算模型

1. 物理模型

以试验用典型厨房尺寸为依据建立了全尺寸物理模型，物理模型长 4 m，宽 2 m，高 2.6 m，如图 5-22 所示。

图 5-22 室内天然气爆炸模拟物理模型

利用 FLACS 软件模拟研究室内均匀分布天然气爆炸过程，得到各个位置的峰值超压，并以此为依据，判定其破坏后果，并与试验结果进行对比验证。

在模拟中，墙壁设为固壁，门窗户为泄压口，为获得爆炸过程中各位置的超压值，沿门外布置三处测点，距门口的距离分别为 1 m、1.5 m、2.5 m，测点布置如图 5-23 所示。

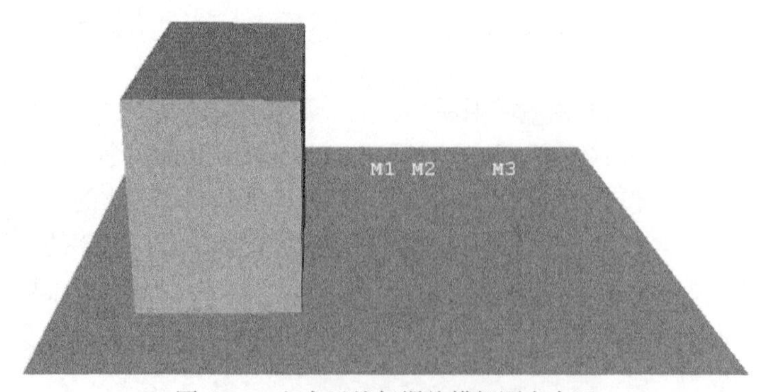


图 5-23 室内天然气爆炸模拟测点布置

2. 数学模型

模拟中，考虑最严重后果，将爆炸性气云的体积浓度设为其化学反应计量浓度，即 9.5%。借助 FLACS 专用气体爆炸软件进行模拟研究。

FLACS 软件主要利用非黏性、可压缩、理想流体的欧拉偏微分方程表征冲击现象，用通量修正输运方法计算网格间的输运效应。模拟的数学模型是由软件提供的，在计算中不可改变。物理模型是使用者根据爆炸现场的设备、爆炸物质的基本情况建立的。物理模型要在满足计算条件的前提下尽可能与实际情况一致。

对于气体爆炸这种快速而剧烈的化学反应，可以用伴有热量添加的完全气体膨胀模型来描述。其气体动力学参数可以用质量、能量和动量守恒方程组来求解。这样的一组方程一般用笛卡儿（Descartes）张量的形式表示。

质量守恒方程：

$$\frac{\partial \rho}{\partial t}+\frac{\partial}{\partial x_j}(\rho u_j)=0 \tag{5-1}$$

动量守恒方程：

$$\frac{\partial}{\partial t}(\rho u_i)+\frac{\partial}{\partial x_j}(\rho u_j u_i)=-\frac{\partial p}{\partial x_i}+\frac{\partial \tau_{ij}}{\partial x_j} \tag{5-2}$$

能量守恒方程：

$$\frac{\partial}{\partial t}(\rho E)+\frac{\partial}{\partial x_j}(\rho u_j E)=\frac{\partial}{\partial x_i}\left(\Gamma_E \frac{\partial E}{\partial x_j}\right)-\frac{\partial}{\partial x_j}(\rho u_j)+\tau_{ij}\frac{\partial u_i}{\partial x_j} \tag{5-3}$$

爆炸中燃料的质量分数可以表示为

$$\frac{\partial}{\partial t}(\rho m_{\mathrm{fu}})+\frac{\partial}{\partial x_j}(\rho u_j m_{\mathrm{fu}})=\frac{\partial}{\partial x_j}\left(\Gamma_{\mathrm{fu}}\frac{\partial m_{\mathrm{fu}}}{\partial x_j}\right)+R_{\mathrm{fu}} \tag{5-4}$$

在气体爆炸机理中，一个非常关键的影响因素是气体的湍流现象。如果气体在爆炸中发生了湍流，一般用 $k$-ε 模型来描述，其中 $k$ 为湍流动能，ε 为耗散率。$k$-ε 模型包含湍流动能和湍流动能耗散率两个方程。

湍流动能方程：

$$\frac{\partial}{\partial t}(\rho k)+\frac{\partial}{\partial x_j}(\rho u_j k)=\frac{\partial}{\partial x_j}\left(\Gamma_k \frac{\partial k}{\partial x_j}\right)+\tau_{ij}\frac{\partial u_i}{\partial x_j}-\rho\varepsilon \tag{5-5}$$

湍流动能耗散率方程：

$$\frac{\partial}{\partial t}(\rho\varepsilon)+\frac{\partial}{\partial x_j}(\rho u_j\varepsilon)=\frac{\partial}{\partial x_j}\left(\Gamma_\varepsilon\frac{\partial\varepsilon}{\partial x_j}\right)+C_1\frac{\varepsilon}{k}\tau_{ij}\frac{\partial u_i}{\partial x_j}-C_2\frac{\rho\varepsilon^2}{k} \tag{5-6}$$

其中

$$\tau_{ij}=\mu\left(\frac{\partial u_i}{\partial x_j}+\frac{\partial u_j}{\partial x_i}\right)-\frac{2}{3}\delta_{ij}\left(\rho k+\mu_t\frac{\partial u_i}{\partial x_j}\right) \tag{5-7}$$

式中：

$\rho$——密度（$kg/m^3$）；

$u$——坐标轴方向上的流体速度（m/s）；

$P$——气体静压（Pa）；

$E$——能量（J）；

$k$——湍流动能（J）；

$\varepsilon$——湍流动能的耗散率；

$m_{fu}$——燃料气体的质量分数；

$\mu_t$——湍流黏性系统（$m^2/s$）；

$R_{fu}$——气体体积燃烧速度（$m^3/s$）；

$\Gamma$——输运特性的湍流耗散系数；

$\delta_{ij}$——克罗内克算子；

$t$——时间（s）；

$C_1$，$C_2$——常数。

### 5.3.2 参数设定与初始化

模拟和输出控制的参数设定如图 5-24 所示，其中 TMAX=–1 表示的是当反应域中的气体质量低于初始质量的 90%时，反应即停止；CFLC 和 CFLV 表示的柯朗数；NPLOT 和 DTPLOT 表示的是输出图片的个数以及时间间隔；HEAT_SWITCH=1 表示的是打开热交换。

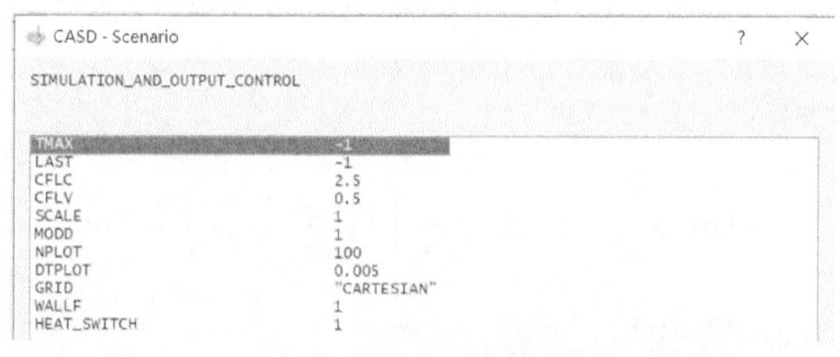


图 5-24 室内天然气爆炸模拟输出控制的参数设定

边界条件的设置如图 5-25 所示，XLO、YLO 和 ZLO 分别表示的是 *X*、*Y* 和 *Z* 轴的负方向，由于该模拟为气体的爆炸模拟，根据 FLACS 操作手册，此处选择欧拉边界条件。

CASD - Scenario

BOUNDARY_CONDITIONS

| | |
|---|---|
| XLO | "EULER" |
| XHI | "EULER" |
| YLO | "EULER" |
| YHI | "EULER" |
| ZLO | "EULER" |
| ZHI | "EULER" |

图 5-25　室内天然气爆炸模拟边界条件设置

初始条件的设定如图 5-26 所示，重力方向向下，初始温度为 25℃，环境压力为 1 个大气压。

CASD - Scenario

INITIAL_CONDITIONS

| | | | |
|---|---|---|---|
| UP-DIRECTION | 0 | 0 | 1 |
| GRAVITY_CONSTANT | 9.8 | | |
| CHARACTERISTIC_VELOCITY | 5 | | |
| RELATIVE_TURBULENCE_INTENSITY | 0.8 | | |
| TURBULENCE_LENGTH_SCALE | 0.01 | | |
| TEMPERATURE | 25 | | |
| AMBIENT_PRESSURE | 100000 | | |
| AIR | "NORMAL" | | |
| GROUND_HEIGHT | 0 | | |
| GROUND_ROUGHNESS | 0.1 | | |
| REFERENCE_HEIGHT | 10 | | |
| LATITUDE | 0 | | |
| SURFACE_HEAT_P1 | 0 | 0 | 0 |
| SURFACE_HEAT_P2 | 0 | 0 | 0 |
| MEAN_SURFACE_HEAT_FLUX | 0 | | |
| PASQUILL_CLASS | "NONE" | | |
| GROUND_ROUGHNESS_CONDITION | "RURAL" | | |

图 5-26　室内天然气爆炸模拟初始条件设定

预混气体的设定如图 5-27 所示，气云的体积充满整个房屋，ER 表示的是当量浓度，ER=1.05 对应的燃气体积分数为 9.5%。

CASD - Scenario

GAS_COMPOSITION_AND_VOLUME

| | | | |
|---|---|---|---|
| POSITION_OF_FUEL_REGION | 0 | 0 | 0 |
| DIMENSION_OF_FUEL_REGION | 2 | 4 | 2.6 |
| VOLUME_FRACTIONS | | | |
| EQUIVALENCE_RATIOS_(ER0_ER9) | 1.01 | 0 | |

图 5-27　室内天然气爆炸模拟预混气体设置

点火源的设置如图 5-28 所示，在房屋中间偏上的位置，点火时间是 0.05 s。

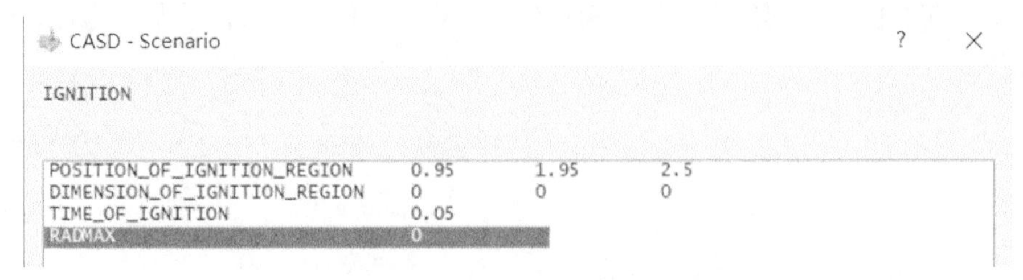


图 5-28 室内天然气爆炸模拟点火源设置

### 5.3.3 单一厨房结构内天然气燃爆超压结果

1. 天然气浓度为 5%的爆炸模拟结果

当天然气浓度在 5%时，距离门口 1 m 位置处冲击波超压为 55 kPa，距离门口 1.5 m 位置处冲击波超压为 22 kPa，距离门口 2.5 m 位置处冲击波超压为 3 kPa，冲击波超压随着距离的增加逐渐降低。在第一个测点到第二个测点的 0.5 m 内冲击波超压降低了 33 kPa，第二个测点到第三个测点 1 m 距离内降低了 19 kPa，前期冲击波超压衰减快，随着距离增加，冲击波超压衰减速率减小。

2. 天然气浓度为 7.5%的爆炸模拟结果

天然气浓度在 7.5%时，距离门口 1 m 位置处冲击波超压为 67 kPa，距离门口 1.5 m 位置处冲击波超压为 30 kPa，距离门口 2.5 m 位置处冲击波超压为 5.6 kPa。相对于燃气为 5%情况下的爆炸冲击波超压，天然气浓度为 7.5%情况下的冲击波超压有所增大，但其衰减规律与燃气为 5%时的爆炸情况相似。

3. 天然气浓度为 9.5%的爆炸模拟结果

当天然气浓度为 9.5%时，距离门口 1 m 位置处冲击波超压为 90 kPa，距离门口 1.5 m 位置处冲击波超压为 40 kPa，距离门口 2.5 m 位置处冲击波超压为 9 kPa。可以看出，当量浓度下的爆炸冲击波超压要高于贫燃条件下的爆炸冲击波超压，门口 1 m 处的冲击波超压会导致人员死亡，砖墙发生倒塌。

4. 天然气浓度为 12%的爆炸模拟结果

当天然气浓度为 12%时，距离门口 1 m 位置处冲击波超压为 69 kPa，距离门口 1.5 m 位置处冲击波超压为 31 kPa，距离门口 2.5 m 位置处冲击波超压为 3.7 kPa。相对于天然气浓度为 9.5%情况下，随着浓度增加，冲击波超压降低，这是因为天然气浓度过大，造成了贫氧现象，导致燃气不能完全发生爆炸，冲击波超压减小。

5. 天然气浓度为 13.5%的爆炸模拟结果

当天然气浓度为 13.5%时，距离门口 1 m 位置处冲击波超压为 62 kPa，距离门口 1.5 m 位置处冲击波超压为 35 kPa，距离门口 2.5 m 位置处冲击波超压为 3.6 kPa。随着天然气浓度增加，冲击波超压继续减小，这是贫氧现象进一步加剧造成的。

总体而言，当天然气浓度达到爆炸下限 5%时点燃天然气，距门口 1 m 位置处冲击波超压为 55 kPa，会对人体内脏产生严重损伤。随着天然气浓度增加，冲击波超压进一步加大，当天然气浓度为 9.5%时，冲击波超压达到最大值，距门口 1 m 位置处冲击波超压达到 90 kPa，此时室内人员死亡率极高。由于贫氧现象，进一步增加天然气浓度时，冲击波超压逐渐降低，天然气浓度为 13.5%情况下，距门口 1 m 位置处冲击波超压降至 62 kPa，但仍会对人体产生巨大伤害。

## 5.4　典型户型结构内天然气燃爆试验研究

在泄漏扩散试验的基础上进行，所以泄漏试验系统在这里不重复介绍。除此之外，整个燃爆试验系统主要由压力采集系统、温度采集系统、应变采集系统、高速摄影系统以及点火触发系统组成，下面对各个系统分别进行说明（图 5-29）。

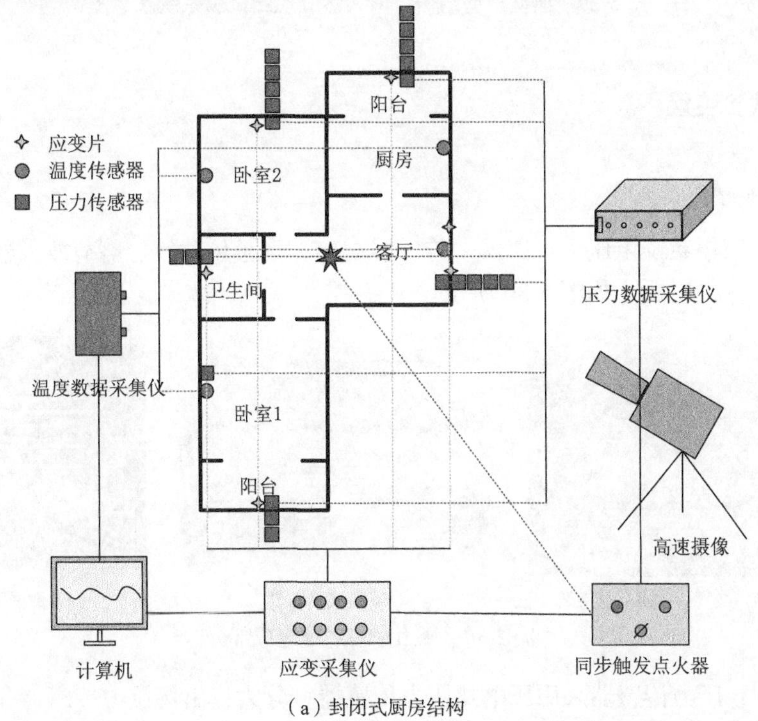


（a）封闭式厨房结构

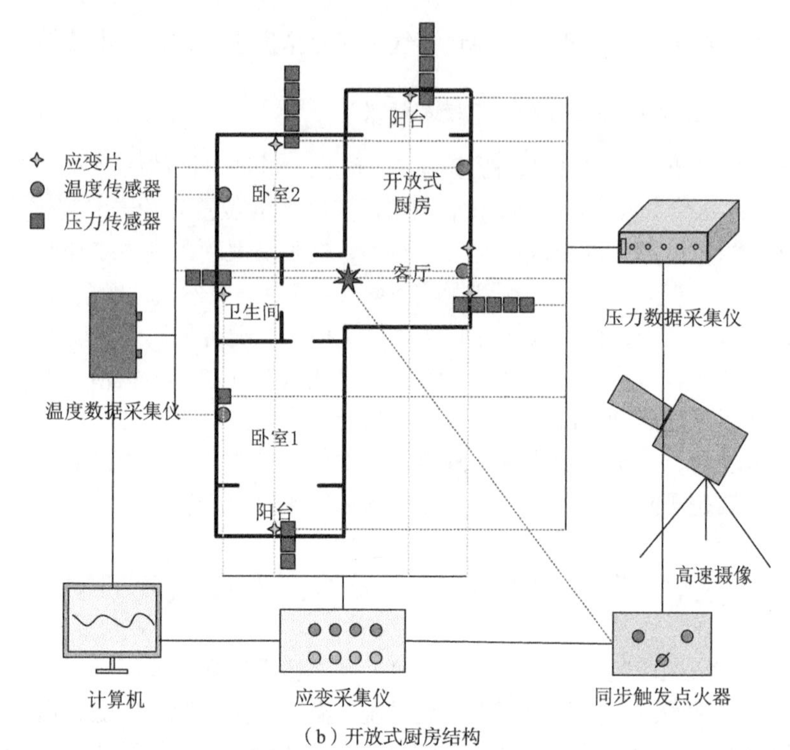


（b）开放式厨房结构

图 5-29　典型户型结构户内天然气燃爆试验系统示意图

### 5.4.1　试验装置

1. 压力采集系统

压力采集系统由压力传感器、传感器支架、信号传输线、电荷放大器、数据采集仪、计算机组成，如图 5-30 所示。

（a）自由场压力传感器及支架

（b）电荷放大器

（c）数据采集仪

图 5-30　压力采集系统组成部分

其中，压力传感器采用压电式压力传感器，分为自由场压力传感器和壁面压力传感器。自由场压力传感器主要布置在门、窗外面，浓度较高的卧室 2、厨房、客厅等门、窗外面布置 5 个自由场压力传感器，在卧室 1、卫生间等窗户外面布置 3 个自由场压力传感器，在户内四周墙壁处共布置 6 个壁面压力传感器，总共 27 个冲击波压力传感器。具体参数如表 5-6 所示。此外，针对自由场压力传感器需要制作传感器支架进行安装，针对壁面压力传感器需要在墙壁处开孔进行安装。

**表 5-6　压力传感器参数**

| 序号 | 传感器类型 | 数量 | 量程/kPa | 精度/kPa |
|---|---|---|---|---|
| 1 | 自由场压力传感器 | 21 | 200 | 0.1 |
| 2 | 壁面压力传感器 | 6 | 500 | 0.1 |

信号传输线包括压力传感器与电荷放大器之间的连接线以及电荷放大器与数据采集仪之间的连接线，其中压力传感器与电荷放大器之间的连接线需要 50 m 左右。

电荷放大器为 8 通道，故总共需要 4 台电荷放大器，1 台 48 通道数据采集仪以及 1 台计算机。

2. 温度采集系统

温度采集系统由温度传感器、数据传输线、数据采集仪以及计算机组成（图5-31）。由于每台温度数据采集仪仅有 2 个通道，根据一期项目经验，厨房中间温度与壁面温度相差不是很明显，因此，仅在四周壁面正中心处设置 4 个温度传感器。具体参数如表 5-7 所示。温度传感器也需要通过在壁面打孔进行固定安装。该套温度采集系统无需外部触发，在检测到高温信号后会自动采集火焰温度数据。此外，需要 1 台计算机。

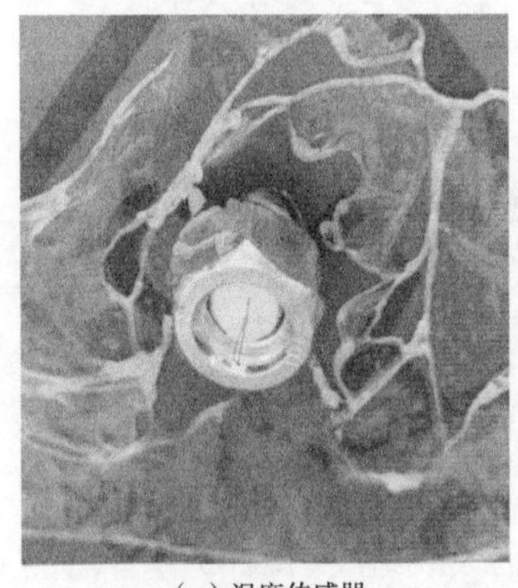

（a）温度传感器

（b）温度采集仪

图 5-31　温度采集系统组成部分

**表 5-7 温度传感器参数**

| 传感器类型 | 数量 | 量程 | 精度 |
| --- | --- | --- | --- |
| 温度传感器 | 4 | 0～2000 ℃ | 0.1 ℃ |

3. 应变采集系统

应变采集系统由应变片（花）、信号传输线、数据采集仪以及计算机组成。其中应变片（花）主要布置在入户门、卧室 1、卧室 2、卫生间以及厨房的窗户结构上，共需要 5 个[见图 5-32（a），阻值 200 Ω，量程 15000 με]。需要 5 个采集通道，1 台计算机。

4. 图像采集系统

图像采集系统分为室内和室外两部分，其中室内厨房顶部角落处安装一部摄像机，用于拍摄厨房内部火焰发展情况。

室外图像采集系统主要由高速摄像机、信号传输线以及计算机组成，如图 5-32（b）所示。高速摄像机参数如表 5-8 所示。另外，需要 1 台计算机。

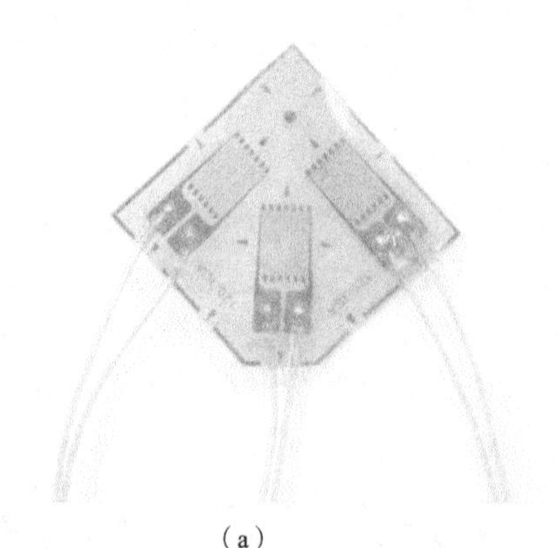

（a）　　　　（b）

图 5-32　（a）应变花；（b）高速摄影机及计算机

**表 5-8 高速摄像机参数**

| 名称 | 型号 | 参数 | 存储容量 |
| --- | --- | --- | --- |
| 高速摄影机 | FASTCAM SA 系列 | 1280×1024 像素下 3500 fps/s，最高 30000 fps/s | 8 GB |

5. 点火触发系统

点火触发系统由点火器、点火线、点火头以及触发线组成（图 5-33）。其中点火头采用电点火头，通过点火线与点火器相连。此外，点火器通过触发线与数据采集仪和高速摄像机相连，在点火的同时可以触发数据采集和高速摄像机工作，从而能有效获取天然气燃爆冲击波超压数据和火焰传播过程影像数据。点火位置需要通过开展电器放电试验结果进行确定。

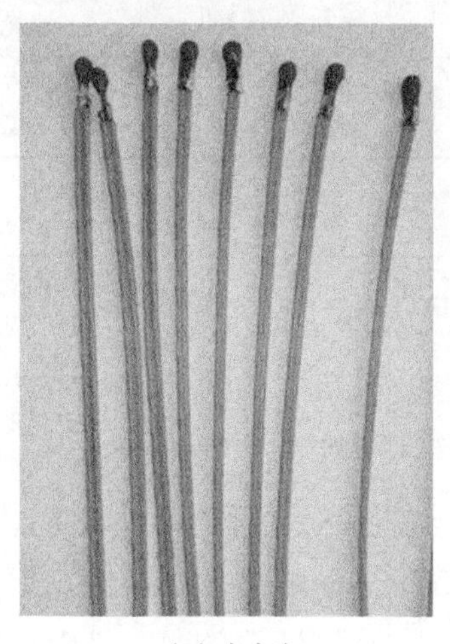

（a）点火头

（b）点火器

图 5-33　点火触发系统组成

### 5.4.2　天然气燃爆试验条件

拟在开放式厨房和封闭式厨房两种结构下开展燃爆试验，考虑包封、厨房结构、泄漏速率以及窗户泄爆等对爆炸后果的影响。一共设置 10 次燃爆试验，其中无包封情况占 9 次，有包封情况 1 次，这主要是考虑到包封内空间很小，在实际试验开展过程中爆炸后果较小，因此，研究重点还是放在无包封情况上面。在点火源方面，主要考虑厨房门口开关、厨房底部（电器）、厨房顶部（灯、排气扇）以及客厅开关处等位置。在窗户泄爆方面，一是通过安装常规玻璃与抗压能力较弱玻璃，研究泄爆压力的影响；二是通过在卧室、厨房等不同位置安装抗压能力较弱玻璃，研究泄爆位置的影响；三是安装不同面积的玻璃，研究泄爆面积的影响。结合数值模拟结果，确定最佳的泄爆面积、泄爆压力、泄爆位置以及燃气系统布局，以使发生燃气泄漏爆炸事故后对室内人员的伤害降至最低。具体条件设置如表 5-9 所示。

**表 5-9　燃气燃爆试验条件汇总**

| 工况 | 厨房结构 | 包封情况 | 泄漏情况 | 点火源位置 | 泄爆设置 |
| --- | --- | --- | --- | --- | --- |
| 1 | 开放式<br>（无挡烟垂壁） | 无 | 胶管脱落在橱柜外 | 厨房门口开关 | 所有位置安装常规玻璃 |

续表

| 工况 | 厨房结构 | 包封情况 | 泄漏情况 | 点火源位置 | 泄爆设置 |
| --- | --- | --- | --- | --- | --- |
| 2 | 开放式（无挡烟垂壁） | 无 | 胶管脱落在橱柜外 | 厨房顶部(持续点火) | 所有位置安装常规玻璃 |
| 3 | 开放式（有挡烟垂壁） | 无 | 胶管脱落在橱柜外 | 厨房门口开关 | 所有位置安装常规玻璃 |
| 4 | 开放式（无挡烟垂壁） | 有 | 燃气立管地面穿墙处（立管靠近门包封） | 厨房门口开关（包封内未点火成功） | 所有位置安装常规玻璃 |
| 5 | 封闭式 | 无 | 胶管脱落在橱柜内 | 厨房门口开关 | 所有位置安装常规玻璃 |
| 6 | 封闭式 | 无 | 胶管脱落在橱柜外 | 厨房底部（电器） | 厨房安装抗压能力较弱玻璃，其他位置安装常规玻璃 |
| 7 | 封闭式 | 无 | 胶管鼠咬小孔橱柜外 | 厨房顶部（灯、排气扇） | 厨房安装抗压能力较弱玻璃，其他位置安装常规玻璃 |
| 8 | 封闭式 | 无 | 燃气灶具灶眼泄漏（灶具开关未关） | 厨房门口开关 | 厨房安装抗压能力较弱玻璃，其他位置安装常规玻璃 |
| 9 | 封闭式 | 无 | 燃气立管地面穿墙处（立管靠近门未包封） | 厨房门口开关 | 厨房安装比常规玻璃小一号玻璃，其他位置安装常规玻璃 |
| 10 | 封闭式 | 无 | 燃气立管地面穿墙处（立管在阳台上未包封） | 厨房门口开关 | 主卧安装抗压能力较弱玻璃，其他位置安装常规玻璃 |

注：①开关高度约为 1.3 m，顶灯高度距屋顶 0.1 m，底部电器处距地面 0.5 m；
②常规玻璃泄爆压力为 10 kPa，较弱玻璃泄爆压力为 5 kPa

### 5.4.3 试验步骤

在整个试验过程中，先进行泄漏试验，后进行燃爆试验，由于燃爆试验是在泄漏试验的基础上进行，因此，在开始泄漏前就要准备好燃爆试验的所有测试系统，具体步骤如下：

（1）试验主体结构搭建。根据调研确定的典型户型结构，搭建全尺寸试验主体结构，根据实际情况设置门、窗等构配件。

（2）试验准备。根据泄漏和燃爆试验系统准备齐全所需的所有设备、材料、工具以及人员配置。

（3）测试系统布置。根据试验要求分别布置注气系统、浓度测试系统、压力测试系统、温度测试系统、应变测试系统、高速摄像系统以及点火触发系统。

（4）注气。待所有试验系统布置好之后，打开气瓶阀门开始注气，同时采集浓度数据，待浓度曲线趋于平稳后停止注气，记录注气起止时间以及燃气表示数。

（5）点火。注气停止后，等各测点浓度波动不明显后，准备点火，检查一遍各采集系统，使其均处于待触发状态，然后点火。

（6）数据存储。将浓度、温度、压力、应变以及影像数据及时保存，数据未保存前禁止切断电源。

（7）排空。打开门、窗等，通过压入式风机或自然流通将室内剩余天然气以及燃烧产物排出。

（8）修整完善。检查注气系统、点火系统以及各测试系统，对传感器进行复位校正，若有传感器及数据传输线损坏，应及时进行更换，准备下一次试验。

### 5.4.4　典型户型结构内天然气燃爆特性

1. 不同工况下压力场及火焰燃爆过程测试结果

1）第一次试验结果

图 5-34 展示了开放式厨房在无挡烟垂壁、无包封、所有玻璃均为常规玻璃条件下，燃气胶管脱落在橱柜外发生燃气泄漏时，在厨房门口开关处点火发生爆炸后各个房间 1.8 m 高度处的超压分布情况。其中，燃气泄漏量为 12.65 $m^3$，泄漏时间为 4.52 h，厨房门口开关点火处浓度为 7.73%。

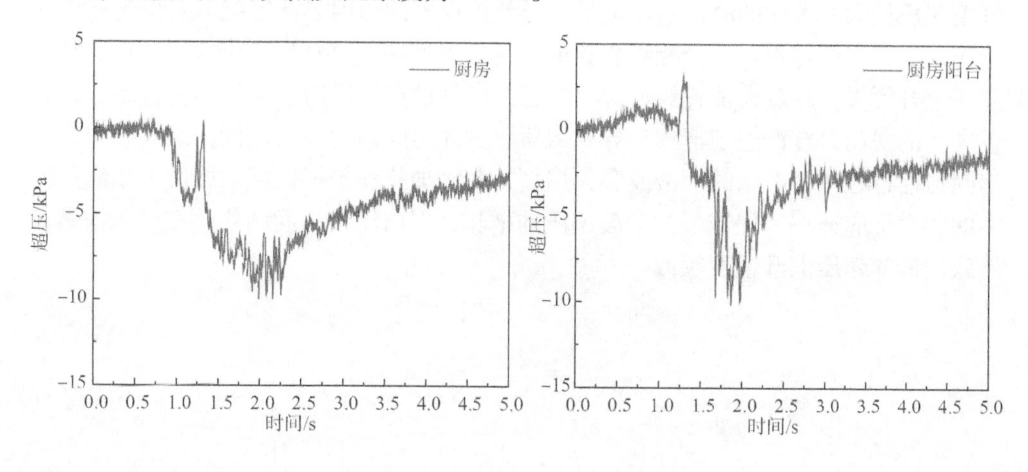

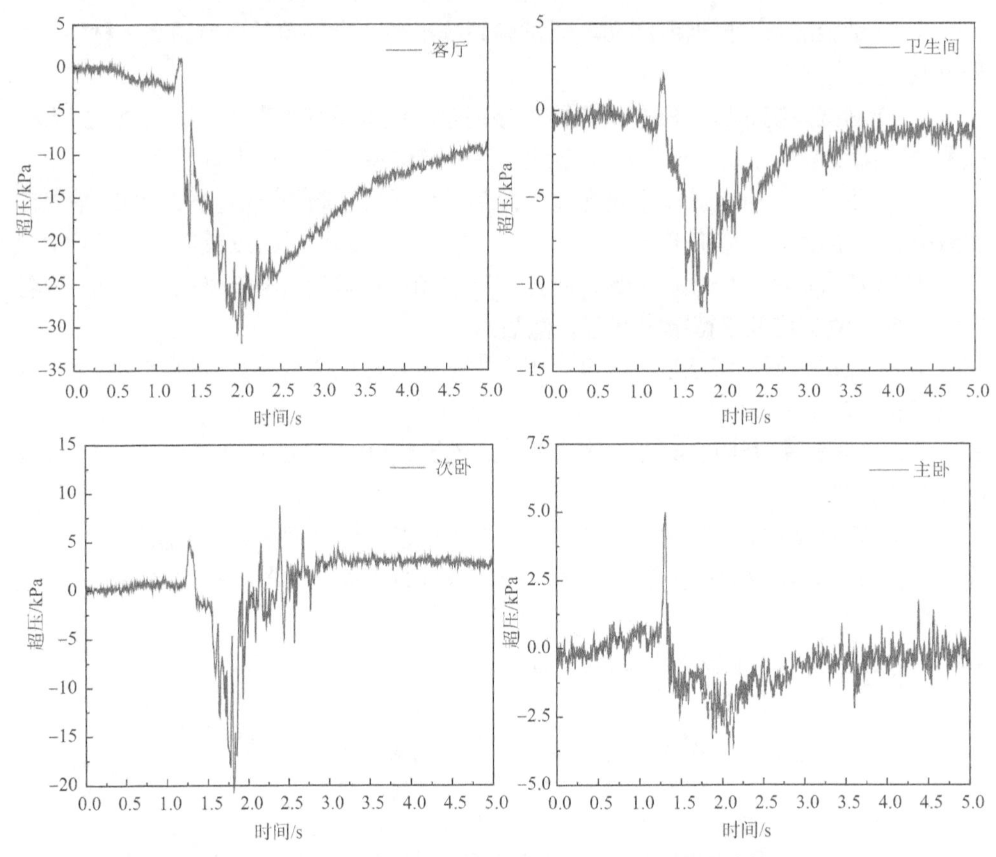


图 5-34　工况 1 下各房间爆炸冲击波超压随时间变化情况

从图 5-34 结合图 5-35 可以看出，在此工况下，厨房阳台、客厅、卫生间、次卧和主卧的峰值超压 3.2 kPa、1.1 kPa、2.1 kPa、6.8 kPa、5.0 kPa。其中两个卧室的峰值超压最大，客厅的峰值超压最低，导致该现象的原因是此工况下厨房为开放式厨房，与客厅相连形成一个相对较大的空间，致使燃气爆炸所产生能量释放较快，超压上升缓慢，且点火位置靠近门口位置，燃气被点燃后所产生的冲击波率先将靠近客厅的房门打开产生了泄压，导致厨房、客厅房间内的压力偏低，而火焰向其余房间传播过程中，产生的冲击波和火焰面不断叠加扰动未燃区域，加快了燃烧过程中的化学反应速率，促进了冲击波超压的增长，但由于各房间内均存在玻璃泄爆，导致内部的超压上升幅度较低。

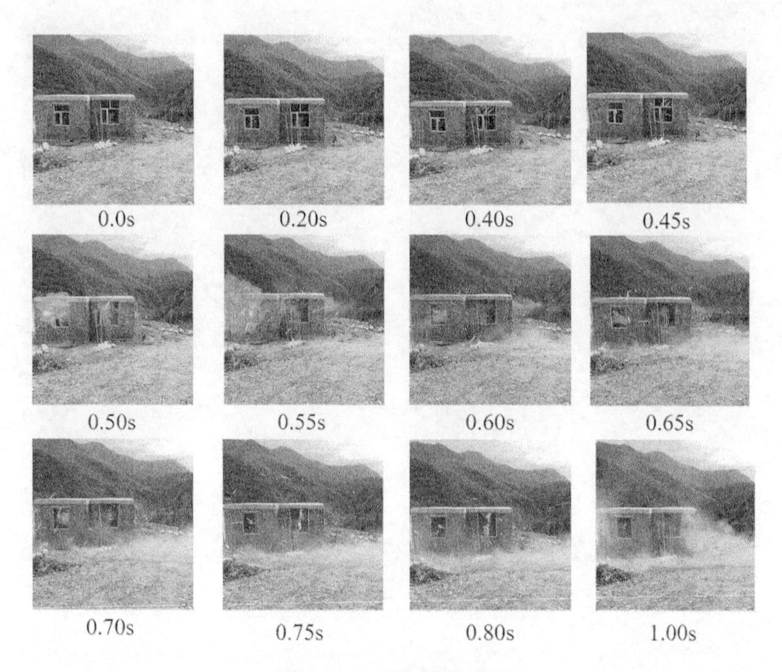


图 5-35　火焰传播过程

由图 5-35 可以看出，在本工况下火焰的整体发展过程时长为 1 s 左右。当 0.40 s 时刻，次卧的窗户优先破裂，厨房清晰可见点火位置处火焰。当时间为 0.50 s 时，大门处及厨房窗户破裂并伴随火焰喷出，此时，主卧窗户完全破裂，但火焰并未冲出室外，同时，卫生间窗户受气体膨胀挤压被冲开。当时间为 0.55 s 时，所有门窗结构受损，火焰从所有泄爆口喷出，呈现中等强度湍流火焰。当时间为 0.60 s 至 0.65 s 时，从泄放口喷射火焰呈现弱湍流状态。从 0.70 s 开始，室外火焰几乎完全湮灭。到达 1 s 时刻室内的火焰也完全湮灭。

2）第二次试验结果

图 5-36 展示了开放式厨房在无挡烟垂壁、无包封、所有玻璃均为常规玻璃条件下，燃气胶管脱落在橱柜外发生燃气泄漏时，在厨房顶部点火发生爆炸后各个房间 1.8 m 高度处的超压分布情况。其中，燃气泄漏量为 5.36 $m^3$，泄漏时间为 1.92 h，厨房顶部点火处浓度为 4.91%。值得一提的是，该试验在泄漏初期开始，采用持续点火的方式进行起爆，泄漏过程中，由于点火处燃气浓度较低，点火一直没有成功，直至点火处浓度到达 4.91%时，点火成功。

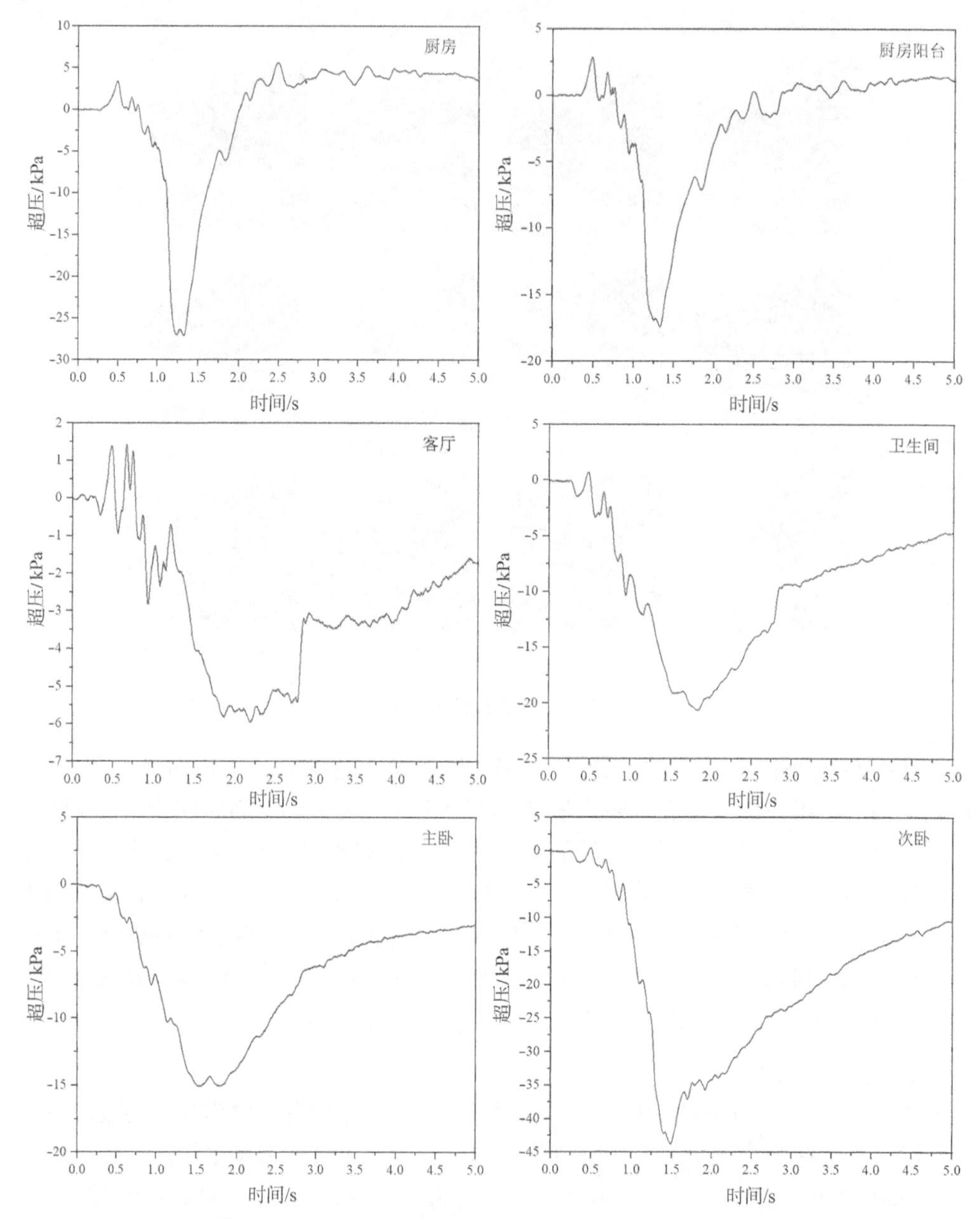


图 5-36 工况 2 下各房间爆炸冲击波超压随时间变化情况

从图 5-36 可以看出，由于是泄漏过程中持续点火，点火成功时顶部浓度约为 4.91%，整个空间内的燃气浓度总体较低，导致室内燃气在爆燃过程中的超压及火焰传播速度难以得到发展，各个房间内主要以燃烧为主，内部燃料不断燃烧消耗大量的氧气，负压现象明显且内部各房间的压力较低。其中，厨房、厨房阳台、客厅、卫生间和次卧的峰值超压分别为 3.35 kPa、2.83 kPa、1.38 kPa、0.69 kPa、0.41 kPa。

由此可知，当在厨房顶部发生持续点火情况后，发生燃气泄漏而导致爆炸发生时所导致的爆炸后果偏低，对建筑物的破坏和人员的伤害程度较低。

3）第三次试验结果

图 5-37 展示了开放式厨房在有挡烟垂壁（50 cm）、无包封、所有玻璃均为常规玻璃条件下，燃气胶管脱落在橱柜外发生燃气泄漏时，在厨房门口开关处点火发生

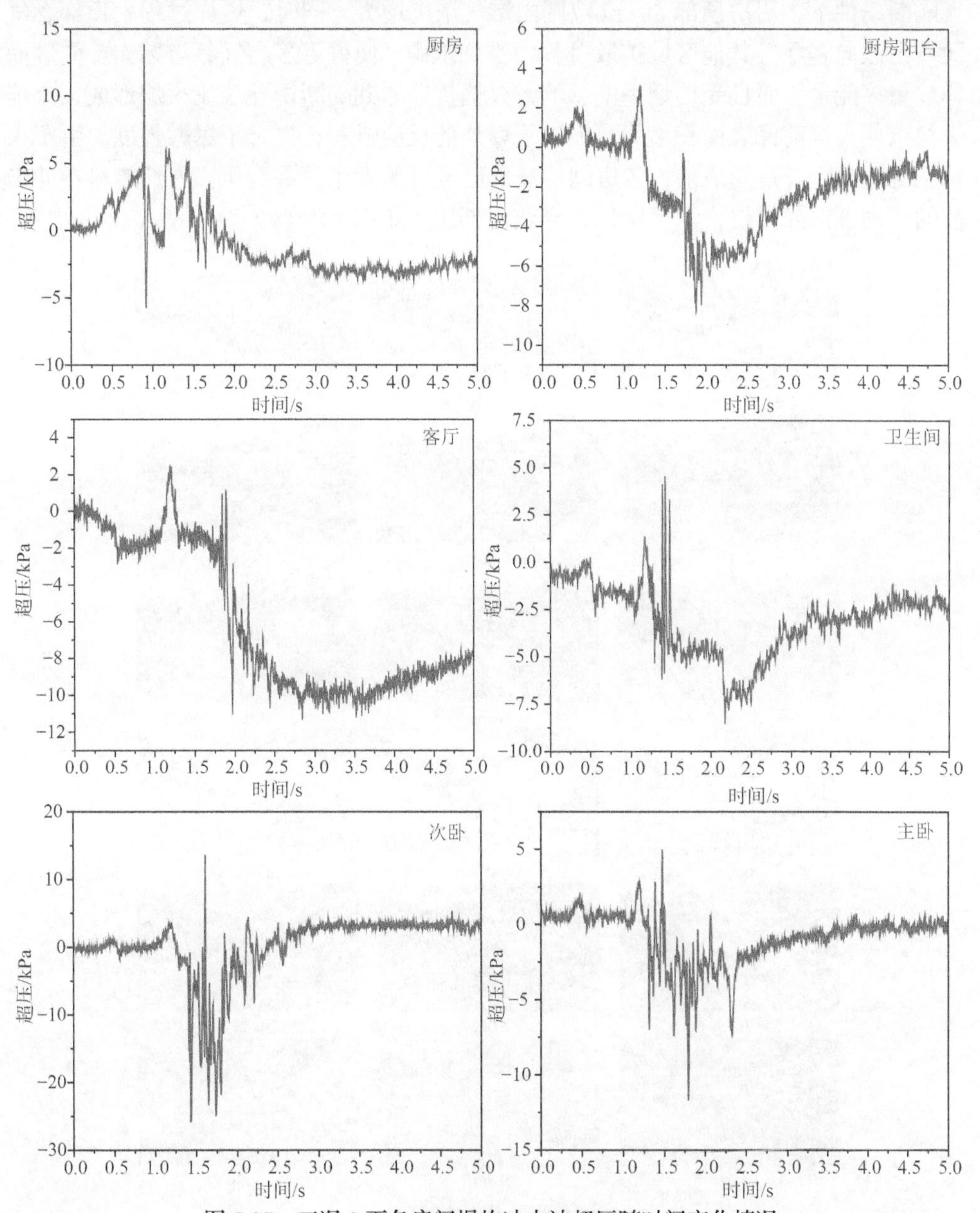


图 5-37　工况 3 下各房间爆炸冲击波超压随时间变化情况

爆炸后各个房间的超压分布情况。其中，燃气泄漏量为 12.45 $m^3$，泄漏时间为 4.45 h，厨房门口开关点火处浓度为 8.11%。

从图 5-37 结合图 5-38 可以看出，在此工况下，厨房、厨房阳台、客厅、卫生间、次卧和主卧的峰值超压 13.9 kPa、3.1 kPa、2.5 kPa、4.6 kPa、13.6 kPa、5.0 kPa。此时厨房的峰值超压最大，造成该现象的原因是厨房与客厅之间存在隔断，相比于无隔断条件下，厨房顶部 50 cm 范围内燃气浓度增大，同时，爆炸过程中顶部燃气随冲击波向客厅等其他区域扩散过程中受到阻碍，使得更多燃气参与爆炸反应进而释放更多能量。而且受挡烟垂壁影响，火焰传播遇到隔断诱导湍流火焰形成，火焰失稳致使火焰前锋表面积增大，促进了爆炸的反应进程，提升了爆燃强度。由于火焰在到达次卧等房间之前，各房间的玻璃已经开始发生破裂泄压，内部燃料在冲击波的驱动下向外排出，浓度降低，导致内部压力难以上升。

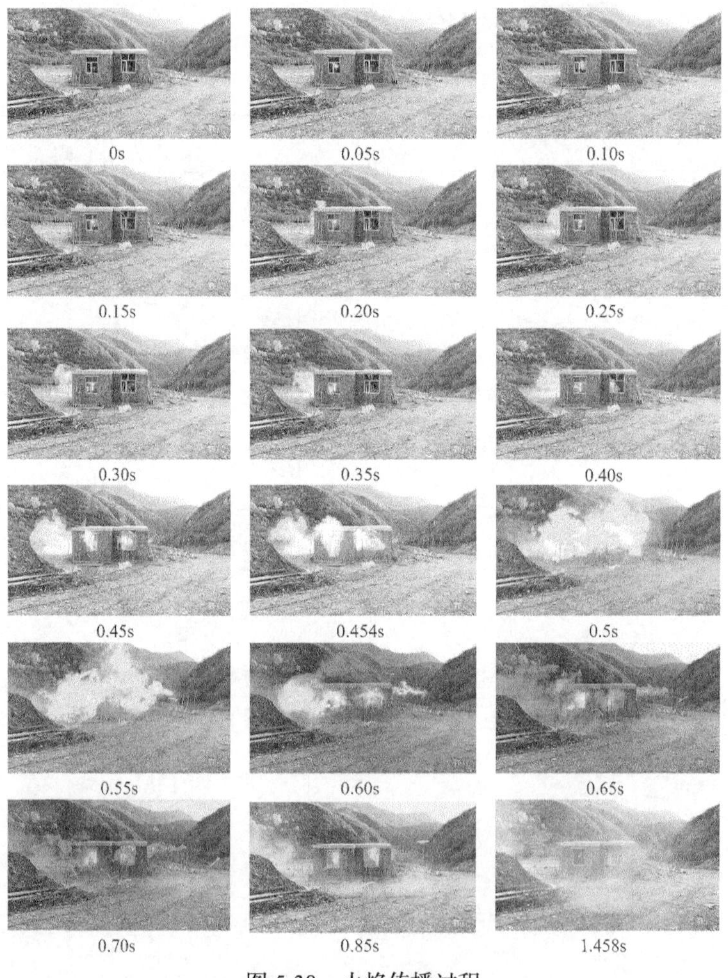


图 5-38 火焰传播过程

由图 5-38 可以看出，在本工况下火焰的整体发展过程时长为 1.458 s 左右。从 0 s 到 0.10 s 时刻，点火处清晰可见蓝色火焰。当时间为 0.15 s 时，大门处结构已被破坏，火焰喷出，次卧玻璃发生形变。在 0.40 s 时刻，可从次卧窗户清晰看到蓝色火焰锋面及黄色火焰发展至次卧空间。在 0.45 s 时刻，厨房及次卧的玻璃结构几乎同时被损坏，火焰伴随喷射而出，同时卫生间窗户结构被膨胀的气体冲开，但未有火焰伴随而出。从 0.454 s 至 0.65 s，室外火焰颜色从最明亮的颜色发展至暗黄色。卫生间泄放喷射火焰从 0.5 s 时刻发生，在 0.70 s 时刻发展为最长喷射火焰，随之湮灭。在 0.85 s 时刻，室外火焰完全湮灭。1.458 s 时刻室内火焰湮灭。

4）第四次试验结果

图 5-39 展示了开放式厨房在有包封、所有玻璃均为常规玻璃条件下，包封内燃气立管地面穿墙处发生燃气泄漏时，在厨房门口开关处点火发生爆炸后各个房间的超压分布情况。需要说明的是，第一次点火源位置在包封内，但由于包封内燃气浓度远高于爆炸极限范围，导致点火失败。选择了备用方案，在厨房门口处进行点火，点火成功。其中，燃气泄漏量为 12.43 $m^3$，泄漏时间为 3.94 h，厨房门口开关处浓度为 4.64%。

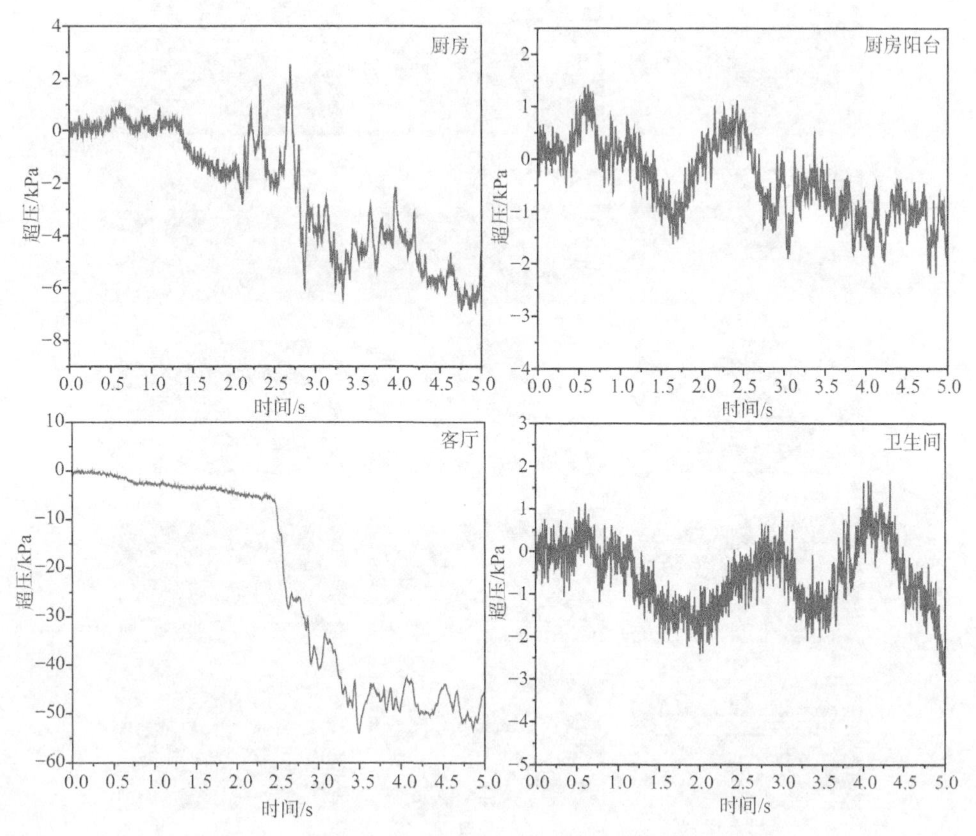


图 5-39　工况 4 下各房间爆炸冲击波超压随时间变化情况

从图 5-39 结合图 5-40 可以看出，在此工况下，由于泄漏位置在管道的包封内，燃气发生泄漏后首先要充满整个包封再向外慢慢溢出，当注气完成时，包封内部浓度远高于爆炸极限，第一次点火在包封内部开展，浓度过高导致点火失败。第二次点火在厨房门口处进行，点火成功。但由于整个空间内的浓度较低，且爆炸过程中由于房门率先泄压，燃气在冲击波作用下向门外喷出，火焰从门口喷出后不断点燃外部燃料，导致爆炸过程中，外部火焰不断扩展增大，而内部各房间内的压力较低。厨房、厨房阳台、卫生间、次卧和主卧的峰值超压 2.5 kPa、1.4 kPa、1.7 kPa、3.5 kPa、1.8 kPa，其中客厅主要是发生了燃烧现象，内部燃料不断燃烧消耗大量的氧气，呈现负压状态。相比于工况一、工况二可以明显地看出，相同泄漏条件下，包封对爆炸后果影响很大，无包封比有包封的爆炸后果危害更大。

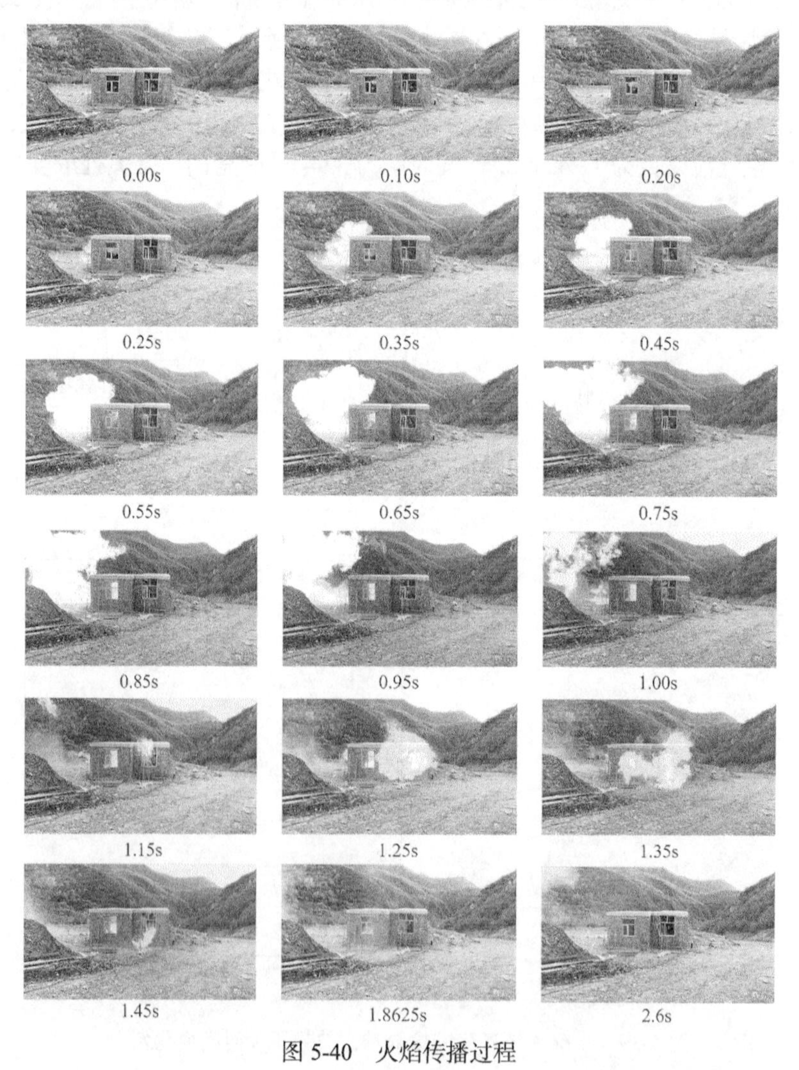


图 5-40 火焰传播过程

由图 5-40 可以看出，在本工况下火焰的整体发展过程时长为 2.6 s 左右。从 0 s 到 0.20 s 时刻，厨房内可观察到清晰的气云火焰，但并未发展到其他房间。自 0.25 s 时刻，大门处出现黄色喷射火焰。0.45 s 时刻，室内火焰由厨房发展到次卧，大门处喷射火焰发展至明亮的黄色。大门处喷射火焰发展至 0.75 s 时刻体积膨胀到最大，1.0 s 时刻火焰颜色呈现暗黄色，1.15 s 时湮灭。1.15 s 时刻，次卧玻璃被破坏，火焰从窗户顶部冲出。次卧喷射火焰发展至 1.35 s 时刻到达顶峰，随后湮灭。1.8625 s 时刻室外火焰完全湮灭，2.6 s 时刻室内火焰也湮灭。

5）第五次试验结果

图 5-41 展示了封闭式厨房在无包封、所有玻璃均为常规玻璃条件下，燃气胶管脱落在橱柜内发生燃气泄漏时，在厨房门口开关处点火发生爆炸后各个房间的超压分布情况。其中，燃气泄漏量为 13.42 $m^3$，泄漏时间为 4.79 h，厨房门口开关点火处浓度为 7.53%。

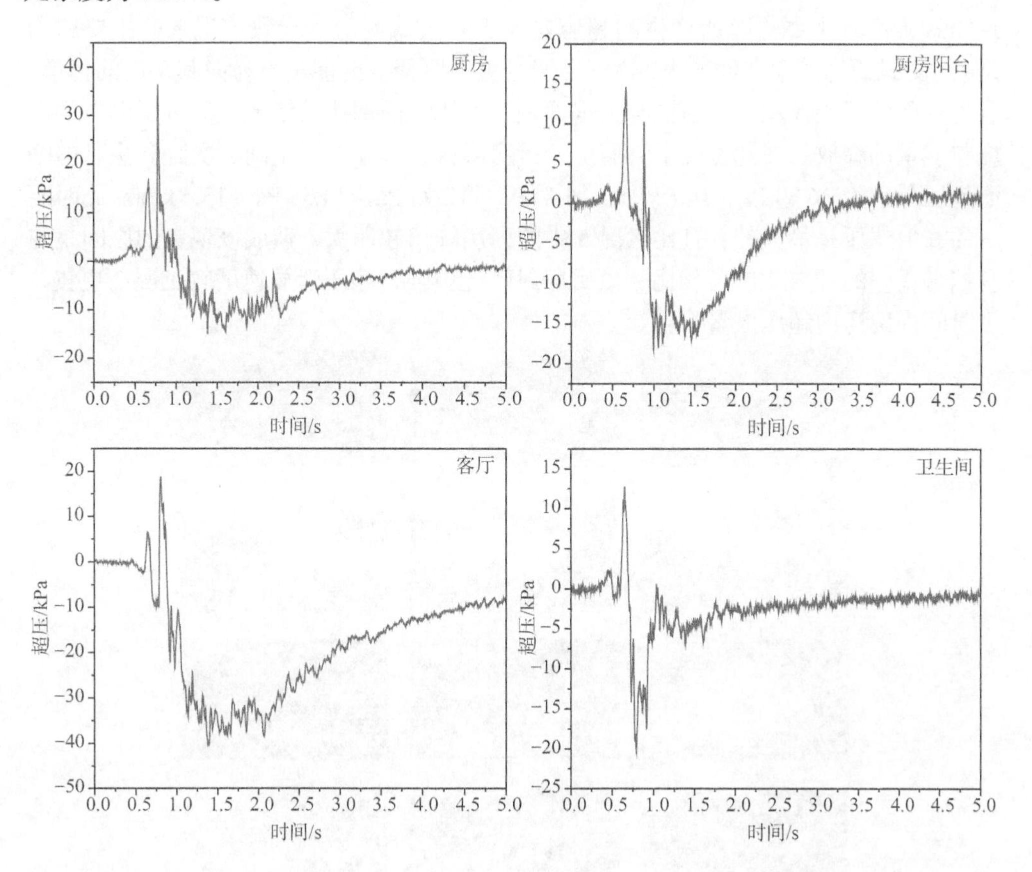

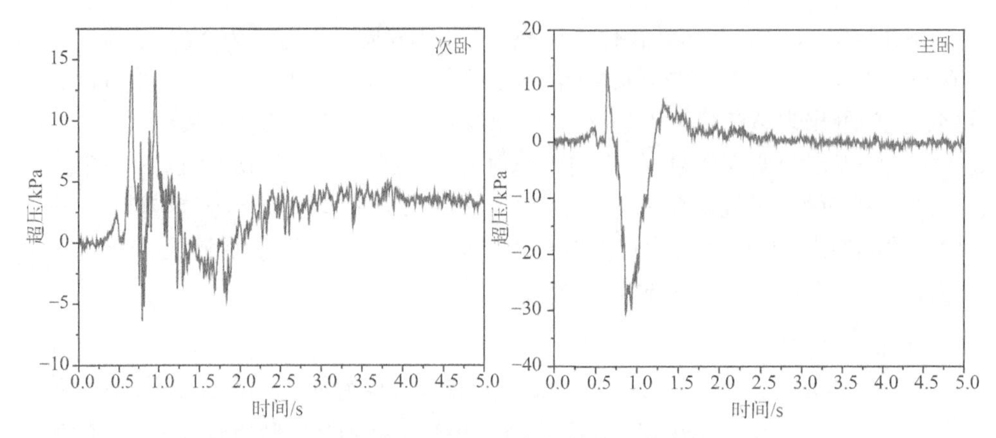


图 5-41　工况 5 下各房间爆炸冲击波超压随时间变化情况

从图 5-41 结合图 5-42 对比开放式厨房的爆燃过程可以看出，相同泄漏量时，封闭式厨房发生爆炸时所产生的超压要大于开放式厨房，导致该现象的主要原因是，封闭式厨房约束空间较大，燃气燃烧过程中所释放的能量不易向其余房间传递，且受壁面的阻挡作用，反射波与火焰面相互作用，内部扰动增大，促进了燃料的燃烧与能量的释放。在此工况下，厨房、厨房阳台、客厅、卫生间、次卧和主卧的峰值超压分别为 36.3 kPa、14.6 kPa、16.7 kPa、12.7 kPa、14.5 kPa、13.4 kPa。此时厨房的峰值超压是最大的，且比工况 3 中的厨房峰值超压大，造成该现象的原因是与有挡烟垂壁的开放式厨房相比，该厨房封闭性更强，超压泄放速度较工况 3 更慢，短时间内厨房内超压大量聚积。

图 5-42　火焰传播过程

由图 5-42 可以看出，在本工况下火焰的整体发展过程时长为 0.796 s 左右。从 0 s 到 0.05 s 时刻，厨房可以观察到蓝色锋面的火焰气云。0.10 s 时刻，厨房窗户结构被破坏，顶部玻璃破裂，火焰从顶部冲出，次卧玻璃发生形变，但并未破裂。0.129 s 时，大门与厨房处可观察到明亮黄色的火焰，次卧未观察到火焰但玻璃破裂。0.15 s 时刻，次卧内部出现明黄色火焰。0.175 s 时，火焰从次卧喷出。0.20 s 时刻室外整体火焰发展至鼎盛时期，火焰体积最大，整体呈现明亮黄色。0.25 s 至 0.30 s 时刻，室外火焰湮灭。室内火焰发展至 0.796 s 时刻湮灭。

6）第六次试验结果

图 5-43 展示了封闭式厨房在无包封、厨房安装抗压能力较弱玻璃、其他位置安装常规玻璃条件下，燃气胶管脱落在橱柜外发生燃气泄漏时，在厨房底部点火发生爆炸后各个房间的超压分布情况。其中，燃气泄漏量为 12.71 m$^3$，泄漏时间为 4.54 h，厨房底部点火处浓度为 4.85%。

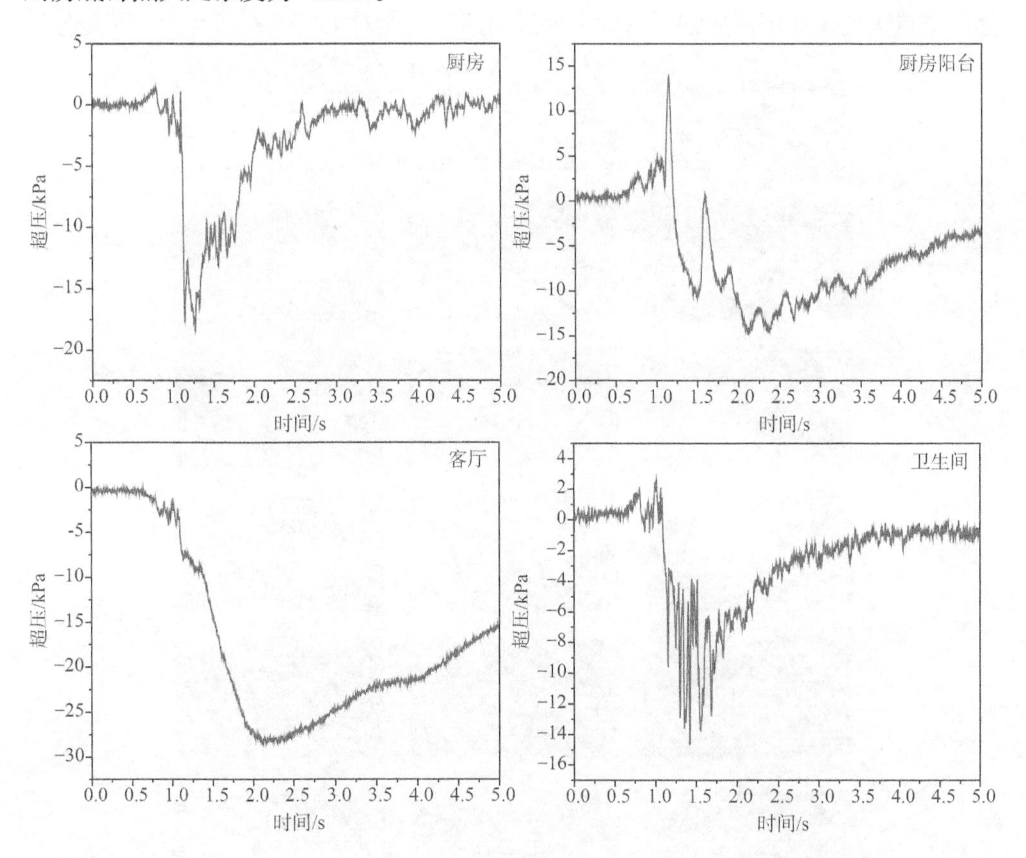

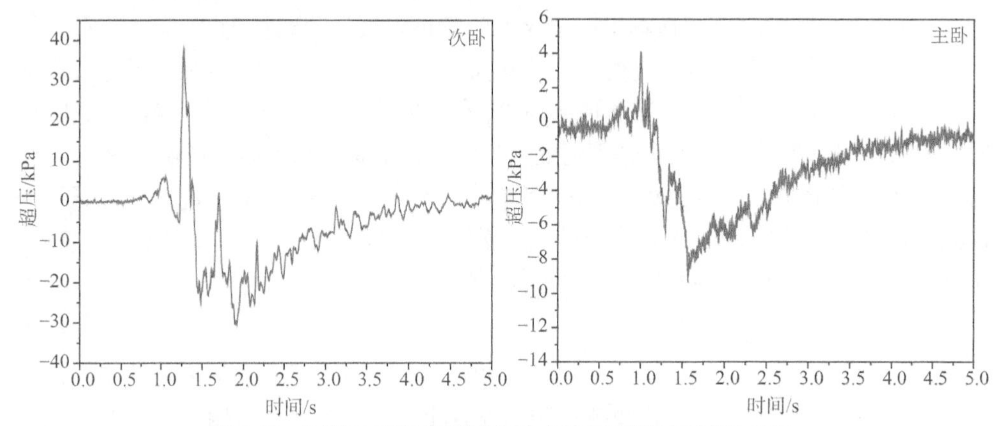


图 5-43 工况 6 下各房间爆炸冲击波超压随时间变化情况

从图 5-43 结合图 5-44 可以看出，各房间的超压分布受点火位置的影响较为明显，当点火位置在厨房底部时，除了次卧的超压值相对工况 5 有所增大，其余各房

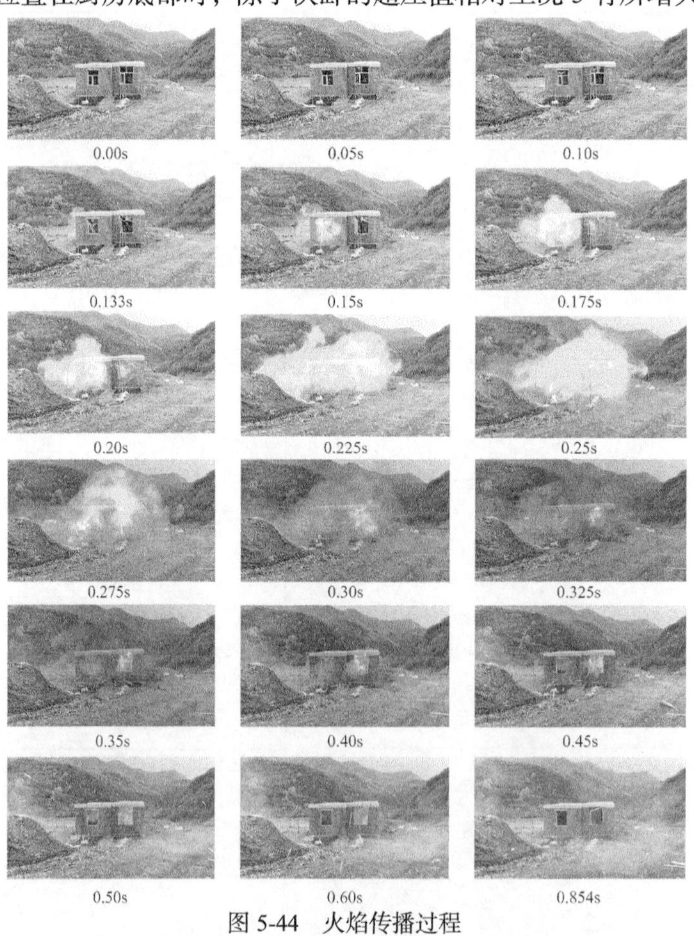


图 5-44 火焰传播过程

间的超压值均呈现不同幅度的下降。在此工况下，厨房、厨房阳台、卫生间、次卧和主卧的峰值超压分别为 1.4 kPa、13.8 kPa、2.7 kPa、36.1kPa、4.1 kPa，由于底部点火时，点火处浓度相对较低，点火初期释放的能量较低进而导致峰值超压较低。而次卧室的峰值超压最大，主要是因为当厨房及客厅内火焰已经冲向室外并向外扩展时，内部火焰发展至次卧空间，内部燃气在次卧空间内充分燃烧，释放更多的能量。而主卧由于其内部空间大，燃料分布不均匀，相比于次卧，主卧整体浓度较低，同时受泄压作用的影响，内部超压降低。

由图 5-44 可以看出，在本工况下火焰的整体发展过程时长约为 0.854 s。由于本次试验是在底部点火，故在初始阶段并不能观察到室内火焰。厨房与次卧窗户在 0.05 s 发生膨胀变形，0.10 s 发生破裂。0.133 s 时，大门处可观察到蓝色黄色相间的火焰喷出，厨房内部出现火焰，厨房与次卧玻璃结构明显破坏。在 0.15s 时，厨房喷出火焰，次卧内出现蓝色黄色相间的火焰。0.20 s 时，卫生间窗户被膨胀气体推开，次卧火焰向室外喷出。室外火焰在 0.225 s 左右发展到顶峰，火焰颜色最为明亮，火焰体积膨胀到最大，随后到 0.45 s 室外火焰几乎完全湮灭。室内火焰发展至 0.854 s 湮灭。

7）第七次试验结果

图 5-45 展示了封闭式厨房在无包封、厨房安装抗压能力较弱玻璃、其他位置安

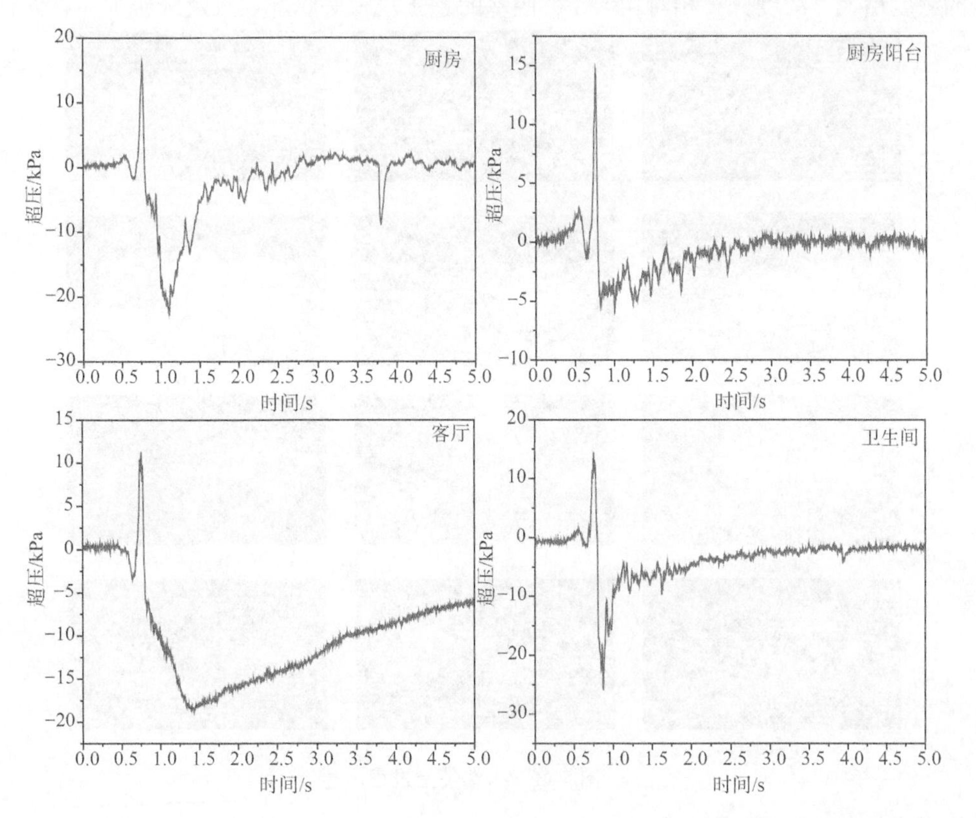

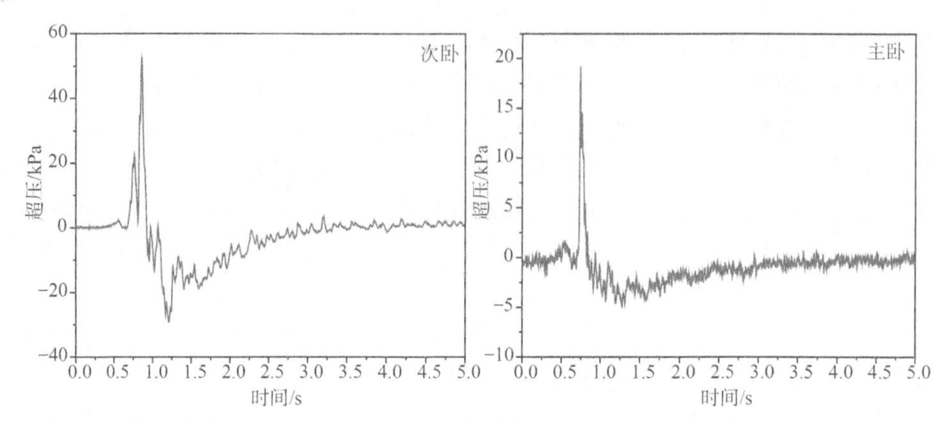


图 5-45 工况 7 下各房间爆炸冲击波超压随时间变化情况

装常规玻璃条件下，胶管在橱柜外被鼠咬发生燃气泄漏时，在厨房顶部点火发生爆炸后各个房间的超压分布情况。其中，燃气泄漏量为 12.61 $m^3$，泄漏时间为 30.41 h，厨房顶部点火处浓度为 9.00%。

从图 5-45 结合图 5-46 可以看出，当点火位置在厨房顶部时，由于顶部浓度最高，燃气被点燃后所产生的压缩波驱动室内上部浓度向四周扩散，使得中部和底部的浓度增大，浓度分布相对均匀，各腔室的超压较厨房底部点火及厨房中部点火有

图 5-46 火焰传播过程

显著增大，在此工况下，厨房、厨房阳台、客厅、卫生间、次卧和主卧的峰值超压分别为 16.3 kPa、14.7 kPa、11.3 kPa、14.5 kPa、52.6 kPa、19.2 kPa。各房间爆炸后所产生的超压峰值与工况 5、工况 6 相比可知，各房间爆炸产生的峰值超压随点火源高度不同而不同，点火源越高，爆炸后所产生的超压越大。

由图 5-46 可以看出，在本工况下火焰的整体发展过程时长为 0.9375 s 左右。由于本次试验在顶部点火，可在 0.10 s 观察到厨房顶部出现蓝色火焰。0.15 s 时，厨房玻璃结构破坏，火焰喷射至室外。与此同时，火焰发展到次卧，且次卧玻璃结构损坏。0.175 s 时，次卧火焰喷出，卫生间窗户被膨胀气体顶开。室外火焰约在 0.183 s 发展到顶峰时期，在 0.40 s 湮灭。室内火焰于 0.9375 s 湮灭。

8）第八次试验结果

图 5-47 展示了封闭式厨房在无包封、厨房安装抗压能力较弱玻璃，其他位置安装常规玻璃条件下，在燃气灶具灶眼发生燃气泄漏时，在厨房门口开关处点火发生爆炸后各个房间的超压分布情况。其中，燃气泄漏量为 12.43 $m^3$，泄漏时间为 36.03 h，厨房门口开关点火处浓度为 7.50%。

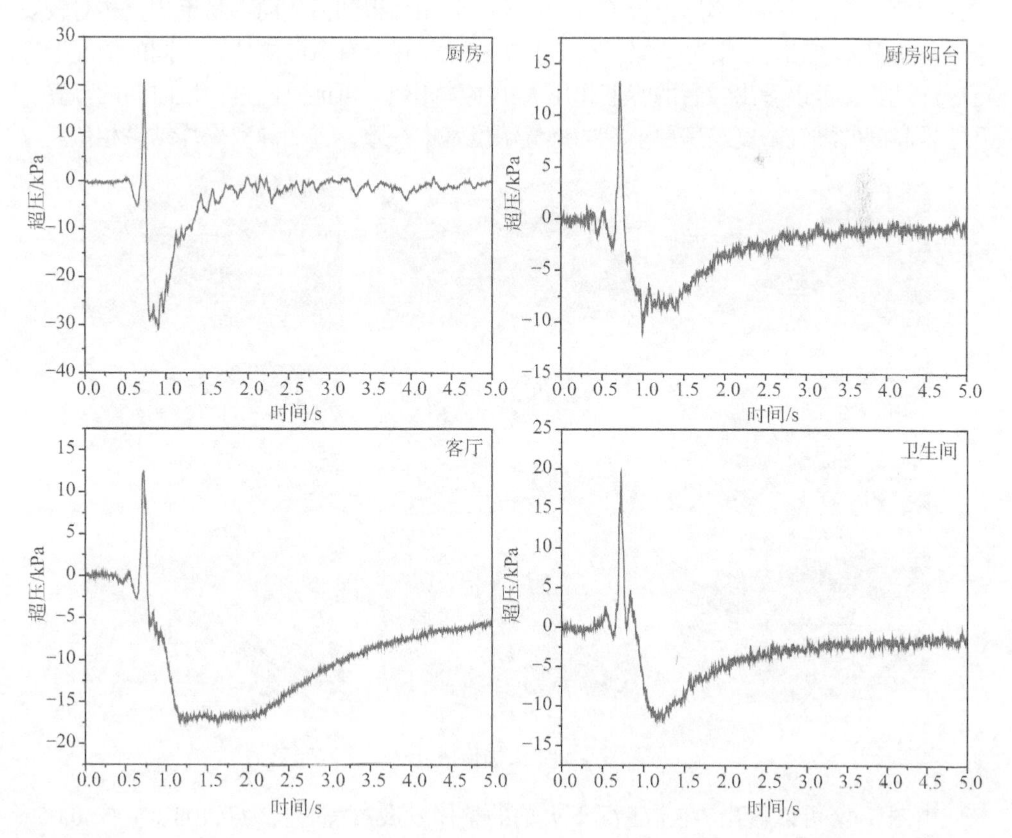

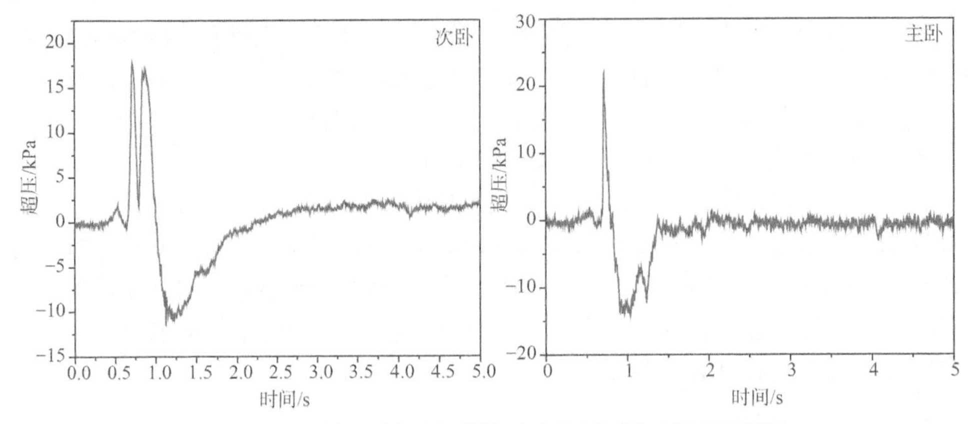


图 5-47 工况 8 下各房间爆炸冲击波超压随时间变化情况

从图 5-47 结合图 5-48 可以看出，在此工况下，厨房、厨房阳台、客厅、卫生间、次卧和主卧的峰值超压 21.2 kPa、13.4 kPa、12.4 kPa、19.6 kPa、17.8 kPa、22.0 kPa。其中主卧和厨房的峰值超压是最大的，原因不再赘述。客厅的峰值超压是最小的，造成该现象的原因可能是客厅连接着各个房间，超压易得到泄放而不易聚积，相对较安全，与工况 4、工况 6 情况类似。与工况 7 相比，在只有泄漏源位置不同的情况下进行爆炸试验，可以看出二者的峰值超压大小整体相似，可能是经过一段时间的静置，开关处高度的燃气浓度与房屋上端的燃气浓度基本一致，进而导致爆炸结果相似。

图 5-48 火焰传播过程

由图 5-48 可以看出，在本工况下火焰的整体发展过程时长为 0.408 s 左右。0.05 s 时刻，厨房与次卧窗户结构被破坏，火焰从厨房窗户的中部喷出。0.10 s 时，次卧内出现蓝橙相间的火焰。0.108 s 时，卫生间窗户被膨胀气体冲开。0.15 s 时，封闭空间所有泄放口被冲开，室外火焰发展到顶峰。室内火焰发展到 0.408 s 完全湮灭。

9）第九次试验结果

图 5-49 展示了封闭式厨房在无包封、厨房安装比常规小一号玻璃，其他位置安装常规玻璃条件下，在燃气立管靠近门处发生燃气泄漏时，在厨房门口开关处点火

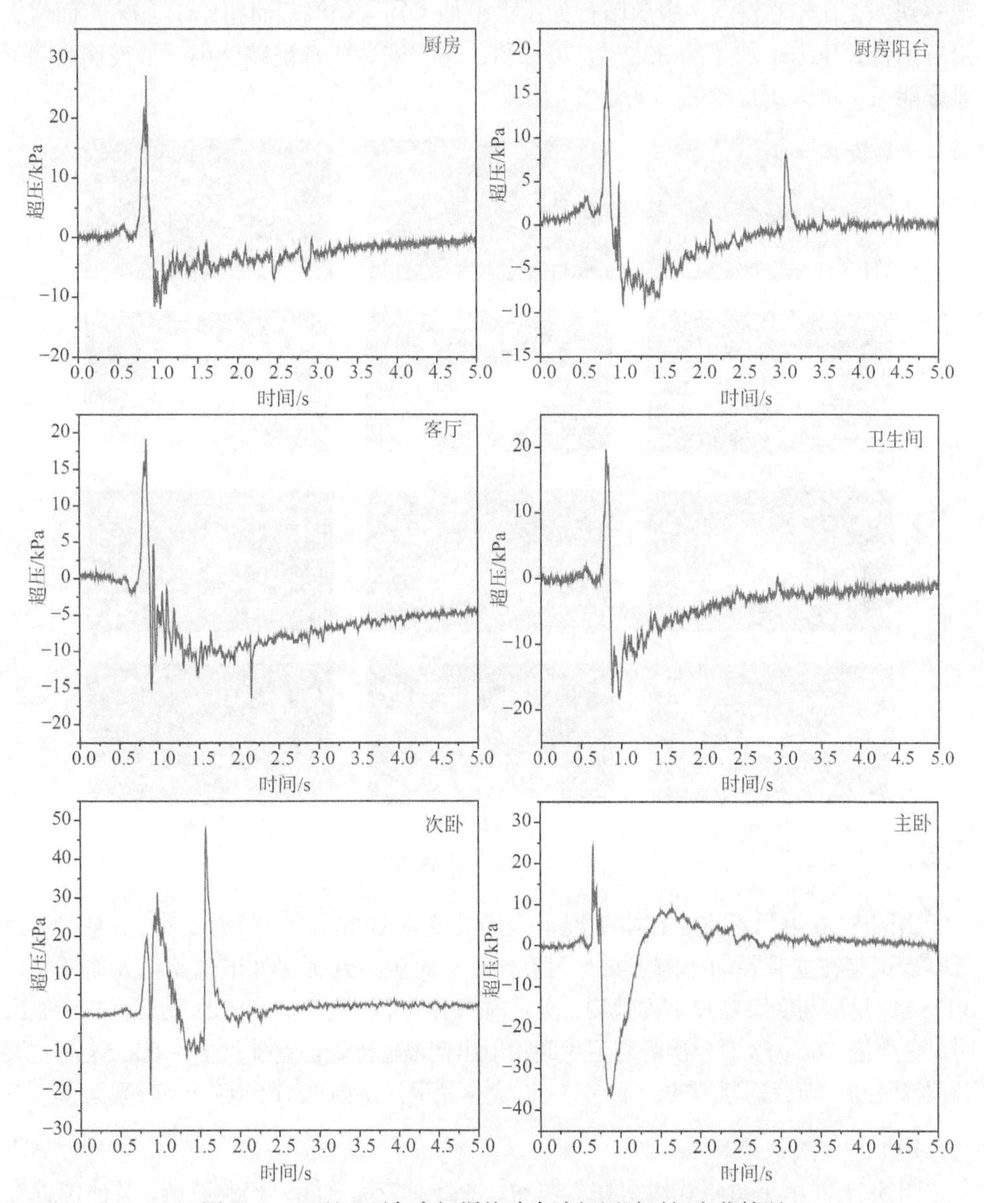


图 5-49　工况 9 下各房间爆炸冲击波超压随时间变化情况

发生爆炸后各个房间的超压分布情况。其中，燃气泄漏量为 12.69 $m^3$，泄漏时间为 4.07 h，厨房门口开关点火处浓度为 7.68%。

从图 5-49 结合图 5-50 可以看出，在此工况下，厨房、厨房阳台、客厅、卫生间、次卧和主卧的峰值超压 27.2 kPa、19.3 kPa、19.2 kPa、19.8 kPa、47.9 kPa、24.2 kPa。与工况 3、4、6、7、8 类似，客厅的峰值超压是最小的，原因不再赘述。同时可以观察到，相比于工况 8，厨房阳台处压力增加了约 43.1%，而相比于工况 5 而言，厨房阳台处压力增加了约 32.2%，可以得出厨房安装比常规玻璃小一号玻璃会降低泄爆能力，增大厨房空间内的爆炸后果。

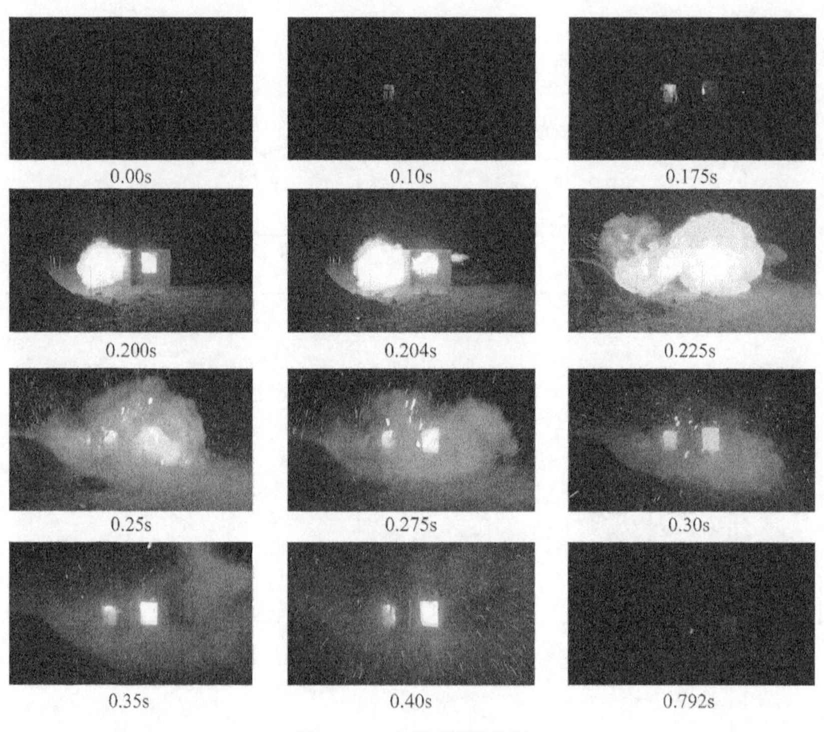


图 5-50　火焰传播过程

由图 5-50 可以看出，在本工况下火焰的整体发展过程时长为 0.792 s 左右。由于本次试验在立管径向缝隙点火，可在 0.1 s 时观察到厨房处出现蓝色火焰锋面。0.175 s 时厨房与次卧窗户结构破裂，次卧内部出现蓝橙色火焰。0.20 s 厨房窗户泄放出明黄色火焰。0.204 s 时，次卧与卫生间喷射出蓝橙色火焰。室外火焰于 0.225 s 时发展到顶峰时刻，随后逐渐消散，于 0.35 s 时完全湮灭。室内火焰于 0.792 s 时湮灭。

10）第十次试验结果

图 5-51 展示了封闭式厨房在无包封、主卧安装抗压能力较弱玻璃、其他位置安装常规玻璃条件下，在燃气立管靠近阳台处发生燃气泄漏时，在厨房门口开关处点

火发生爆炸后各个房间的超压分布情况。其中，燃气泄漏量为 12.77 m$^3$，泄漏时间为 4.09 h，厨房门口开关点火处浓度为 7.52%。

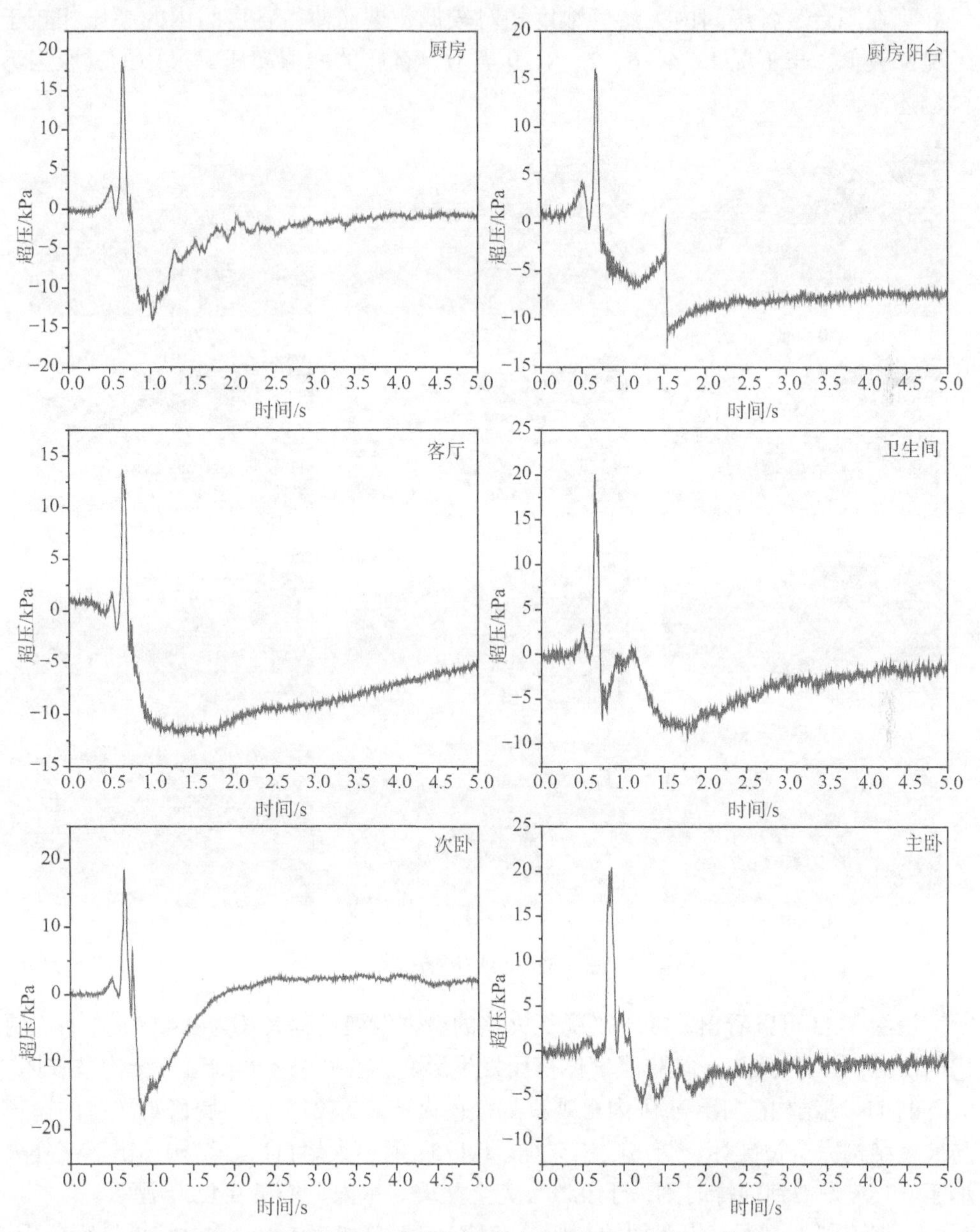


图 5-51　工况 10 下各房间爆炸冲击波超压随时间变化情况

从图 5-51 结合图 5-52 可以看出，在此工况下，厨房、厨房阳台、客厅、卫生间、次卧和主卧的峰值超压 16.5 kPa、16 kPa、13.7 kPa、20.1 kPa、16.5 kPa、

20.4 kPa。由于主卧的窗户玻璃更换为了抗压能力较弱的玻璃，导致主卧窗户受冲击波超压作用率先破碎，内部压力经由窗户泄放到室外，超压降低，同时由于燃气立管在阳台，各房间内天然气浓度相对较低，进而使得各房间内的超压相较于工况 9 较低。与工况 1、4、6、7、8、9 类似，客厅的峰值超压是最小的，原因不再赘述。

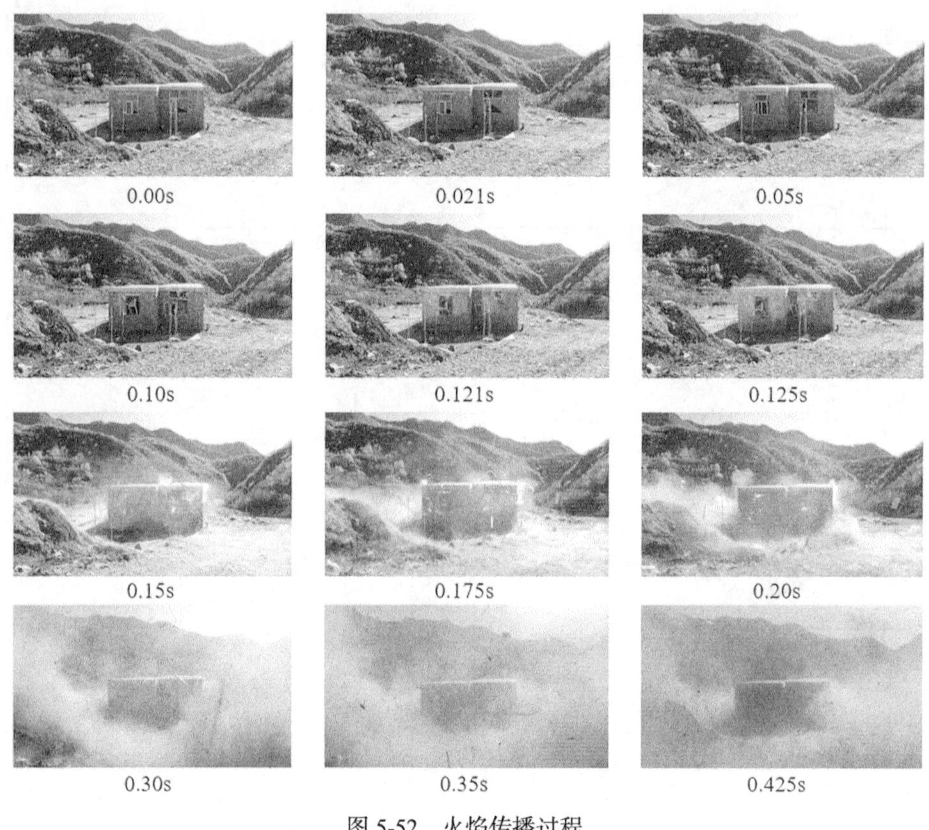


图 5-52 火焰传播过程

由图 5-52 可以看出，在本工况下火焰的整体发展过程时长为 0.425 s 左右。厨房与次卧窗户于 0.021 s 被膨胀气体挤压发生形变，在 0.05 s 时刻窗户结构被破坏，0.10 s 时玻璃结构破坏，次卧内可观察到橙色火焰。0.121 s 时，厨房与次卧的窗户与玻璃结构完全被破坏，厨房喷出火焰。0.125 s 时，火焰自次卧结构喷出。室外火焰于 0.15 s 发展到顶峰时刻，于 0.20 s 完全湮灭。室内火焰于 0.425 s 湮灭。

根据不同工况下室内房间的超压分布情况，汇总如表 5-10，并对结果进行分析。

**表 5-10 各工况下不同房间的峰值超压（kPa）**

| 工况 | 爆炸条件 | | | | | | | | | 1.8 m 高度处爆炸结果峰值超压/kPa | | | | | |
|---|---|---|---|---|---|---|---|---|---|---|---|---|---|---|---|
| | 厨房结构 | 挡烟垂壁情况 | 包封情况 | 泄漏情况 | 点火位置 | 泄爆设置 | 泄漏量/$m^3$ | 时间/h | 点火位置浓度 | 厨房 | 厨房阳台 | 客厅 | 卫生间 | 次卧 | 主卧 |
| 1 | 开放式 | 无 | 无 | 胶管脱落在橱柜外 | 厨房门口开关 | 所有位置安装常规玻璃 | 12.65 | 4.52 | 7.73% | 0.5 | 3.2 | 1.1 | 2.1 | 6.8 | 5.0 |
| 2 | 开放式 | 无 | 无 | 胶管脱落在橱柜外 | 厨房顶部（持续点火） | 所有位置安装常规玻璃 | 5.36 | 1.92 | 4.91% | 3.35 | 2.83 | 1.38 | 0.69 | 0.41 | — |
| 3 | 开放式 | 有 | 无 | 胶管脱落在橱柜外 | 厨房门口开关 | 所有位置安装常规玻璃 | 12.45 | 4.45 | 8.11% | 13.9 | 3.1 | 2.5 | 4.6 | 13.6 | 5.0 |
| 4 | 开放式 | 无 | 有 | 燃气立管地面穿墙处（立管靠近门包封） | 厨房门口开关（包封内未点火成功） | 所有位置安装常规玻璃 | 12.43 | 3.94 | 4.64% | 2.5 | 1.4 | 0.1 | 1.7 | 3.5 | 1.8 |
| 5 | 封闭式 | — | 无 | 胶管脱落在橱柜内 | 厨房门口开关 | 所有位置安装常规玻璃 | 13.42 | 4.79 | 7.53% | 36.3 | 14.6 | 16.7 | 12.7 | 14.5 | 13.4 |
| 6 | 封闭式 | — | 无 | 胶管脱落在橱柜外 | 厨房底部（电器） | 厨房安装抗压能力较弱玻璃，其他位置安装常规玻璃 | 12.71 | 4.54 | 4.85% | 1.4 | 13.8 | 0.1 | 2.7 | 36.1 | 4.1 |
| 7 | 封闭式 | — | 无 | 胶管鼠咬小孔橱柜外 | 厨房顶部（灯、排气扇） | 厨房安装抗压能力较弱玻璃，其他位置安装常规玻璃 | 12.61 | 30.41 | 9.00% | 16.3 | 14.7 | 11.3 | 14.5 | 52.6 | 19.2 |
| 8 | 封闭式 | — | 无 | 燃气灶具灶眼泄漏（灶具开关未关） | 厨房门口开关 | 厨房安装抗压能力较弱玻璃，其他位置安装常规玻璃 | 12.43 | 36.03 | 7.50% | 21.2 | 13.4 | 12.4 | 19.6 | 17.8 | 22.0 |
| 9 | 封闭式 | — | 无 | 燃气立管地面穿墙处（立管靠近门未包封） | 厨房门口开关 | 厨房安装比常规玻璃小一号玻璃，其他位置安装常规玻璃 | 12.69 | 4.07 | 7.68% | 27.2 | 19.3 | 19.2 | 19.8 | 47.9 | 24.2 |
| 10 | 封闭式 | — | 无 | 燃气立管地面穿墙处（立管在阳台上未包封） | 厨房门口开关 | 主卧安装抗压能力较弱玻璃，其他位置安装常规玻璃 | 12.77 | 4.09 | 7.52% | 16.5 | 16 | 13.7 | 20.1 | 16.5 | 20.4 |

A. 厨房结构的影响

通过对比封闭式厨房结构（工况 5 ~ 工况 10）与开放式厨房结构（工况 1 ~ 工况 4）发生爆炸后各房间的爆炸超压结果可知，受封闭式厨房结构中隔断墙的影响，泄漏发生后易于燃气聚集的同时，爆炸发生后也会导致火焰扰动的增加，促进火焰内部化学反应过程的进行，释放更多的能量，进而致使封闭式厨房结构发生爆炸后各房间的超压值增大。

试验结果表明，封闭式厨房与开放式厨房相比，户内各房间的爆炸超压均呈现不同程度升高，爆炸峰值超压显著增大，破坏效应急剧增强，仅从爆炸超压的峰值来看，封闭式厨房发生燃气爆炸的后果更严重。

B. 开放式厨房挡烟垂壁的影响

由工况 1、工况 3 可知，开放式厨房挡烟垂壁的存在会增大爆炸后果，增加挡烟垂壁后各房间爆炸超压有所上升，其中厨房、客厅和次卧的增幅均超过 50%，导致该现象的主要原因是相比于无挡烟垂壁条件下，厨房顶部 50 cm 范围内燃气浓度增大，同时，爆炸过程中顶部燃气随冲击波向客厅等其他区域扩散过程中受到阻碍，使得更多燃气参与爆炸反应进而释放更多能量。而且受挡烟垂壁影响，火焰传播遇到挡烟垂壁诱导湍流火焰形成，火焰失稳致使火焰前锋表面积增大，促进了爆炸的反应进程，提升了爆燃强度。

C. 包封结构的影响

由工况 4 可知，当点火源在包封内时，由于浓度超过爆炸极限范围，会存在点火不成功现象。当点火源在厨房开关处时，会发生爆燃现象，包封结构对爆炸后各房间所受的冲击波伤害影响较大，当厨房结构为开放式厨房、泄漏源在包封内时，大量的燃料都集中在包封内，泄漏至室内的燃气浓度相对于无包封的开放式厨房结构较低，爆炸后各房间所受的超压值相对降低，厨房、次卧和主卧降幅较大，分别为 90.9%、60.2%和 64.0%。

D. 点火位置的影响

由工况 5 ~ 工况 7 可知，各房间超压随点火点位置的不同呈现较大的差异性，其中，随着点火位置的上升，各房间的超压值整体呈现增加的趋势，当点火点的位置在厨房底部时，超压值最低。相较于厨房顶部点火，厨房、卫生间、主卧的降幅相对最大，分别为 91.4%、81.3%和 76.6%，但根据总体超压值而言，次卧所受到的爆炸危害最大。

E. 泄爆结构的影响

由工况 8 ~ 工况 10 可知，相比于工况 5，工况 8 中厨房及厨房阳台处压力分别降低了约 41.6%、8.2%，由此可以得出当厨房安装抗压能力较弱玻璃时会增强泄爆能力，减小厨房空间内的爆炸后果；相比于工况 8，工况 9 中厨房阳台处压力增加了约 19.4%，而相比于工况 5 而言，工况 9 中厨房阳台处压力增加了约 9.59%，由此可以得出厨房安装比常规玻璃小一号的玻璃会降低泄爆能力，增大厨房空间内的爆炸后果。相比于工况 9，工况 10 中主卧所受到的超压降低了约 15.70%，由此看来，主卧安装抗压能力较弱的玻璃时会增强泄爆能力，减小厨房空间内的爆炸后果，值得一提的是，工况 10 内部布置了橱柜、桌子、沙发等家具，室内阻塞率增大，但爆燃时主卧的超压仍低于工况 9，由此看来，主卧内部的泄爆能力增大。

F. 结论

对上述试验结果进行归纳总结可以得出，为了减少燃气泄漏爆炸所导致的事故后果，厨房结构应首选开放式厨房，其次若选择封闭式厨房，应选择易发生泄爆的玻璃材质对厨房进行封闭，而不是使用砖墙混凝土材质进行封闭；同时，应对燃气立管进行包封，但包封结构内发生泄漏后燃气易发生集聚，较快达到爆炸极限，因此使用包封结构的同时需要配合燃气浓度监测设备；此外，应增加厨房玻璃面积以及保证玻璃强度的同时选择低强度玻璃材质。

基于试验与数值模拟结果可知，不同工况下的模拟与试验结果基本一致，均呈现出封闭式厨房结构爆炸危害性大、泄爆面积的增大以及泄爆压力的减小能降低爆炸危害性的规律。但对于点火源高度位置的影响，由于利用 FLACS 模拟爆炸过程时天然气为均匀分布，试验结果与数值模拟结果存在较大差异。

2. 不同工况下温度场测试结果

为研究不同初始条件对燃气泄漏爆炸后果的影响，本次试验一共设置了 10 次燃爆工况。其中，无包封泄漏燃爆工况 9 次，有包封泄漏燃爆工况 1 次。考虑到厨房门口开关、厨房底部电器、厨房顶部灯、排气扇以及客厅开关等家庭电器实际使用情况，分别在相应位置安装点火装置，研究不同位置的点火源对爆炸后果的影响。考虑到厨房结构对燃气泄漏爆炸后果的影响，试验中设置了开放式厨房和封闭式厨房两种厨房结构。下面对不同工况下燃气泄漏的爆炸温度场进行分析（图 5-53 至图 5-60）。

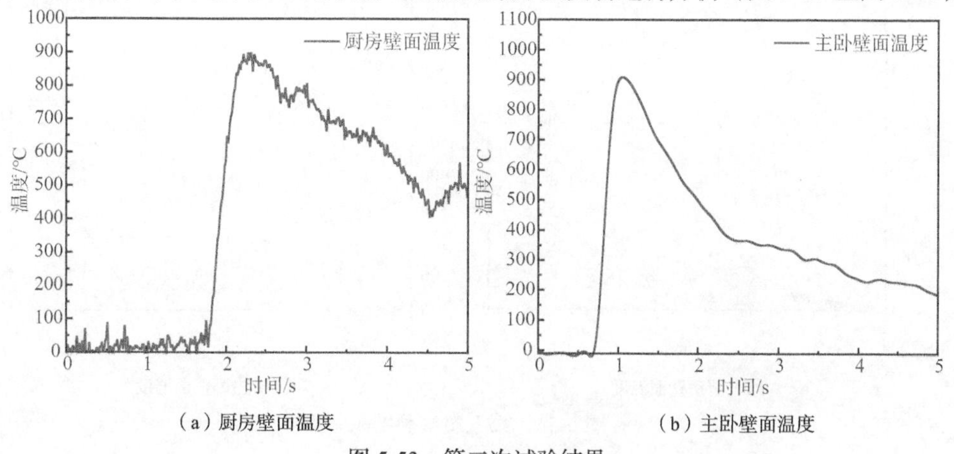


（a）厨房壁面温度　（b）主卧壁面温度

图 5-53　第二次试验结果

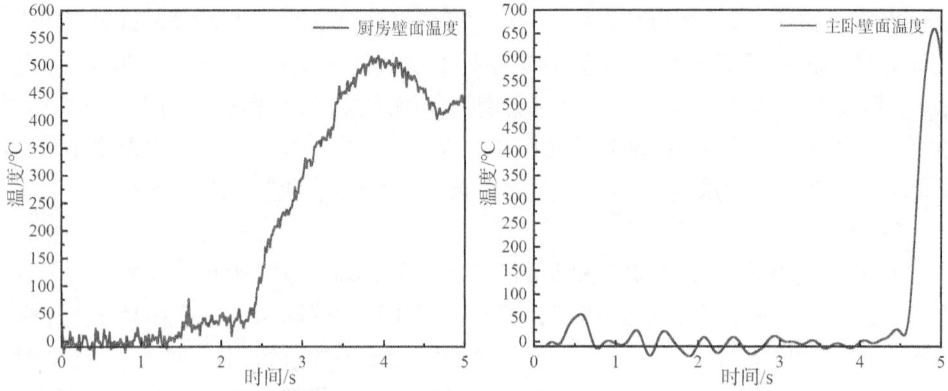

（a）厨房壁面温度　　（b）主卧壁面温度

图 5-54　第三次试验结果

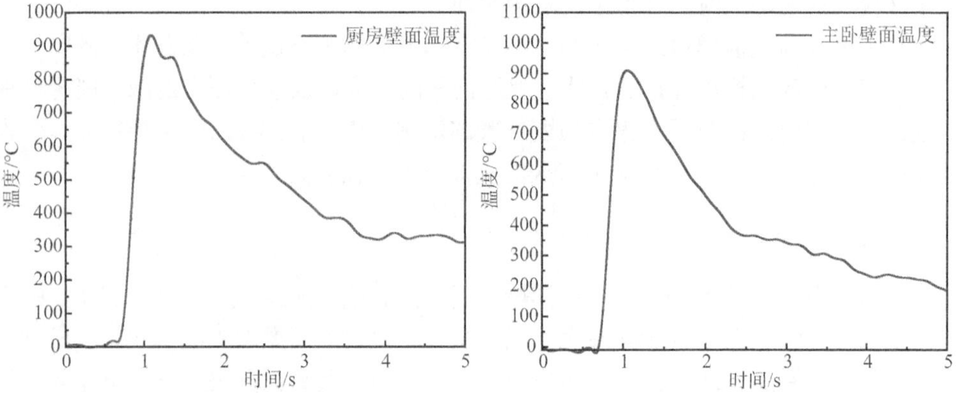

（a）厨房壁面温度　　（b）主卧壁面温度

图 5-55　第四次试验结果

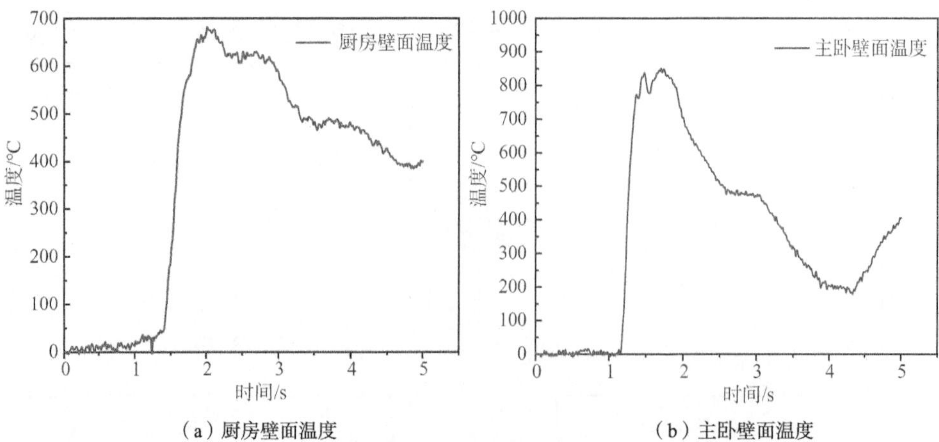


（a）厨房壁面温度　　（b）主卧壁面温度

图 5-56　第五次试验结果

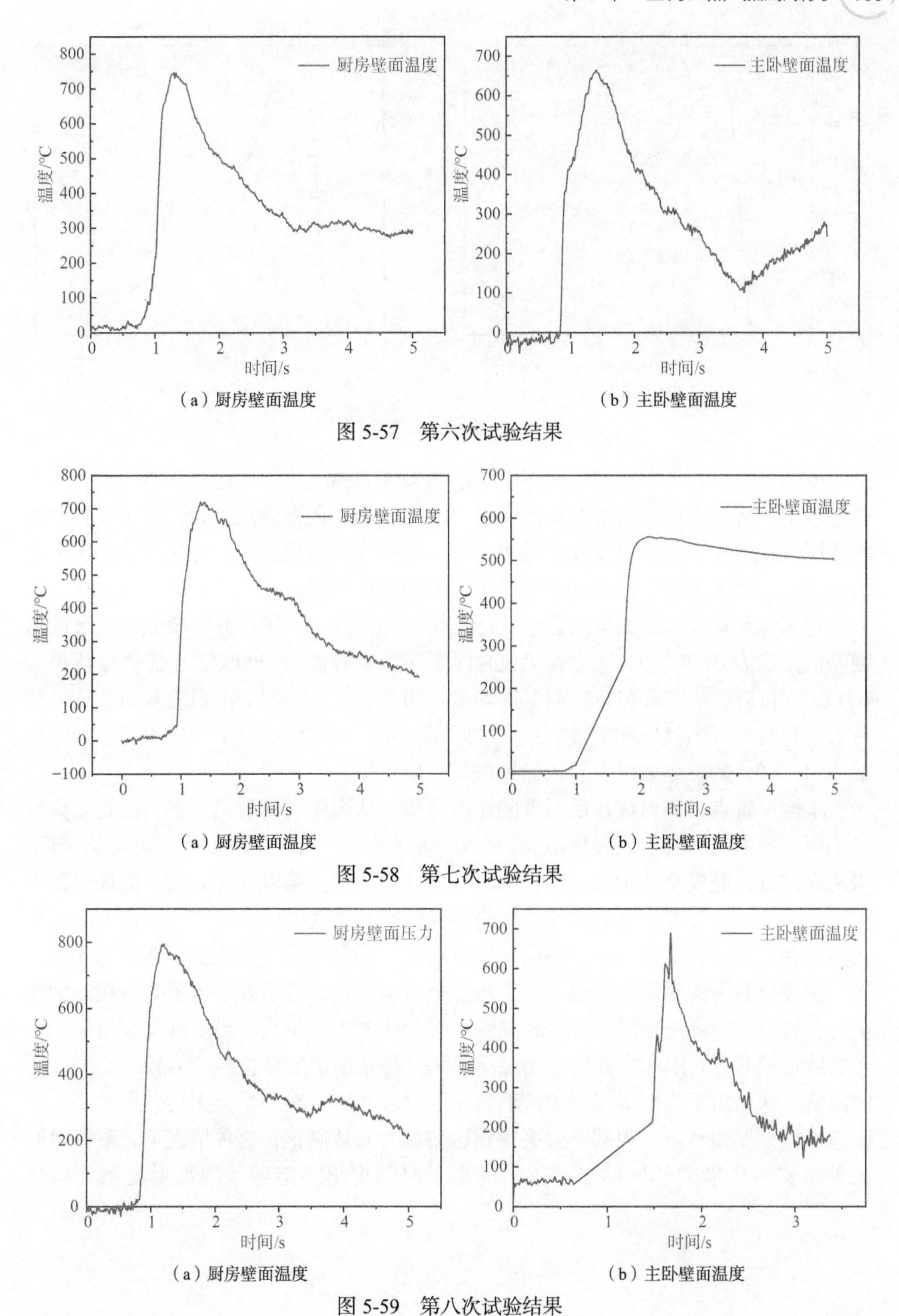


（a）厨房壁面温度　（b）主卧壁面温度

图 5-57　第六次试验结果

（a）厨房壁面温度　（b）主卧壁面温度

图 5-58　第七次试验结果

（a）厨房壁面温度　（b）主卧壁面温度

图 5-59　第八次试验结果

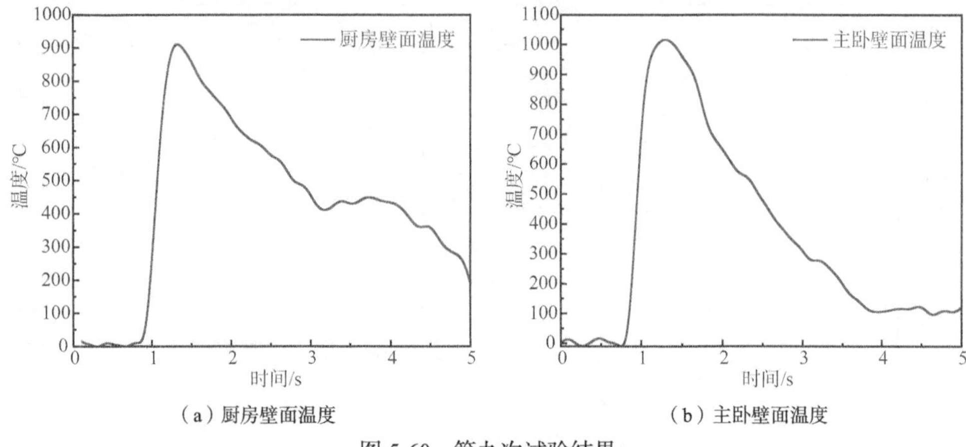


（a）厨房壁面温度 （b）主卧壁面温度

图 5-60 第九次试验结果

由图中可以看出，不同工况下燃气泄漏爆炸的温度场变化趋势基本一致，但爆燃过程中，所产生的火焰温度均能引燃户内易燃物。在室内点火后，由于气体燃烧的作用，厨房和主卧的温度开始迅速上升，在达到峰值温度后，可燃气体基本消耗殆尽，燃烧停止进行，温度开始以较为缓慢的速度下降。

有无包封对爆炸后温度的影响。在有包封的情况下，厨房温度峰值和主卧的温度峰值分别为 500℃和 600℃，无包封时厨房温度峰值为 900℃、主卧温度峰值为 1000℃，可以看出，有包封时的温度峰值要明显低于无包封时的温度峰值，这可能是由于包封对可燃气体的扩散有一定的阻碍作用，气体预混效果相较于无包封时更不均匀，气体的燃爆效果更差，导致温度峰值更低。

不同位置点火源对爆炸后温度的影响分析。从图中可以看出，不同位置点火源对于厨房壁面温度峰值的影响不大，均为 700℃左右。对于主卧壁面温度峰值来说，厨房底部点火温度峰值为 550℃，厨房门口开关处点火温度为 650℃，厨房顶部点火温度峰值为 850℃，造成这种差异的原因可能是燃气密度较空气小，顶部与底部之间存在着燃气含量差异，在不同位置点火时，燃气含量差异造成燃爆过程不同。

泄爆设置不同对爆炸后温度的影响分析可以看出，厨房安装抗压能力相近的玻璃时，厨房和主卧壁面温度峰值和温度趋势变化的差异不大。当主卧安装抗压能力较弱的玻璃时，厨房和主卧的壁面温度要明显高于厨房安装抗压能力较弱的玻璃时的温度，这是由于当厨房安装的玻璃抗压能力较弱时，在厨房点火后，燃气迅速膨胀造成内部压力升高，内部压力更快到达玻璃的破坏阈值，这种情况下，泄压时间比卧室安装压能力较弱的玻璃抗时的泄压时间更早，造成了内部温度场的整体下降。

3. 不同工况下破坏后果

1）第一次试验结果

如图 5-61 所示，在第一次试验中，门框位置峰值超压为 1.1 kPa，门框发生破坏，右侧门框主体部分及门板部分发生损坏，门框损坏部位落地距原位 3 m 左右。左侧门框主体完整，玻璃由中心位置发生破坏，最大残余长度为 40 cm。厨房窗户位置峰值超压为 3.2 kPa，窗户发生严重破坏，窗框断裂后的最大长度超过 90 cm，且最远抛掷距离达到 699.1 cm，窗框底部窗框连接处发生变形，弯曲变形量 9 cm，玻璃碎片分布较为分散，有少部分集中于窗前 370 cm 位置。卫生间位置峰值超压为 2.1 kPa，左侧窗框较完整，整体窗框无大损坏，内部框整体断裂为四段，最远抛掷距离为 251 cm。主卧窗户位置峰值超压为 5 kPa 损坏严重，窗框仅剩余 49 cm，顶上及右侧有少量玻璃残存，窗框下侧整体变形量为 11 cm，右侧变形量为 2.5 cm。散落玻璃碎片集中在窗前 2 m 左右位置。次卧窗户位置峰值超压为 6.8 kPa，窗框发生严重断裂，玻璃几乎无残余，窗框全部断裂，抛掷距离最远超过 340 cm。窗框下侧损坏变形量为 19 cm，右侧在 54.3 cm 处发生位移，玻璃碎片较为分散。

（a）门破坏情况远景

（b）门破坏情况近景

（c）门破坏细节情况

（d）厨房破坏情况远景

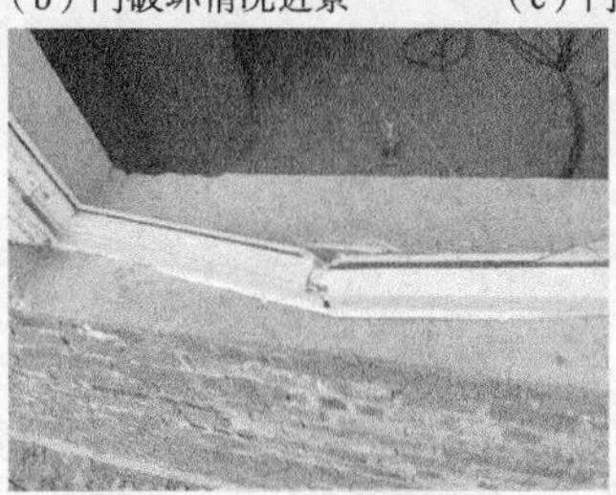
（e）厨房破坏情况细节

（f）卫生间窗户破坏情况

（g）主卧破坏情况远景

（h）主卧破坏情况细节

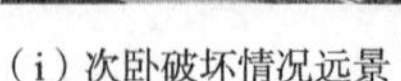

（i）次卧破坏情况远景

（j）次卧破坏情况细节

图 5-61　第一次试验破坏后果

2）第三次试验结果

如图 5-62 所示，在第三次试验中，门位置峰值超压为 2.5 kPa，门框及玻璃未发生破坏效应，门栓发生损坏，产生剧烈火焰。厨房位置峰值超压为 3.1 kPa，窗框发生整体损坏，边缘变形量超过 15 cm，窗框最远飞行距离超过 800 cm，玻璃破碎，部分碎片集中在距窗户 1222 cm 处。卫生间位置峰值超压为 4.6 kPa，窗框发生断裂，窗框左侧略有剩余，玻璃碎片较为分散。主卧窗户位置峰值超压为 5 kPa，左侧窗户有一扇剩余，窗框完全断裂，断裂后窗框抛掷距离最远超过 315 cm；窗框上侧

（a）门破坏后果图

（b）厨房窗框破坏情况

（c）卫生间窗框破坏情况

（d）主卧破坏情况远景

（e）主卧破坏情况外景

（f）主卧破坏内部情况

（g）次卧破坏内部情况

图 5-62　第三次试验破坏后果

及右侧有少量玻璃剩余，破碎玻璃集中在离窗户 210 cm 及 415 cm 远位置。次卧窗户位置峰值超压为 13.6 kPa，窗框下端窗框间连接点发生严重变形，变形量超过 46 cm，窗框左侧整体发生 18 cm 变形，窗户内部门框全部断裂；窗户上无残余玻璃，玻璃碎片抛掷较远，集中在距窗户 756 cm 位置。

3）第四次试验结果

如图 5-63 所示，在第四次试验中，门框位置峰值超压为 0.1 kPa，门框完好无破碎，门框上玻璃发生破碎，集中于门框下。厨房窗户位置峰值超压为 1.4 kPa，玻璃及门框均无发生损坏，窗户栓发生破坏。而卫生间未发生破坏情况，窗户位置峰值超压为 1.7 kPa。主卧窗户位置峰值超压为 1.8 kPa，仅左上方玻璃出现破裂情况，玻璃抛掷后集中位置距窗户 354 cm。次卧窗户位置峰值超压为 13.6 kPa，窗框发生轻微断裂，左侧窗户连接处发生断裂，窗框变形 10 cm；玻璃从中心处发生破碎，窗框上玻璃残余量较大，碎片集中位置为距房子垂直 493 cm，水平 130 cm。

（a）门框整体破坏情况

（b）门框玻璃破损情况

（c）厨房窗户破坏情况

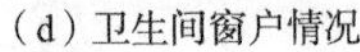

（d）卫生间窗户情况

（e）主卧窗户破坏情况

（f）次卧窗户破坏情况

图 5-63　第四次试验破坏后果

4）第五次试验结果

如图 5-64 所示，在第五次试验中，门位置峰值超压为 16.7 kPa，右侧整体掉落，左侧完好，门栓发生损坏，门上玻璃未发生破碎情况。厨房窗户位置峰值超压为 14.6 kPa，窗框左侧整体变形量为 15 cm，除外部框外窗框全部断裂，最远抛掷距离超过 650 cm。窗框上剩余少量玻璃，左侧有 55 cm 玻璃残余，上顶有 28 cm 玻璃残余，其余玻璃主要集中在距窗户 200 ~ 300 cm 范围内。卫生间窗户位置峰值超压为 12.7 kPa，窗框完全破裂，且全部向单侧偏移抛掷，最远抛掷距离为与窗户垂直距离 800 cm，与窗户平行距离为 595 cm；玻璃也全部发生破碎，集中位置为与窗户垂直 618 cm，平行 595 cm。主卧窗户位置峰值超压为 22 kPa，窗框仅有上部及左右位置有剩余，下部窗框及水泥全部被抛掷，窗框断裂为 10 段以上，有半扇窗户掉落在窗下，其中窗框的最远抛掷距离为 766 cm；玻璃全部发生破裂，碎片较集中位置为距窗户 320 cm 位置。次卧窗户位置峰值超压为 14.5 kPa，窗框基本全部断裂，左侧窗户有 64 cm 的剩余，窗框断裂后形成的块较大，均在 100 cm 左右，最远抛掷距离为 830 cm，同时产生 120 cm 的水平抛掷距离。玻璃主要呈现长条状破碎，碎片集中在窗前 310 cm 位置。

（a）门框破损情况

（b）门框掉落

（c）厨房窗户破坏情况

（d）卫生间窗户破坏情况

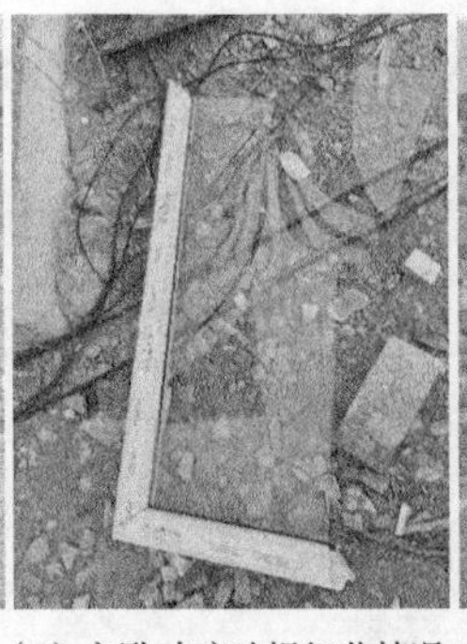

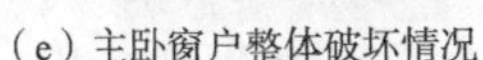

（e）主卧窗户整体破坏情况　（f）主卧玻璃破损细节情况　（g）次卧窗户破坏情况

图 5-64　第五次试验破坏后果

5）第六次试验结果

如图 5-65 所示，在第六次试验中，门位置峰值超压为 0.1 kPa，门框及玻璃均未发生破坏，门栓发生损坏，门框连接部位发生变形。厨房窗户位置峰值超压为 13.8 kPa，窗框除边缘外全部断裂，窗框最远抛掷距离为 250 cm，左侧窗框位移 3 cm；玻璃破损较为严重，窗框四角有少量玻璃残余，顶上有大片玻璃残余，碎片集中位置在窗前 370 cm。卫生间窗户位置峰值超压为 2.7 kPa，窗框除边缘外全部断裂，整体断裂为三段，分布于同一方向，窗框最远抛掷距离为垂直窗户 210 cm，与窗户平行 335 cm；玻璃碎片较为分散。主卧窗户位置峰值超压为 4.1 kPa，窗框左侧及下方有残余，左侧钢结构发生变形，变形长度为 60 cm，门框断裂较为整齐，排布在窗前 280 cm 位置。玻璃发生严重破碎，碎片集中在距窗户 320 cm 位置。次卧窗户位置峰值超压为 38 kPa，窗框上部及左侧部分与墙连接处一同断裂，下部连接处发生断裂偏移 12 cm，右侧窗框发生整体位移 2 cm，上部钢结构发生弯折，左侧有一扇窗户残余；玻璃破碎较为分散，除左侧残余窗户上无玻璃残余碎片，碎片集中在距窗户 350 cm 位置处。

（a）门框破坏情况　（b）厨房窗框整体破坏情况　（c）厨房窗框细节情况

（d）厨房窗框玻璃破碎细节　（e）厨房窗框残余细节　（f）卫生间窗户破坏远景

（g）主卧窗户破坏情况　（h）主卧窗框破坏细节情况　（i）主卧窗框破坏细节情况

（j）次卧窗户破坏情况　（k）次卧破坏细节情况　（l）次卧变形破坏测量

图 5-65　第六次试验破坏后果

6）第七次试验结果

如图 5-66 所示，在第七次试验中，门位置峰值超压为 11.3 kPa 门框完全破损，门整体被破坏。厨房窗户位置峰值超压为 14.7 kPa，窗框发生整体断裂，抛掷位置较为分散，左侧窗框发生偏移，玻璃全部破碎，无固定集中分散位置。卫生间窗户位置峰值超压为 14.5 kPa，除左侧单根窗框外全部发生断裂，最远抛掷距离超过 800 cm。主卧窗户位置峰值超压为 19.2 kPa，窗框内部发生断裂，外部窗框产生严重变形，连接处钢结构偏移变形达到 97 cm；玻璃破碎严重，碎片集中在距窗户

360 cm 位置。次卧窗户位置峰值超压为 52.6 kPa，窗框变形严重，左右钢结构均产生大变形，玻璃碎片较为分散。

（a）厨房窗户变形情况

（b）厨房窗户破坏情况

（c）卫生间窗户破坏情况

（d）主卧窗户破坏情况

（e）主卧钢结构变形测量

（f）次卧窗户破坏情况

图 5-66　第七次试验破坏后果

7）第八次试验结果

如图 5-67 所示，在第八次试验中，门位置峰值超压为 12.4 kPa，门框完全断裂飞出，固定结构被损坏，断裂后门框抛掷垂直距离超过 560 cm，水平距离超过 120 cm，玻璃飞散，无集中位置。厨房窗户位置峰值超压为 13.4 kPa，窗框整体断裂，外侧窗框存在，下侧连接处变形 7 cm；窗框左侧上方及顶端有条状玻璃残余，玻璃碎片集中在距窗户 270 cm 位置。卫生间窗户位置峰值超压为 19.6 kPa，除边缘窗框外发生断裂且飞出，产生破坏效应较大。主卧窗户位置峰值超压为 22 kPa，窗框几乎完全掉落，左侧窗框剩余 110 cm，由于左下角窗框被固定，因此窗框发生 20 cm 偏移，窗框在墙角处存在两块较为完整的断裂框，长度超过 110 cm；玻璃碎片主要集中在 280 cm 的位置。次卧窗户位置峰值超压为 17.8 kPa，上窗框完全飞出，下窗框从连接处发生变形，变形量为 16 cm，左侧窗框发生整体位移，最大位移量为 35 cm，窗框抛掷距离超过 340 cm；玻璃碎片较为分散，有少部分集中分布于 380 cm 处。

（a）门框破坏情况 （b）门框破坏细节情况 （c）厨房窗框破坏情况

（d）厨房玻璃残余情况 （e）卫生间窗户破坏情况 （f）次卧窗户破坏情况

（g）主卧窗框破坏情况 （h）主卧窗框分布情况

图 5-67 第八次试验破坏后果

8）第九次试验结果

如图 5-68 所示，在第九次试验中，门位置峰值超压为 19.2 kPa，门框完全飞出，抛掷距离超过 750 cm，玻璃碎片较为分散。厨房窗户位置峰值超压为 19.3 kPa，窗框整体发生断裂，左侧有钢结构剩余，下侧结构整体向外倾斜，从连接处发生钢结构的折叠和偏移，其中窗框的最大偏移量达到 12 cm；玻璃破碎严重，窗前 450 cm 内基本无碎片。卫生间窗户位置峰值超压为 19.8 kPa，窗框除边框外完全断裂，且抛掷距离较远。主卧窗户位置峰值超压为 24.2 kPa，仅剩右侧窗框存在，且从连接处发生断裂，钢结构整体发生折叠，结构变形最大超过 12 cm，变形长度为 62 cm；玻璃破碎较为严重，窗前 450 cm 内基本无玻璃碎片，碎片主要集中在 600 cm 以上的位置。次卧窗户位置峰值超压为 27.2 kPa，有部分窗框剩余，窗户产生严重断裂，左侧有部分钢结构存在，但发生严重变形，左侧钢结构变形量超过 32 cm，底部的窗框变形量 43 cm。

（a）厨房窗户破坏情况　（b）主卧变形的钢结构　（c）主卧窗户破坏情况

（d）次卧钢结构变形情况

（e）次卧窗户破坏情况

图 5-68　第九次试验破坏后果

9）第十次试验结果

如图 5-69 所示，在第十次试验中，门位置峰值超压为 13.7 kPa，门框完全被破坏，门框被抛掷距离超过 1000 cm，且玻璃破碎严重，近距离内无玻璃碎片存在。厨房窗户位置峰值超压为 16.5 kPa，窗框产生严重变形，从窗户下侧的连接处发生变形，变形量为 7 cm，上部窗框完全消失，断裂窗框被抛掷距离最远达到 743 cm；有少量玻璃集中在距窗户 3 m 的位置。卫生间窗户位置峰值超压为 20.1 kPa，仅有左侧少量框剩余，其余断裂的框抛掷距离较远，超过 1100 cm，玻璃碎片较为分散。主卧窗户位置峰值超压为 20.4 kPa，断裂窗框主要集中在墙角下，尤其在左下墙角的位置有边框存在。下端窗框从连接处产生变形，变形量为 10 cm，左侧钢结构发生弯折变形；有少量玻璃碎片集中于 300 cm 位置。次卧窗户位置峰值超压为 16.5 kPa，窗框部分集中于墙角，左侧及顶部框消失，左侧剩余框长度为 106 cm，右侧框剩余长度为 84 cm，窗框整体产生 49 cm 的偏移；玻璃有少量集中于窗前。

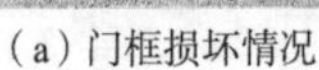
（a）门框损坏情况　（b）厨房窗户破坏情况　（c）厨房窗户破坏细节

（d）卫生间窗户破坏情况　（e）主卧窗户破坏情况　（f）主卧内部破坏情况

（g）主卧钢结构变形情况　（h）次卧窗户破坏情况　（i）次卧窗框掉落情况

图 5-69　第十次试验破坏后果

根据试验结果所得到的超压值及建筑物破坏程度，建立了受冲击波超压影响的建筑物破坏等级划分表，包括破坏等级、超压及破坏情况等内容。通过对比分析表5-11 中基于 TNT 当量法所计算的冲击波对建筑物破坏情况可知，现有 TNT 当量法所判定的冲击波超压与破坏情况对应关系主要以建筑物主体框架结构破坏情况为判定指标，对建筑物破坏情况的分级过于笼统，不利于指导事故调查过程，判定事故原因。而本课题通过开展典型户型结构内全尺寸爆燃试验，通过对不同材质建构筑物破坏程度所对应的冲击波超压值进行梳理和对比分析，补充完善已有的建构筑物破坏等级划分表（表 5-12）。因此，所得到的建构筑物破坏等级划分表对指导事故调查具有一定的参考意义。

**表 5-11 冲击波超压对建筑物的损坏作用（TNT 当量法）**

| 超压 $\Delta p$/MPa | 破坏情况 |
|---|---|
| >0.086 | 完全破坏 |
| 0.075 ~ 0.086 | 严重破坏 |
| 0.063 ~ 0.075 | 次严重破坏 |
| 0.049 ~ 0.063 | 中等破坏 |
| 0.033 ~ 0.049 | 轻度破坏 |
| 0.023 ~ 0.033 | 次轻度破坏 |
| <0.023 | 基本无破坏 |

**表 5-12 受冲击波超压影响的建筑物破坏等级划分表**

<table>
<tr><td colspan="2">破坏等级</td><td>1</td><td>2</td><td>3</td><td>4</td><td>5</td><td>6</td></tr>
<tr><td colspan="2">破坏等级名称</td><td>无破坏</td><td>基本无破坏</td><td>次轻度破坏</td><td>轻度破坏</td><td>中等破坏</td><td>次严重破坏</td></tr>
<tr><td colspan="2">超压/kPa</td><td>< 0.1</td><td>0.1 ~ 1</td><td>1 ~ 5</td><td>5 ~ 10</td><td>10 ~ 20</td><td>20 ~ 50</td></tr>
<tr><td rowspan="5">建构筑物破坏程度</td><td>玻璃（2 mm 厚度）</td><td>无损坏</td><td>偶然出现条状破碎，破碎后玻璃较集中，抛掷距离<200 cm</td><td>部分呈条状或小块破碎，抛掷距离在 200 ~ 300 cm 之间</td><td>大部分呈条状或小块破碎，少量集中，集中位置>350 cm</td><td>粉碎，抛掷距离>600 cm</td><td>粉碎，抛掷距离>1000 cm</td></tr>
<tr><td>玻璃（4 mm 厚度）</td><td>无损坏</td><td>偶然出现大块破碎</td><td>玻璃出现少量条状破碎，在 200 ~ 300 cm 之间</td><td>大部分呈条状破碎，少量集中，集中位置>350 cm</td><td>粉碎，抛掷距离>600 cm</td><td>粉碎，抛掷距离>1000 cm</td></tr>
<tr><td>PVC 门窗</td><td>无损坏</td><td>较细部位出现轻微变形</td><td>部分出现断裂，断裂抛掷距离在 200 ~ 300 cm 之间</td><td>出现大面积断裂，部分抛掷距离>300 cm</td><td>断裂后尺寸<100 cm，抛掷距离>300 cm</td><td>部分抛掷距离>1000 cm</td></tr>
<tr><td>塑钢结构</td><td>无损坏</td><td>无损坏</td><td>出现轻微变形</td><td>出现弯折及断裂，主体保持完整</td><td>大范围出现变形</td><td>变形超过 60°，主体断裂严重</td></tr>
<tr><td>水泥内墙覆盖层</td><td>无损坏</td><td>无损坏</td><td>无损坏</td><td>无损坏</td><td>少量水泥掉落</td><td>砖内墙出现大裂缝</td></tr>
</table>

## 5.5 典型户型结构内天然气燃爆模拟研究

利用 FLACS 模拟燃气爆炸过程，FLACS 是 CFD 爆炸模拟的行业标准，并且是在安全技术领域模拟易燃和有毒物质泄漏方面通过大量验证的专业的模拟工具。通过全三维的 CFD（计算流体力学）模拟，它可以更加准确地预测事故后果，包括所有正面负面的影响（例如基于真实障碍物的受限空间和拥塞环境、通风、水喷淋等）。FLACS 将三维 CFD 软件的通用性能与超过 35 年的大量验证经验和直观的图形用户界面相组合。FLACS 功能全面，操作简单，可以进行三维场景中典型的易燃和有毒物质泄漏的后果模拟。FLACS 是一款适用于释放易燃液体或气体的后果的模拟预测软件，一些易燃和有毒气体如果分散或爆炸或者是产生火灾的情况下会非常危险，为了对这些气体场景进行评估，最合适的是使用 FLACS 来进行建模和后果模拟，能够在安全的技术环境中对易燃和有毒释放进行建模来验证它们可能产生的行为，广泛应用于石油、燃气和加工工业，也越来越多地用于核工业，具有粉尘爆炸潜力的设施和许多其他领域。

为探究包封以及窗户泄爆对爆炸后果的影响，确定最佳的泄爆面积、泄爆压力、泄爆位置以及户型结构布局和燃气布局，以使发生燃气泄漏爆炸事故后对室内人员的伤害降至最低，共设置 6 次燃爆模拟。在点火源方面，主要考虑厨房门口开关、厨房底部（电器）以及厨房顶部（灯、排气扇）等位置。在窗户泄爆方面，一是通过安装常规玻璃与抗压能力较弱玻璃，研究泄爆压力的影响；二是通过在卧室、厨房等不同位置安装抗压能力较弱玻璃，研究泄爆位置的影响；三是安装不同面积的玻璃，研究泄爆面积的影响。在户型结构布局方面，通过改变厨房的结构布局，研究封闭式厨房和开放式厨房的影响等。具体条件设置如表 5-13 所示。

**表 5-13 燃气燃爆模拟工况**

| 工况 | 厨房结构 | 包封情况 | 点火源位置 | 泄爆设置 |
|---|---|---|---|---|
| 1 | 开放式厨房 | 无 | 厨房门口开关 | 所有位置安装常规玻璃 |
| 2 | 封闭式厨房 | 无 | 厨房门口开关 | 所有位置安装常规玻璃 |
| 3 | 封闭式厨房 | 无 | 厨房底部（电器） | 厨房安装抗压能力较弱玻璃，其他位置安装常规玻璃 |
| 4 | 封闭式厨房 | 无 | 厨房顶部（灯、排气扇） | 厨房安装抗压能力较弱玻璃，其他位置安装常规玻璃 |
| 5 | 封闭式厨房 | 无 | 厨房门口开关 | 厨房安装比常规玻璃小一号玻璃，其他位置安装常规玻璃 |
| 6 | 封闭式厨房 | 无 | 厨房门口开关 | 厨房安装抗压能力较弱玻璃，其他位置安装常规玻璃 |

### 5.5.1　计算模型

1. 物理模型

利用 FLACS 软件以上述典型的厨房尺寸为依据建立了全尺寸物理模型，并对其进行网格划分，模拟研究室内均匀分布燃气爆炸过程，得到各个位置的峰值超压，并以此为依据，判定其破坏后果，并与试验结果进行对比验证。在模拟中，墙壁设为固壁，门窗户为泄压口，为获得爆炸过程中各位置的超压值，在每个泄压位置外 0.5 m 处各布置一个测点（图 5-70）。

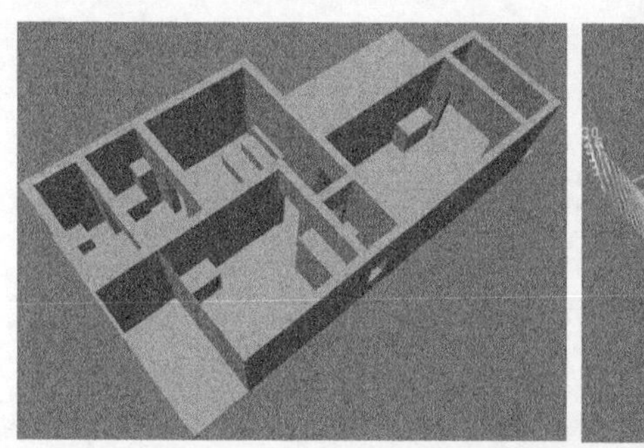
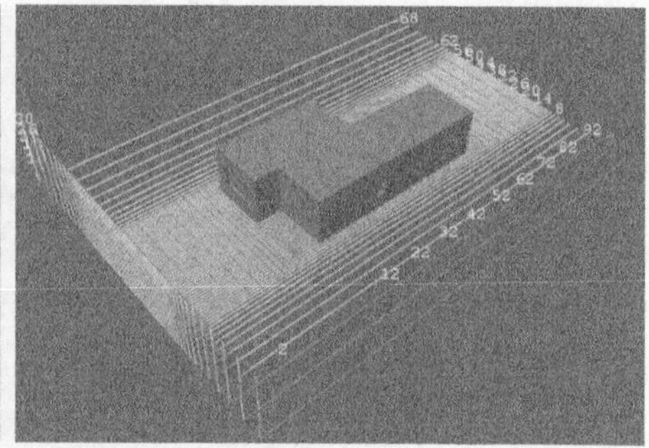

图 5-70　爆炸模拟物理模型及网格划分

2. 数学模型

模拟中，考虑最严重后果，将爆炸性气云的体积浓度设为其爆炸当量浓度，即 9.5%。借助 FLACS 专用气体爆炸软件进行模拟研究。参见 5.3.1 小节，此处不再赘述。

### 5.5.2　参数设定与初始化

在 FLACS 中进行爆炸模拟时，Euler 边界条件适用于大多数的爆炸模拟，但 Plane_Wave 边界条件更适用于低约束条件下的爆炸和远场爆炸传播，考虑到研究对象是处于泄爆空间的气体爆炸场景，因此，为了减少边界效应，除 YLO（$Y$ 轴负方向，即地面）为 Euler 边界外，其余方向边界均设为 Plane wave。数值模型见图 5-71，TMAX=−1 表示的是没有最大的停止计算的时间，应用的是自动停止计算的标准，即当反应域中的气体质量低于初始质量的 90%时，反应即停止；CFLC 和 CFLV 表示的柯朗数，根据 FLCAS 官方操作手册中表明，基于广泛的验证，在进行爆炸模拟时应分别取 5 和 0.5，这样才能取得较准确的结果，且不建议在爆炸模拟中更改此值；NPLOT 和 DTPLOT 表示的是输出图片的个数以及时间间隔，该变量不影响模拟结果，只影响储存的数据量。具体的模拟和输出控制的参数设定如图 5-72、图 5-73 所示。

CASD - Scenario

SIMULATION_AND_OUTPUT_CONTROL

On (1) or Off (0).

| | |
|---|---|
| TMAX | -1 |
| LAST | -1 |
| CFLC | 5 |
| CFLV | 0.5 |
| SCALE | 1 |
| MODD | 1 |
| NPLOT | 25 |
| DTPLOT | 0.02 |
| GRID | "CARTESIAN" |
| WALLF | 1 |
| HEAT_SWITCH | 0 |

图 5-71　天然气爆炸模拟输出控制的参数设定

CASD - Scenario

BOUNDARY_CONDITIONS

| | |
|---|---|
| XLO | "PLANE_WAVE" |
| XHI | "PLANE_WAVE" |
| YLO | "EULER" |
| YHI | "PLANE_WAVE" |
| ZLO | "PLANE_WAVE" |
| ZHI | "PLANE_WAVE" |

图 5-72　天然气爆炸模拟边界条件设置

CASD - Scenario

GAS_COMPOSITION_AND_VOLUME

| | | | |
|---|---|---|---|
| POSITION_OF_FUEL_REGION | 0.25 | 0 | 0.25 |
| DIMENSION_OF_FUEL_REGION | 6.49 | 2.8 | 11.75 |
| VOLUME_FRACTIONS | | | |
| EQUIVALENCE_RATIOS_(ER0_ER9) | 1.05 | 0 | |

（a）气云位置及气云浓度

CASD - Scenario

VOLUME_FRACTIONS

| | |
|---|---|
| METHANE | 100 |
| ACETYLENE | 0 |
| ETHYLENE | 0 |
| ETHANE | 0 |
| PROPYLENE | 0 |

（b）气体种类

CASD - Scenario

IGNITION

| | | | |
|---|---|---|---|
| POSITION_OF_IGNITION_REGION | 4 | 1.4 | 1.55 |
| DIMENSION_OF_IGNITION_REGION | 0 | 0 | 0 |
| TIME_OF_IGNITION | 0 | | |
| RADMAX | 0 | | |

（c）点火位置

图 5-73　室内燃气爆炸模拟初始条件设定

### 5.5.3　典型户型结构内天然气燃爆演化规律

1. 泄爆压力对封闭式户型结构内天然气燃爆特性的影响

为探究泄爆压力对室内天然气燃爆特性的影响，分别通过改变厨房内玻璃承压强度（5 kPa、10 kPa）展开数值模拟研究，并对其模拟结果进行分析。

图 5-74 显示了点火源在厨房顶灯位置，厨房内玻璃承压强度分别为 5 kPa 和 10 kPa 时的火焰传播过程。从图中可以清晰地看出，火焰在室内的传播过程随厨房内玻璃承压强度的不同而呈现较大的差异性，主要体现为火焰传播速度及燃料燃烧速率。当可燃气体在厨房区域内被点燃时所产生的超压率先将承压 5 kPa 的玻璃破碎失效泄压，使得火焰向窗外喷射，减缓了火焰在室内的传播，相同时间内火焰传播速度及燃料的燃烧速度随泄爆压力的增大而减缓，导致这种现象的主要原因是相比 5 kPa 的泄爆压力，泄爆压力为 10 kPa 时，在泄爆之前可燃气体在密闭空间内释放了更多的能量，内部火焰温度升高，加快了化学反应速率，进而促进了火焰的快速传播。

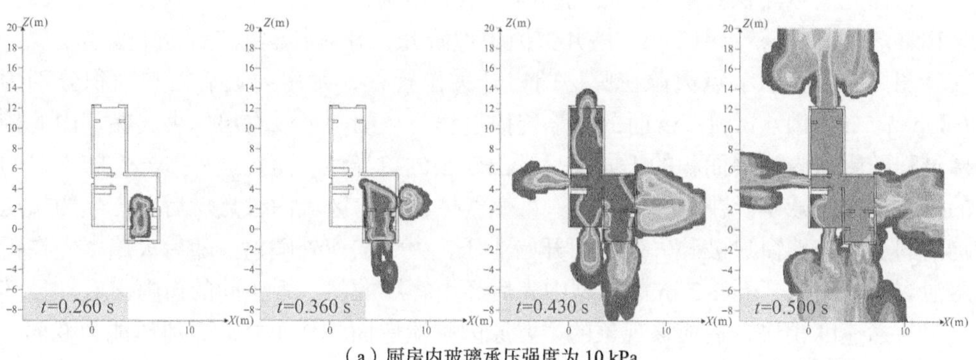


（a）厨房内玻璃承压强度为 10 kPa

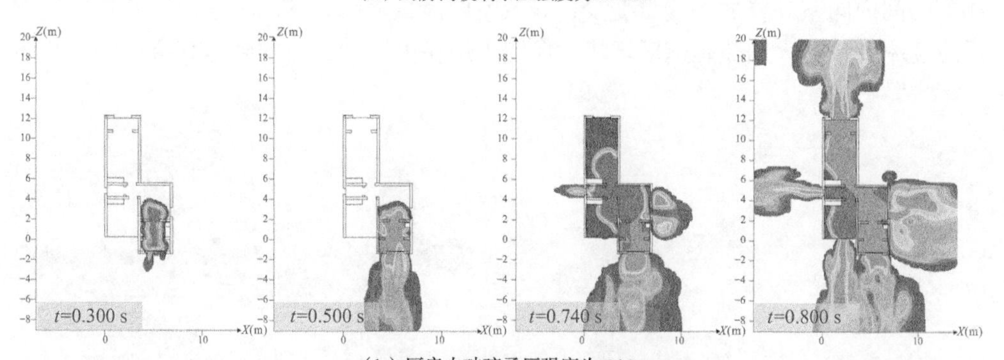


（b）厨房内玻璃承压强度为 5 kPa

图 5-74　不同承压强度下爆燃火焰传播特征

当厨房内玻璃泄爆压力为 10 kPa 时，厨房阳台外、次卧外、卫生间外及主卧外的峰值超压分别为 17 kPa、26 kPa、15 kPa 和 55 kPa，由此看出，室外测点超压随距点火源距离的增加而增大，导致该现象的主要原因是点火源靠近厨房玻璃，该位置处冲击波超压率先到达泄爆压力 10 kPa，受向外泄放的影响，厨房内燃料爆炸所产生的能量无法进一步聚集产生更高的超压，使得厨房阳台外附近超压相对较低。而由于室内其他区域内仍充斥着充足的可燃气体，而且火焰在室内传播过程中不断加速，随距离的增加、爆炸过程中产生了更多的能量，当冲击波到达主卧时，超压峰值最大为 55 kPa。而当厨房内玻璃泄爆压力为 5 kPa 时，厨房阳台外、次卧外、卫生间外及主卧外的峰值超压分别为 6 kPa、17kPa、13 kPa 和 44 kPa。由此看出，厨房玻璃泄爆的降低可以减轻爆炸超压对各个位置的冲击波伤害，其中靠近点火源的厨房外降幅最为明显，达 70.6%，次卧外、卫生间外及主卧外的降幅也分别达 34.6%、13.3%和 20%。由此可知，厨房内玻璃泄爆压力的大小对可燃气体爆燃特性的影响较大，相比于玻璃的泄爆压力 10 kPa，泄爆压力 5kPa 时所产生的爆炸危害较小。

### 2. 泄爆面积对封闭式户型结构内天然气燃爆特性的影响

为探究泄爆面积对室内天然气燃爆特性的影响，通过改变厨房内玻璃窗户面积（1.8 m×1.5 m、1.5 m×1.2 m）展开数值模拟研究，并对其模拟结果进行分析。

图 5-75 显示了点火源在厨房门口开关位置处，厨房内玻璃窗户面积分别为 1.8 m×1.5 m 和 1.5 m×1.2 m 时的火焰传播过程。从图中可以看出，火焰在室内的传播过程随厨房内泄爆面积的不同而呈现出较小的差异性，而且这种差异性随着时间的推移在逐渐减小。在两种工况下，可燃气体在厨房区域内被点燃后所产生的超压均使厨房的玻璃窗户破碎失效从而开始泄压，火焰向窗外喷射。随后火焰率先在厨房泄爆面积为 1.5 m×1.2 m 的户型中先后经由客厅的门、卫生间的窗喷出室外且其火焰传播速度较快，造成该现象的主要原因是泄爆面积变小之后，泄压能力变弱，相同时间内向室外释放的能量变少，导致室内能量聚积，室内火焰温度升高，化学反应速率加快，火焰蔓延速度增快，促使火焰在更短的时间内到达其余泄爆处并向

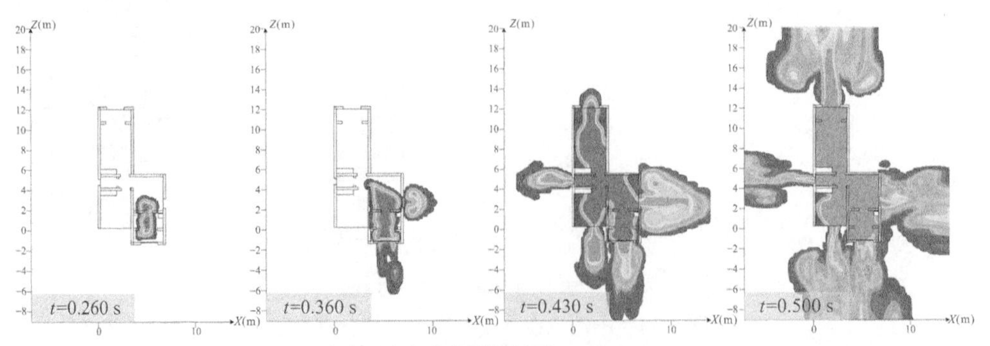


（a）厨房内玻璃泄爆面积为 1.8 m×1.5 m

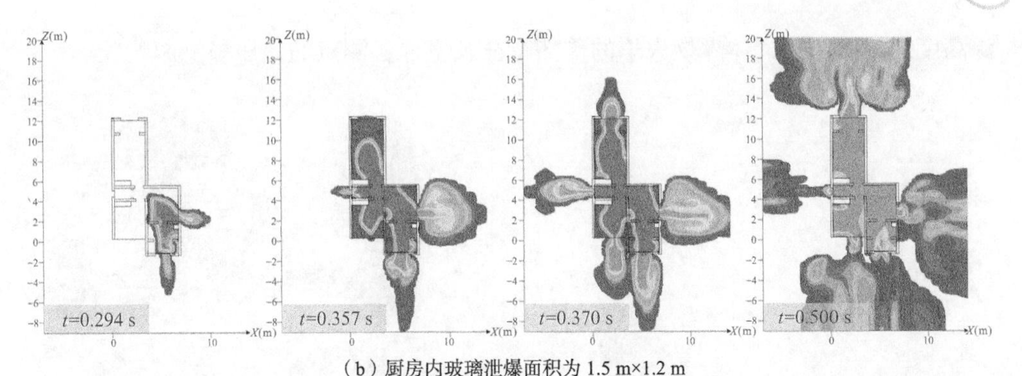


（b）厨房内玻璃泄爆面积为 1.5 m×1.2 m

图 5-75　不同泄爆面积下爆燃火焰传播特征

室外喷射。当 $t$=0.37 s 之后，两者的火焰传播特征趋于一致，由此看出，该两种泄爆面积对室内可燃气体的爆燃传播过程影响较小。

当厨房内玻璃泄爆面积为 1.8 m×1.5 m 时，厨房阳台外、次卧外、卫生间外及主卧外的峰值超压分别为 18 kPa、34 kPa、18 kPa 和 60 kPa，由此看出，室外测点超压随距点火源距离的增加而增大，与上文发现的规律一致。当厨房内玻璃泄爆面积为 1.5 m×1.2 m 时，厨房阳台外、次卧外、卫生间外及主卧外的峰值超压分别为 22 kPa、36 kPa、18 kPa 和 60 kPa，厨房阳台外的峰值超压比 1.8 m×1.5 m 时的峰值超压大，造成该现象的原因可能为厨房泄爆面积较小，超压泄放速度较慢，导致短时间内厨房内超压聚积，进而使得峰值超压大于 1.8 m×1.5 m 时的峰值超压。通过纵向比较两种泄爆面积条件下室外各测点的峰值超压可以发现，泄爆面积的增大可以降低峰值超压和延迟到达峰值超压的时间，增强泄爆能力，减轻爆炸超压对各个位置的冲击波伤害，其中厨房外和次卧外的降幅分别达 18.2%、5.6%，同时可以看出，泄爆面积的大小对于较远距离处的主卧外峰值超压影响不大。

3. 不同点火源高度对封闭式户型结构内天然气燃爆特性的影响

为探究不同点火源高度对室内天然气燃爆特性的影响，分别通过改变点火源距地板的高度（0.4 m、2.4 m）展开数值模拟研究，并对其模拟结果进行分析。

图 5-76 显示了点火源在厨房内不同高度发生爆燃时的火焰传播过程。从图中可以清晰地看出，当各门窗泄爆压力相同的条件下，火焰在室内的传播过程随厨房内点火源高度的不同而基本呈现一致，主要是由于空间内障碍物的分布方式以及可燃气体的含量在不同点火源高度下是一致的，因此没有对室内可燃气体发生爆燃时的化学反应速率以及火焰加速等过程产生较大的影响。同时，结合不同点火源高度下爆炸冲击波超压峰值同样可以得出，点火源高度的不同对各测点外的峰值超压的影响较小，点火源高度分别为 0.4 m 和 2.4 m 时，厨房阳台外、次卧外、卫生间外及主卧外的峰值超压分别为 16 kPa、32 kPa、19 kPa 和 60 kPa。由此可知，不同点火

源高度对室内可燃气体爆燃火焰的传播特征及室外各测点的超压峰值影响较小。

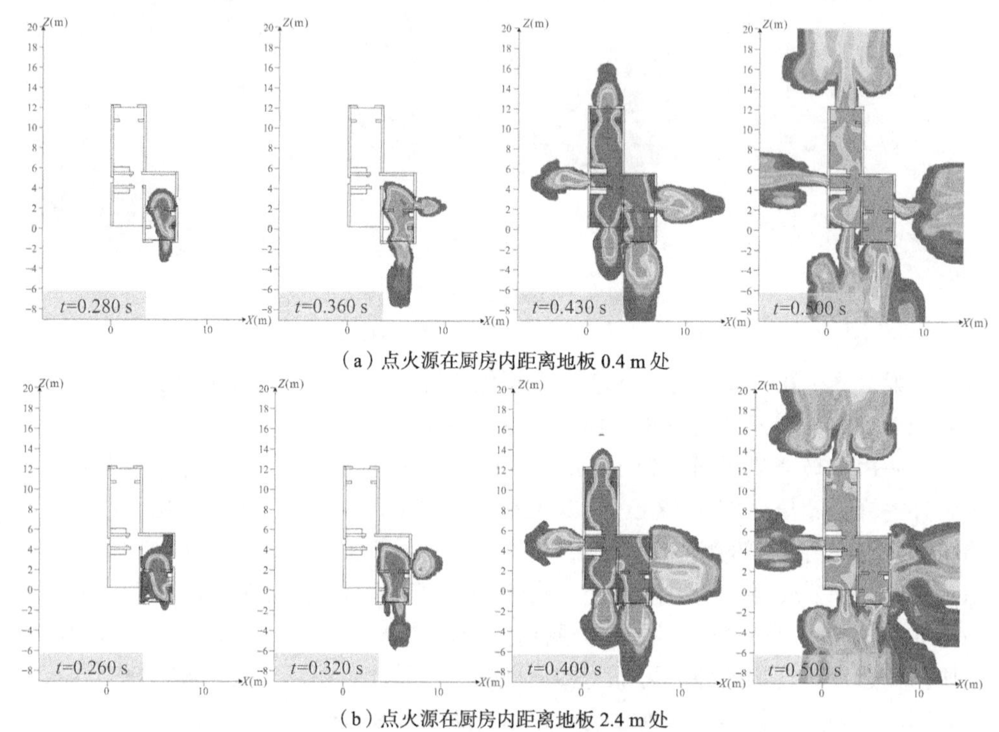


（a）点火源在厨房内距离地板 0.4 m 处

（b）点火源在厨房内距离地板 2.4 m 处

图 5-76　不同点火源高度下可燃气体爆燃火焰传播特征

4. 户型结构内对室内天然气燃爆特性的影响

为探究户型结构对室内天然气燃爆特性的影响，通过改变厨房结构（封闭式、开放式）来展开数值模拟研究，并对其模拟结果进行分析。

图 5-77 显示了点火源在厨房门口开关位置处，厨房结构分别为封闭式和开放式时的火焰传播过程。从图中可以看出，火焰在室内的传播过程随厨房结构的不同而呈现出一定的差异性，主要体现在火焰传播速度和火焰温度两方面。与封闭式厨房相比，开放式厨房发生燃爆后产生的火焰喷射出窗外的距离较短，火焰向室内其他房间蔓延速度较慢，且燃爆前期火焰温度较低。造成该现象的主要原因是开放式厨房与相连房间没有墙壁隔断，空间较大，燃爆产生的热量容易扩散，导致前期火焰温度较低，化学反应速率较慢，减缓了火焰的传播，累积的能量和超压较小，窗户泄爆效果差。当火焰充满整个住宅后，与封闭式厨房的户型相比，拥有开放式厨房的房型内部和向窗外喷出的火焰温度反而均较高。造成这种现象的主要原因是燃爆前期泄爆效果差，导致热量在室内累积，火焰温度较高。综上，相较于封闭式厨房的户型，开放式厨房的户型使火焰传播速度和温度上升速度减缓，但使火焰最终达到的温度较高。

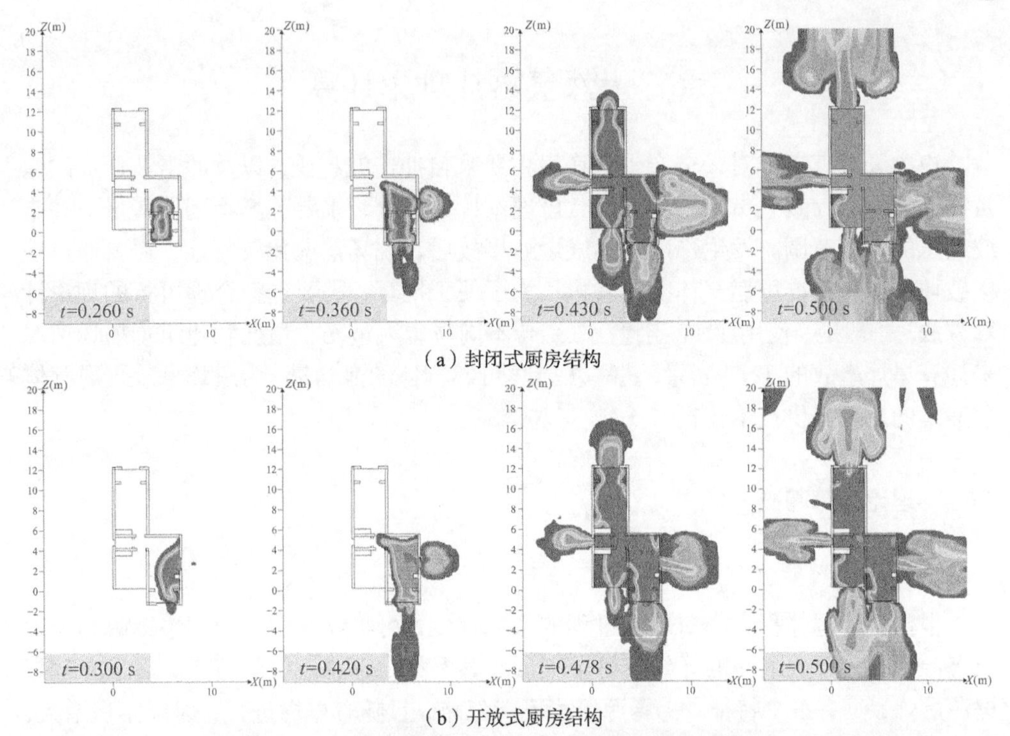


（a）封闭式厨房结构

（b）开放式厨房结构

图 5-77　不同户型结构下可燃气体爆燃火焰传播特征

当厨房为封闭式厨房时，厨房阳台外、次卧外、卫生间外及主卧外的峰值超压分别为 18 kPa、34 kPa、18 kPa 和 60 kPa，由此看出，室外测点超压随距点火源距离的增加而增大，与上文发现的规律一致。当厨房为开放式厨房时，厨房阳台外、次卧外、卫生间外及主卧外的峰值超压分别为 24 kPa、50 kPa、24 kPa 和 75 kPa，由此得出，与开放式厨房结构相比，封闭式厨房的结构厨房内部空间体积相对较小，当发生爆燃事故时，所释放的爆炸能量更易集聚，从而使得厨房内的窗户率先泄爆，降低了室内超压，进而减轻了爆炸超压对各个位置的冲击波伤害，厨房外、次卧外、卫生间外及主卧外的降幅分别达 25.0%、32%、25.0%和 20%。因此，从爆炸后果角度考虑，封闭式厨房结构相比于开放式厨房结构所造成的危害低。

通过改变泄爆压力大小、泄爆面积尺寸、点火源高度以及室内户型结构展开了一系列的数值模拟研究，研究结果表明：厨房内玻璃泄爆压力的大小对可燃气体爆燃特性的影响较大，相比于玻璃的泄爆压力 10 kPa，泄爆压力 5 kPa 时所产生的爆炸危害较小；厨房内玻璃泄爆面积尺寸（1.8 m×1.5 m、1.5 m×1.2 m）的大小对厨房及次卧外测点的超压峰值影响较大，但对于较远距离处的主卧外峰值超压影响较小；而不同点火源高度（0.4 m、2.4 m）对室内可燃气体爆燃火焰的传播特征及室外各测点的超压峰值影响较小；此外，从爆炸后果角度考虑，封闭式厨房结构相比于开放式厨房结构所造成的危害低。

# 5.6 天然气爆炸理论计算

户内天然气爆炸对人员产生的伤害主要来自冲击波超压，以及冲击波造成的建筑物损坏坍塌导致人员伤亡。因此，该理论计算部分，主要计算不同泄漏量下冲击波超压的伤害范围。发生户内天然气爆炸事故后，现场情况比较复杂，需要通过现场破坏情况来反推可燃气体的泄漏量，为了便于推算，需要选择合理可行的理论计算方法。一般地，使用TNT当量法，结合不同位置人员伤亡情况和建筑物损坏情况来计算爆炸事故的TNT当量，进一步推算可燃气体的泄漏量，为爆炸事故可燃气体泄漏量的推算提供技术依据。

## 5.6.1 理论计算基础

1. 气体爆炸特点分析

根据爆炸源体积大小对爆炸过程的影响程度，可将爆源划分为理想爆源和非理想爆源两类。开放空间的无约束可燃气云爆燃不符合理想爆源的特点，属于非理想爆源爆炸，具有三个特征：①爆源体积不能忽略，且随着爆燃进行，爆源体积增大；②能量释放速率有限，逐层燃烧，逐层释放；③爆源区压力较低，且与爆源体积有关，通常为几千帕到几百千帕。

可燃气云爆燃本质上是可燃气体的燃烧过程。气体燃烧分为四种基本形式，在不同条件下，这些形式可以互相转换。

1）定压燃烧（constant pressure combustion）

定压燃烧是无约束敞开型燃烧，燃烧产物能及时向后排放，压力始终保持与初始环境压力相平衡，系统压力是恒定的。

2）定容爆炸（constant volume combustion）

理想条件下，定容爆炸是指混合可燃气体在刚性容器中，被同时点燃时所发生的燃烧过程。然而，实际情况是容器内的可燃混合气体通常先发生的是局部点火，然后由局部扩展到整体的过程，但由于爆炸过程迅速，密闭容器中局部点火所形成的参数与定容爆炸非常接近，因此通常认为可以采用定容爆炸模型来处理。定容爆炸过程中，由于容器体积保持不变，那么混合气密度也就不变，内部压力随爆炸反应释放的化学能的增加而增大，大多数化学计量浓度下的烃类燃料-空气混合物的定容爆炸压力，可以达到初始压力的7～8倍。

3）爆燃（deflagration）

在气体爆炸事故中，气云爆炸通常以爆燃的形式发生，而爆燃是一种带有化学反应区的以亚音速传播的波。通常情况下其爆炸波峰压力值较低，但压力作用时间较长，冲量较大，具有较大的破坏作用。在爆燃过程中，火焰阵面在可燃气云中传播时，火焰阵面后的燃烧产物由于温度升高产生向前的膨胀流动，同时像活塞一样冲击前面的未燃气体，产生与火焰阵面同向传播的前驱冲击波。形成的前驱冲击波和火焰阵面构成了爆燃波的两波三区结构。

实际上气云爆燃度为爆炸波和火球火焰热辐射的破坏能力之和，两者均具有较大的破坏能力。气云被点燃后形成的火焰温度变化范围不大（1800～2600 K），且火焰温度受环境因素影响较小，因此其破坏能力和产生的破坏后果较为稳定。爆燃过程产生的冲击波，可以因约束或湍流度的减弱而减弱，甚至消失，使得爆燃转为定压燃烧；相反若爆燃过程约束或湍流度的增强，会导致火焰加速，当火焰阵面追赶上前驱冲击波阵面，两者合二为一形成一个带有化学反应区的冲击波，此时爆燃就转变为爆轰。

4）爆轰（detonation）

爆轰和爆燃都是带有化学反应区的波，然而两者存在本质的区别。其中最重要的区别在于，爆轰产生的冲击波相对于波前状态是超音速的，而爆燃产生的是亚音速的波，在适当的条件下，爆燃可以转变为爆轰，该过程即为 DDT（deflagration to detonation transition）。大多数碳氢化物与空气混合物，在化学计量浓度条件下产生的典型的爆轰压力约为 1.5 MPa 量级，在纯氧中爆轰压力在此基础上能够提高 1 倍左右。然而，通过气云爆燃事故案例分析发现，实际发生爆轰的情况极少，通常以爆燃形式出现。因此，研究气云爆燃机理及过程对于事故控制和预防更为重要。

2. 可燃气体爆炸影响因素

可燃气云尤其是大尺度可燃气云爆燃涉及复杂的物理化学过程，其燃爆受多种因素影响，其中主要因素包括可燃气云特性、点火条件、周围环境等。

1）可燃气云特性

影响可燃气云特性的因素包括可燃气体的种类、可燃气云的浓度及均匀度、气云尺寸等。

不同种类的可燃气体，由于其反应活性的不同，引起的气云爆燃强度不同，按照气体反应活性的高低，将可燃气体分为三个等级，即高反应活性（例如氢、乙炔和苯等）、中等反应活性（例如乙烷、丙烷、乙烯等）和低反应活性（例如甲烷、氨和氯乙烯等）。同时，不同种类的可燃气体其密度也不相同，密度小于空气的可燃气体受浮力作用，泄漏后会上升，不易在近地面处形成大规模气云；而密度大于空气的可燃气体，则可能会进入地下沟槽、隧道等受限制区域，一旦被引燃，即会造成严重危害。

可燃气体只有在爆炸极限范围内才能被引爆，在爆炸极限范围内存在气体的最危险浓度。一般而言，化学计量浓度的 1.1～1.5 倍为可燃气体爆炸的最危险浓度，在该浓度下，燃烧速度和爆燃反应热达到极大值，产生的爆燃强度最大，破坏效应最严重。对于由高压管道或容器喷射产生的气云，受喷射方向、压力、密度等因素的影响，造成预混气体浓度并不均匀。因此，虽然喷射产生的湍流作用在一定程度上增大了可燃气体与空气的接触面积，但是，不均匀的预混气云爆燃产生的超压一般小于以化学计量比混合的均匀气云产生的爆燃超压。因此，在爆燃强度预测时，应充分考虑气云浓度及均匀度造成的预测误差。

对于气云尺寸，一般而言，可燃气云尺寸越大，涉及的燃料能量越大，一旦引燃，火焰经过长距离加速，可能达到几百米每秒的火焰速度，造成的爆燃强度也应该越大。然而，前人研究发现，气云尺寸和爆燃强度之间并不呈现明显的正比关系。大尺寸气云和小尺寸气云，爆燃模式具有较大差别，爆燃过程不具有相似性。因此，不能用尺寸缩放的方法进行相互预测。

2）点火条件

点火条件主要包括点火源的能量大小和点火位置。工业生产过程中涉及的点火源一般是弱点火源，例如，静电火花、高温物体表面、电气设备引起的火花等，一般点火能量小于 100 mJ。弱点火形成的气云爆炸一般只会引起爆燃，产生的超压较小。同时，点火位置不同也会引起气云爆燃强度的差别，在可燃气云中心点火，产生的爆燃强度要高于在气云边缘点火产生的爆燃超压，在事故预测中，应当考虑中心点火时产生的最危险状况。

3）气云周围环境状况

气云周围环境状况包括气云内部障碍物、外部约束物、地形条件和天气状况等。

气云内部障碍物的作用主要通过影响火焰传播机制，湍流化机理和正反馈机制，增大能量释放率，促使燃烧速度增大，从而提高爆燃强度，气云内部障碍物对爆燃强度的影响显著。

气云外部约束物主要是把气云限制成一定的体积和形状，不同约束条件下，爆燃产生的超压等级不同。当气云一维传播，如长管道内气云爆燃时产生的超压最高；二维传播，如两平板之间气云爆燃时产生的超压次之；三维传播，如球形气云爆燃时产生的超压最小。

地形条件主要涉及气云形成的位置，如果泄漏点处于山洼处，或者周围存在隧道、沟槽等地形情况时，可燃气云一旦进入这些区域，形成局部约束，点火之后会产生较高的超压。

天气状况主要包括风速、大气湿度和大气温度等因素。可燃气体发生泄漏时，如果风力较大，气体随风飘散不易形成气云；气云引爆后，遭遇雨雪等天气，致使空气湿度增大，水汽蒸发吸热，带走大量热量，从而降低了燃爆强度；大气温度主要影响可燃气体密度以及气体扩散速度，温度越高越有利于气云的形成和均匀化，同时温度越高，初始能量越大，越容易点火并产生较大超压。

综上所述，气云爆燃影响因素众多，造成气云爆燃强度的不确定性较大，在气云爆燃超压预测过程中，应尽可能考虑这些因素的影响程度，尽可能精确地预测气云爆燃造成的危害程度。

### 5.6.2　理论计算模型选择

对于天然气爆炸产生的冲击波危害，现有计算评估模型是根据炸药爆炸测试数据得到的。同时对于爆炸冲击波的破坏效应评估，应遵循不同的准则。针对爆炸冲击波的危害效应，常用的可燃气体爆炸后果评估模型有 6 种：TNT 当量法、TNO 法、多能法、British Gas 法、Shell 法以及 Lee 公式。

TNT 当量法的基本思想是把可燃气体的质量转换成等当量的 TNT。对于开放空间，燃料燃烧的热量只有小部分以冲击波的形式表现出来，因此该方法假定只有一定比例（1%～10%）的燃料对超压形成有贡献。但是对于户内密闭空间，可以认为燃料燃烧的所有能量都以冲击波的形式表现出来。TNO 方法描述的是位于地面的半球形气云的爆炸问题。其基本思想是计算出气体云团的燃烧能，通过特征爆炸长度来求出一定距离处的爆炸超压。多能法强调的是障碍物和边界约束对爆炸后果的影响，该方法根据气体受限程度的不同把蒸气云分成若干块体积，每块体积对应于一个爆炸强度指数（1～10）。爆炸强度指数为 1 对应于无约束或无障碍的蒸气云爆炸，而 10 则对应于蒸气云爆轰。British Gas 法用来计算非爆轰燃气云（乙烷含量低于 5% 的甲烷）的爆炸后果，实际上它是 TNT 当量法的一种改进。该方法认为在认定的爆炸区域内会产生 400 kPa 的超压，TNT 当量法中的效率系数增加到 0.2，能量比例系数为 10。Shell 认为前面几种方法都低估了爆炸在远场的效应。其基本原理与多能法相同，不同之处在于该方法是通过一个反比例衰减规律估算出爆炸超压的。Lee 针对火焰加速机理开展了试验研究，并提出了计算气云在地面爆轰时超压峰值的计算公式。

在上述预测可燃气体爆炸效应的方法中，TNT 当量法是其中一种最重要的经验方法，是将无约束气云爆炸产生的爆炸冲击波能量等同于相当能量的 TNT，对于室内天然气爆炸，由于室内空间比较开阔，在爆炸发展的前期基本受周围环境的影响较小，因此，选择 TNT 当量模型进行计算。

### 5.6.3　理论计算步骤

在理论计算过程中，通过现场人员伤亡情况和建筑物损坏情况来反推爆炸能量，主要步骤如下：

（1）根据某一位置的人员伤亡情况和建筑物的损坏情况对应相应阈值来判断该位置的冲击波超压值，具体阈值标准如表 5-14 和表 5-15 所示。

表 5-14　冲击波超压对人体的伤害作用

| 超压 $\Delta p$/MPa | 伤害情况 |
|---|---|
| 0.02 ~ 0.03 | 轻微伤害 |
| 0.03 ~ 0.05 | 听觉器官损伤或骨折 |
| 0.05 ~ 0.10 | 内脏严重损伤或死亡 |
| >0.10 | 大部分人员死亡 |

表 5-15　冲击波超压对建筑物的损坏作用

| 超压 $\Delta p$/MPa | 破坏情况 |
|---|---|
| >0.086 | 完全破坏 |
| 0.075 ~ 0.086 | 严重破坏 |
| 0.063 ~ 0.075 | 次严重破坏 |
| 0.049 ~ 0.063 | 中等破坏 |
| 0.033 ~ 0.049 | 轻度破坏 |
| 0.023 ~ 0.033 | 次轻度破坏 |
| < 0.023 | 基本无破坏 |

（2）由于 TNT 当量法中使用的是比距离，而不是距爆炸中心的实际距离，所以需要根据冲击波超压计算得到比距离。最常用的冲击波峰值超压与比例距离的预测公式为 Henrych 公式。Henrych 用试验的方法得到冲击波峰值超压与比距离的关系，如式（5-8）所示：

$$\Delta P_m = \begin{cases} 0.0981\times\left(\dfrac{14.0717}{\bar{R}}+\dfrac{5.5397}{\bar{R}^2}-\dfrac{0.3572}{\bar{R}^3}+\dfrac{0.00625}{\bar{R}^4}\right) & 0.05\leqslant\bar{R}<0.30 \\ 0.0981\times\left(\dfrac{6.1938}{\bar{R}}-\dfrac{0.3262}{\bar{R}^2}+\dfrac{2.1324}{\bar{R}^3}\right) & 0.30\leqslant\bar{R}<1 \\ 0.0981\times\left(\dfrac{0.662}{\bar{R}}+\dfrac{4.05}{\bar{R}^2}+\dfrac{3.288}{\bar{R}^3}\right) & 1\leqslant\bar{R}<10 \end{cases} \tag{5-8}$$

式中，$\bar{R}$为比距离。

（3）得到比距离之后，通过其与真实距离以及 TNT 当量的关系，可以求得 TNT 当量，如式（5-9）所示。

$$\bar{R} = R/W_{\text{TNT}}^{1/3} \tag{5-9}$$

式中，$R$ 为测点与爆心之间的距离（m）。

（4）根据 TNT 当量与天然气质量的关系可以求得泄漏的天然气质量，如式（5-10）所示。

$$W_{\text{TNT}} = \alpha \times W_{\text{f}} \times Q_{\text{f}} \ / \ Q_{\text{TNT}} \tag{5-10}$$

式中：

$W_{\text{TNT}}$——蒸气云 TNT 当量（kg）;

$\alpha$——蒸气云爆炸效率因子，表明参与爆炸的可燃气体的分数；

$W_{\text{f}}$——蒸气云中燃料的总质量（kg）;

$Q_{\text{f}}$——蒸气的燃烧热（J/kg）;

$Q_{\text{TNT}}$——TNT 的爆炸热，一般取 4.5 MJ/kg。

该方法计算天然气质量的条件为有足够氧气使天然气充分爆炸，天然气户内泄漏后浓度一般低于 9%，户内能够为天然气爆炸提供足够氧气，该方法计算天然气泄漏量有效。

下面通过试验结果来验证该计算方法的可靠性。野外试验场天然气爆炸共进行两次试验，由于第一次试验门玻璃未脱落，冲击波从房屋与地面的间隙处逸出导致第一次试验测到的数值偏小，第二次试验经过改进，房屋未翘起，门窗玻璃完全震碎飞出。房屋窗户未震裂，窗户处三个传感器没有检测到明显的冲击波，图 5-78 为第二次门对面三处传感器的试验数据。经过试验所测数据可知，距离门 1 m 位置冲击波压力峰值达到 80 kPa，1.5 m 位置压力峰值达到 33 kPa，2.5 m 位置压力峰值达到 9 kPa。

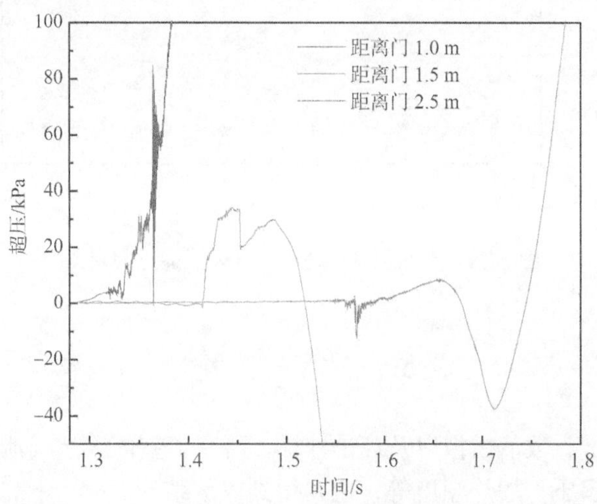


图 5-78　野外试验场第二次爆炸试验门对面三处测点冲击波超压随时间变化情况

当超压峰值为 80 kPa 时，可通过式（5-9）求得对应的比距离为 2.94，此时测点距离爆炸中心约 4 m，代入式（5-10）可求得 TNT 当量为 2.5 kg，再通过式（5-8）

反推得到发生爆炸的可燃气体的质量约为 1.36 kg，对应的体积约为 1.89 $m^3$，最后可求得此时对应的浓度约为 9.08%。而此次试验实际的充气浓度在 9.5%左右，考虑到传感器测试、距离计算、气体混合均匀度等因素造成的误差，该结果完全可以接受，说明利用在正常厨房尺寸的体积下，TNT 当量法反推气体泄漏量具有一定的准确性。

### 5.6.4 天然气爆炸理论模型验证

图 5-79 给出了不同超压下反推气体泄漏量随距离变化情况，从图中可以看出，当超压值一定时，随着距离的增加，反推得到的可燃气体泄漏量也增加，而且呈现上升幅度增大的趋势，说明距离对反推结果的影响很大。因此，在事故现场勘察过程中，应尽可能搜集比较多的物证来确定伤害范围，从而能够反推得到更为准确的可燃气体泄漏量。

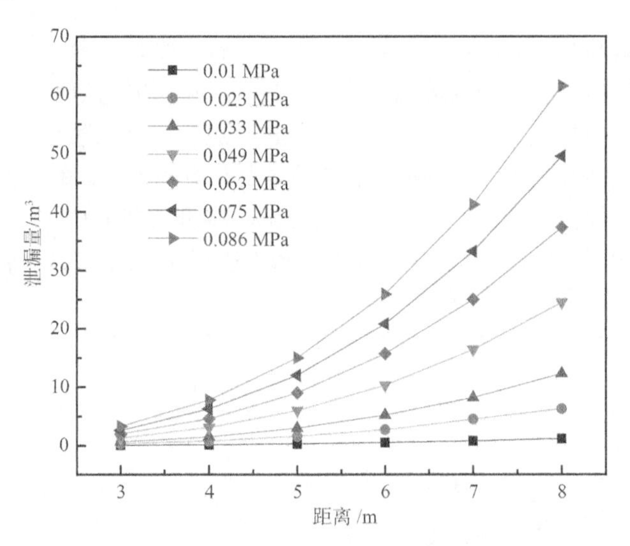


图 5-79 不同距离和超压下气体泄漏量判定图

## 5.7 结 论

通过试验测试、数值模拟以及理论计算，研究了室内天然气泄漏爆炸的爆炸特性，包括冲击波超压、爆炸温度等，主要得到以下结论。

通过改变泄爆压力大小、泄爆面积尺寸、点火源高度以及室内户型结构展开了一系列的试验研究，研究结果表明：

（1）开放式厨房挡烟垂壁的存在会增大爆炸后果，增加挡烟垂壁后各房间爆炸超压有所上升，相比于无挡烟垂壁条件下，厨房顶部 50 cm 范围内燃气浓度增大，同时，爆炸过程中顶部燃气随冲击波向客厅等其他区域扩散过程中受到阻碍，使得更多燃气参与爆炸反应进而释放更多能量，而且受挡烟垂壁影响，火焰传播遇到挡烟垂壁诱导湍流火焰形成，火焰失稳致使火焰前锋表面积增大，促进了爆炸的反应进程，提升了爆燃强度，其中厨房、客厅和次卧的增幅均超过 50%。

（2）包封内部浓度远高于爆炸极限，第一次点火在包封内部开展，由于浓度过高导致点火失败（当包封结构内能点火成功时，燃气泄漏量一定不大，爆炸后果也不会严重）。第二次点火在厨房门口处进行点火，点火成功。包封结构对爆炸后各房间所受的冲击波伤害影响较大，爆炸后各房间所受的超压值相对降低，厨房、次卧和主卧降幅较大，分别为 90.9%、60.2%和 64.0%，主要由于整个空间内的浓度较低，且爆炸过程中房门率先泄压，燃气被冲击波向门外喷出，使得参与爆燃过程的燃气量进一步降低，导致爆燃过程中壁面受到的超压较低。有包封时的温度峰值要明显低于无包封时的温度峰值，在有包封的情况下，厨房温度峰值和主卧的温度峰值分别为 500℃和 600℃，无包封时厨房温度峰值为 900℃、主卧温度峰值为 1000℃。

（3）受封闭式厨房结构中隔断墙的影响，泄漏发生后易于燃气聚集，相同泄漏量下，厨房内燃气浓度较高，点火处浓度高，爆燃初期释放的能量多，同时，受隔断墙的阻碍作用，爆燃发生后导致火焰扰动的增加，燃气燃烧过程中所释放的能量不易向其余房间传递，在壁面阻挡的耦合作用下，反射波与火焰面相互影响，内部扰动增大，促进了燃料的燃烧与能量的释放，进而致使封闭式厨房结构发生爆炸后各房间的超压值增大。

（4）各房间超压随点火点位置的不同呈现较大的差异性，其中，随着点火位置的上升，各房间的超压值整体呈现增加的趋势，当点火点的位置在厨房底部时，超压值最低。相较于厨房顶部点火，厨房、卫生间、主卧的降幅相对最大，分别为 91.4%、81.3%和 76.6%，但根据总体超压值而言，次卧所受到的爆炸危害最大，导致该差异性的原因是，室内浓度的非均匀分布，燃气浓度从高到低呈现降低的趋势，而点火点的初始浓度影响爆燃的传播过程，点火处浓度越接近当量比，爆燃过程越强烈。不同位置点火源对于厨房壁面温度峰值的影响不大，均为 700℃左右。对于主卧壁面温度峰值来说，厨房底部点火温度峰值为 550℃，厨房门口开关处点火温度为 650℃，厨房顶部点火温度峰值为 850℃。

（5）不同位置处门窗泄放压力的降低及泄放面积的减小一定程度上会增强或减弱泄爆能力，其中，当厨房安装抗压能力较弱玻璃时会增强泄爆能力，减小厨房空间内的爆炸后果；当厨房安装比常规玻璃小一号玻璃会降低泄爆能力，增大厨房空间内的爆炸后果。厨房安装抗压能力相近的玻璃时，厨房和主卧壁面温度峰值和温度趋势变化的差异不大，当主卧安装抗压能力较弱的玻璃时，厨房和主卧的壁面温度要明显高于厨房安装抗压能力较弱的玻璃时的温度。

（6）通过对每次不同工况的爆燃试验所得到的各房间壁面超压值进行总结，结合试验后玻璃、PVC门窗、塑钢结构以及水泥内墙覆盖层的破坏程度，对超压值-建构筑物破坏程度的时空对应关系进行梳理和对比分析，得到冲击波超压影响的建筑物破坏等级划分表，以期用于指导事故原因分析。

## 参考文献

[1] 林柏泉，周世宁，张仁贵．障碍物对瓦斯爆炸过程中火焰和爆炸波的影响[J]．中国矿业大学学报，1999(2): 6-9.

[2] 卢捷，宁建国，王成，等．煤气火焰传播规律及其加速机理研究[J]．爆炸与冲击，2004(4): 305-311.

[3] 吴志远，谭迎新，胡双启，等．城镇燃气爆炸强度与初始压力的关系研究[J]．安全与环境学报，2013, 13(1): 195-198.

[4] BAO Q, FANG Q, ZHANG Y, et al. Effects of gas concentration and venting pressure on overpressure transients during vented explosion of methane–air mixtures[J]. Fuel, 2016, 175: 40-48.

[5] 张秀华．燃气爆炸冲击作用下钢框架抗爆性能试验研究与数值模拟[D]．哈尔滨：哈尔滨工业大学，2011.

[6] 闫秋实，孙庆文，朱渊．有关居民住宅楼内燃气爆炸冲击波特性的研究[J]．建筑结构，2017(S2):370-375.

[7] 韩永利，陈龙珠．燃气爆炸事故对住宅建筑的破坏[J]．土木建筑与环境工程，2011, 33(6): 120-123.

[8] BARTKNECHT W. Explosion Course Prevention Protection[M]. Berlin: Springer-Verlag. 1981:23-25.

[9] DEGOOD R, CHATRATHI K. Comparative analysis of test work studying factors influencing pressures developed in vented deflagrations[J]. Journal of Loss Prevention in the Process Industries, 1991, 4(5):297- 304.

[10] MOEN I O, The Influence of Turbulence on Flame Propagation in obstacle Environments [C]. First International Specialist Meeting on Fuel-Air Explosions, Montreal,1981, University of Waterloo Press SM Study No. 16, 101-135.

[11] LUCKRITZ R T. An investigation of blast waves generated by constant velocity flames[D]. Maryland: University of Maryland, 1977.

[12] CATLIN C A, FAIRWEATHER M, IBRAHIM S S. Predictions of turbulent, premixed flame propagation in explosion tubes[J]. Combustion and Flame, 1995, 102: 115-128.

[13] BIELERT U, SICHEL M. Numerical simulation of premixed combustion processes in closed tubes[J]. Combustion & Flame, 1998, 114(3-4): 397-419.

[14] SALZANO E, MARRA F S, Russo G, et al. Numerical simulation of turbulent gas flames in tubes[J]. Journal of Hazardous Materials, 2002, 95(3): 233-247.

# 第 6 章　户内天然气爆炸现场勘验技术导则

天然气爆炸事故现场勘验是现场事故调查人员运用科学方法和手段，对事故有关场所、物品、人身等进行勘查、验证、查找、检验、鉴别和提取物证的活动。发生户内天然气爆炸事故后，由于爆炸产生的冲击波超压和高温热辐射对室内环境造成严重的破坏，各种关键物证如灶具、胶管、燃气立管等易被损毁，尤其是在消防救援人员对火灾进行应急处置后极易破坏事故的真实状态，因此户内着火爆燃原因分析复杂、专业性高、难度大，准确分析天然气爆炸事故原因，需进行科学的现场勘验。天然气爆炸事故现场勘验的主要任务是发现、收集与燃气事故事实有关的证据，调查线索和其他信息，分析燃气事故发生、发展过程，为事故认定提供证据。

本课题对现场勘验的人员、工具、防护、方法及关注点进行系统分析研究，编制出户内天然气爆炸现场勘验技术导则，用于指导现场处置人员进行科学的现场勘验，从而为事故原因判定和分析提供依据。

## 6.1　勘验前准备

通常，发生天然气爆炸事故后政府部门会成立事故调查组并依法开展事故调查，这样燃气企业必然成为配合调查的单位。但如何更好地配合事故调查，并掌握主动权，获得科学、符合现场实际的调查结果，需要燃气供应企业在不影响政府依法开展事故调查活动的情况下，积极征得政府事故调查组的许可后组织本企业事故调查组开展事故现场勘验工作，企业事故调查组应立即组织勘验人员携带相关装备赶赴燃气事故现场，及时开展现场勘验活动。

### 6.1.1　勘验人员

1. 事故现场勘验负责人

事故现场勘验负责人可以为现场燃气应急处置的指挥人员，在具备现场燃气应急处置指挥能力的同时，还应具有一定的事故调查经验和组织、协调能力。

现场勘验负责人应履行下列职责：

（1）组织、指挥、协调现场勘验工作；

（2）确定现场保护范围；

（3）确定勘验、询问人员分工；

（4）决定现场勘验方法和步骤；

（5）决定提取痕迹物证及检材；

（6）审核、确定现场勘验见证人；

（7）组织进行现场分析，提出现场勘验、现场询问重点；

（8）审核现场勘验记录、现场询问、现场实验等材料；

（9）决定对现场的处理。

2. 现场勘验人员

事故现场勘验人员可以为现场的燃气应急处置人员，应具有一定的事故调查经验和某些专项技能。现场勘验开始前，由事故调查组或者事故现场勘验负责人指定。

现场勘验人员应履行下列职责：

（1）按照分工进行现场勘验、现场询问；

（2）进行现场照相、录像，绘制现场图；

（3）制作现场勘验记录，提取痕迹物证及检材；

（4）向现场勘验负责人提出现场勘验工作建议；

（5）参与现场分析。

### 6.1.2 勘验器材

1. 通用器材

为了保证现场勘验人员安全，准确地完成事故现场的检验和记录，现场勘验时基础装备包括：

（1）个人防护装备；

（2）手电筒；

（3）书写材料；

（4）各类小工具或多用途工具（螺丝刀、钢丝钳、小刀等）；

（5）测量装置（6 m、30 m 卷尺，测距仪等）；

（6）照相机、录音笔；

（7）铲子或其他手工用具；

（8）橡胶手套；

（9）泄漏检测装置（XP-3110，激光检测仪，洗涤灵）。

2. 照相器材

（1）数字照相机（推荐符合 GA/T 591—2006 标准要求的照相机）；

（2）光学变焦镜头（推荐具有较大有效孔径并具有近摄功能的标准镜头和具有广角、中焦、望远功能）；

（3）闪光灯（与照相机匹配，要求闪光指数不小于 GN28 （ISO 100）时，闪光灯的头部在高低和左右方向可以改变角度）；

（4）三脚架、滤光镜、比例尺、遮光罩；

（5）备用电池及充电器。

3. 提取器材

物证提取器材包括下列工具：

（1）镊子、钳子等夹取类工具；

（2）剪刀、手术刀等剪割类工具；

（3）锯子、切割机等切割类工具；

（4）毛刷、铲子、钩子、锤子、筛子等清理类工具；

（5）磁铁等吸附类工具。

4. 辅助器材和材料

勘验辅助器材包括下列器具材料：

（1）放大器（带照明，放大倍数为 4 倍以上）；

（2）照明灯具；

（3）抽气泵、注射器、采样器、气囊等气体取样器材；

（4）脱脂棉。

5. 包装器材和材料

提取物证包装器材包括下列器具材料：

（1）可封口的聚乙烯塑料袋、纸袋；

（2）磨口玻璃瓶；

（3）可密封的金属罐；

（4）标签纸。

### 6.1.3　个体防护

确保燃气事故现场勘验人员安全是最重要的。应佩戴规范的安全装备，采取正确的安全措施，以安全的方式完成勘验工作。

燃气泄漏、火灾或者爆炸现场存在许多典型危险因素，主要有燃气、燃烧后强度下降的地板楼梯、掉落的玻璃、建筑物的倒塌、触电、有毒烟气及灰尘等。勘验前必须采取一些措施，使现场的各种危险因素得到控制。为了防止在事故现场受到以上典型的危害，现场勘验人员达到现场时，应佩戴或使用最低安全防护装备，包括：

（1）防护服（燃气集团配发的防静电工作服）;

（2）手套（防刺的皮手套、用于提取现场残骸的乳胶手套）;

（3）安全头盔（燃气集团配发的安全头盔）;

（4）防护面罩（防燃气、污染物）;

（5）靴子（防穿刺，燃气集团配发的抢险胶靴或棉靴）。

### 6.1.4 现场保护

事故现场勘验人员到达现场后应及时对现场外围进行观察，确定现场保护范围并组织实施保护。

（1）凡留有事故物证的或与事故有关的其他场所应列入现场保护范围。

（2）封闭燃气事故现场的，采用设立警戒线或者封闭现场出入口等方法，对位于室内燃气爆炸事故现场应进行围挡，禁止无关人员进入。情况特殊确需进入现场的，应经事故现场勘验负责人（现场燃气应急处置指挥人员）批准，并在限定区域内活动。

（3）室内燃气事故现场勘验负责人应根据勘验需要和进展情况，调整现场保护范围。

（4）室内燃气事故现场勘验人员应对可能受到自然或者其他外界因素破坏的现场痕迹、物品等采取相应措施进行保护。在事故现场移动重要物品，应采用照相或者录像等方式先行固定。

## 6.2 现场勘验

### 6.2.1 注意事项

勘验燃气事故现场，勘验人员不应少于两人（条件许可的情况下，可邀请一至两名与事故无关的人做见证人）。勘验现场时，应通知当事人（燃气用户）到场，并应记录见证人或者当事人的姓名、性别、年龄、职业、联系电话等。

现场勘验人员到达事故现场后，如果事故仍在救援过程中，应观察事故救援情况，向知情人了解有关情况，注意收集围观群众的议论，做好录音，重要情况及时向现场勘验负责人报告。

事故现场勘验发现室内燃气泄漏或燃爆场所附近有监控设备，勘验人员应当向有关单位和个人调取相关的信息资料。

事故现场勘验应遵守“先静观后动手、先照相后提取、先表面后内层、先重点后一般”的原则，按照环境勘验、初步勘验、细项勘验和专项勘验的步骤进行，也可以由现场勘验负责人根据现场实际情况确定勘验步骤。

### 6.2.2　环境勘验

环境勘验是指事故调查人员在事故现场的外围进行巡视，观察事故现场周围的环境，搜寻事故现场外围存在的痕迹和物证，特别是爆炸碎片和邻近建筑物等破坏情况，判断有无从外部引起燃气爆燃的可能性，确定下一步勘查范围和勘验顺序的一种勘验活动。

勘验重点：

（1）现场周围有无引起可燃物起火的因素，如现场周围的烟囱、临时用火点、动火点、电气线路、燃气管线和其他易燃易爆物品的包装物等；

（2）现场周围道路、围墙、栏杆、建筑物通道、开口部位等有无放火或者其他可疑痕迹；

（3）着火居民建筑物的燃烧范围、破坏程度、烟熏痕迹、物体倒塌形式和方向；

（4）现场周围有无监控录像设备；

（5）室内及室外燃气管线的管道、阀门情况，判断有无漏气；

（6）与事故现场相通的污水管道有无可燃性气体，建筑物周边是否有埋地燃气管道泄漏；

（7）建筑物的门窗、阳台、铁围栏变形情况，破碎玻璃散落方向，抛出物分布情况；

（8）环境勘验的其他内容。

### 6.2.3　初步勘验

初步勘验是依据观察，观察判断爆炸、燃烧蔓延路线，确定点火源和下一步的勘验重点。

勘验重点：

（1）室内（厨房、客厅、卧室等）不同方向、不同高度、不同位置的烧损程度；

（2）垂直物体形成的受热面及立面上形成的各种燃烧图痕；

（3）重要物体倒塌的类型、方向及特征；

（4）各种火源、热源的位置和状态；

（5）金属物体的变色、变形、熔化情况及非金属不燃烧物体的炸裂、脱落、变色、熔融等情况；

（6）电气设备、线路位置及被烧状态；

（7）有无放火条件和遗留的痕迹、物品；
（8）初步勘验的其他内容。

### 6.2.4 细项勘验

细项勘验是指事故调查人员在前期勘验的基础上，在尽量不破坏现场的情况下，通过手触、挂压的方式对其进行勘查，提取痕迹物证，对初步勘查认定的点火源进一步核实认定，并判断泄漏位置的勘查。

勘验重点：

（1）爆炸、燃烧部位内重要物品的烧损程度；
（2）物体塌落、倒塌的层次和方向；
（3）低位燃烧图痕、燃烧终止线和燃烧产物；
（4）物体内部的烟熏痕迹；
（5）燃气计量表、燃气燃烧器具、燃气管道及电气线路的故障点及破损情况；
（6）尸体（有人员死亡事故，由公安机构、消防救援部门负责事故调查）的位置、姿态、烧损部位、特征和是否有非火烧形成的外伤，受伤人员的所处位置、伤势、受伤部位和程度；
（7）对室内燃气系统采用U型压力计进行分段挂压，排除不存在泄漏的位置，逐步缩小泄漏位置的判定范围；
（8）细项勘验的其他内容。

### 6.2.5 专项勘验

专项勘验是指查找发热物、发热体等可以引起室内燃气爆炸、燃烧的点火源、引火物或起火物，收集证明爆炸、燃烧原因证据的勘验，它是整个爆炸、燃烧现场勘查工作中属于最为重要的一部分，勘验人员需要在找到的发热物中，根据它们的性能、用途及使用痕迹，根据它们的特性与燃烧条件，对爆炸、燃烧发生的原因进行分析。

勘验重点：

（1）家用电器故障产生高温的痕迹；
（2）管道、容器泄漏物起火或爆炸的痕迹；
（3）点火源的残留物；
（4）使用明火的物证，如烟头等；
（5）电灯、电灯开关、冰箱、燃气灶具、抽油烟机等常见家用电气设备情况；
（6）需要进行技术鉴定的物品；
（7）专项勘验的其他内容。

## 6.3 勘验记录

室内燃气事故现场勘验结束后，现场勘验人员应及时整理现场勘验资料，制作现场勘验记录。现场勘验记录应客观、准确、全面、翔实、规范描述事故现场状况，各项内容应协调一致，相互印证。现场勘验记录包括现场勘验笔录、现场图、现场照片和现场录像等。

### 6.3.1 勘验笔录

现场勘验笔录应与实际勘验的顺序相符，用语应准确、规范。同一现场多次勘验的，应在初次勘验笔录基础上，逐次制作补充勘验笔录。

1. 绪论部分

（1）事故住户的详细地址、户主姓名；
（2）泄漏、起火、爆炸和发现泄漏、起火、爆炸的时间、地点；
（3）报警人的姓名、报警时间；
（4）当事人的姓名、职务；
（5）报警人、当事人发现泄漏、起火、爆炸的简要经过；
（6）现场勘验指挥员、勘验人员的姓名、职务；
（7）见证人的姓名、单位；
（8）勘验工作起始和结束的日期和时间；
（9）勘验范围和方法等。

2. 叙事部分

该部分主要写明在现场勘验过程中所发现的情况。

（1）室内燃气事故现场位置和周围环境；

（2）火灾、爆炸现场中被烧主体结构（建筑墙、家具、家用设备设施等），结构内物质种类、数量及烧毁情况；

（3）物体倒塌、掉落的方向和层次；

（4）烟熏和各种燃烧痕迹的位置、特征；

（5）各种可能的火源、热源的位置、状态，与厨房燃气系统的位置关系，以及周围可燃物的种类、数量及被烧状态，周围不燃物被烧程度和状态；

（6）电气系统情况；

（7）现场死伤人员的位置、姿态、性别、衣着、烧伤程度；

（8）人员伤亡和经济损失；
（9）疑似点火源周围勘验所见情况；
（10）现场遗留物和其他痕迹的位置、特征；
（11）勘验时发现的反常现象。

3. 结尾部分

（1）提取现场痕迹物证的名称、数量；
（2）勘验负责人、勘验人员、见证人签名；
（3）制作日期；
（4）制作人签名等。

4. 笔录的制作方法

事故现场勘验笔录的制作方法主要包括如下方面：

（1）在现场勘验过程中随手记录，待勘验工作结束后再整理正式笔录。现场勘验笔录应该由参加勘验的人员当场签名，正式笔录也应由参加现场勘验的人员签名或盖章。

（2）多次勘验的现场，每次勘验都应制作补充笔录，并在笔录上写明再次勘验的理由。

（3）室内燃气现场勘验笔录一经有关人员签字盖章后便不能改动。笔录中的错误或遗漏之处，应另作补充笔录。

（4）室内燃气现场勘验笔录中应注明现场绘图的张数、种类，现场照片张数，现场摄像的情况，与绘图或照片配合说明的笔录应标注（在圆括号中注明绘图或照片的编号）。

5. 注意事项

（1）内容客观准确；

（2）顺序合理，笔录记载的顺序应当与现场勘验的顺序一致，记载的内容要有逻辑性，可按房间（厨房、客厅、卧室等）、部位、方向等分段描述，或在笔录中加入提示性的小标题；

（3）叙述简繁适当，与认定事故原因、事故责任有关的痕迹物证应详细记录，也可用照片和绘图来补充；使用专业术语或通用语言。

### 6.3.2 现场绘图

现场绘图中应包括现场情况及现场中的所有证据，是现场笔录和现场照片、录像不可替代的补充。现场图能记录和再现现场物证的空间关系，其优势在于能够直观了解现场中物证的分布，克服照片分散和位置关系模糊的缺点。一张好的现场图既能标明现场的地理位置及范围，也标明现场中重要物品和证据的位置，即使在事故发生后较长时间，也有助于现场重建。图 6-1 为 2016 年发生的燃气事故现场周边环境绘图记录。

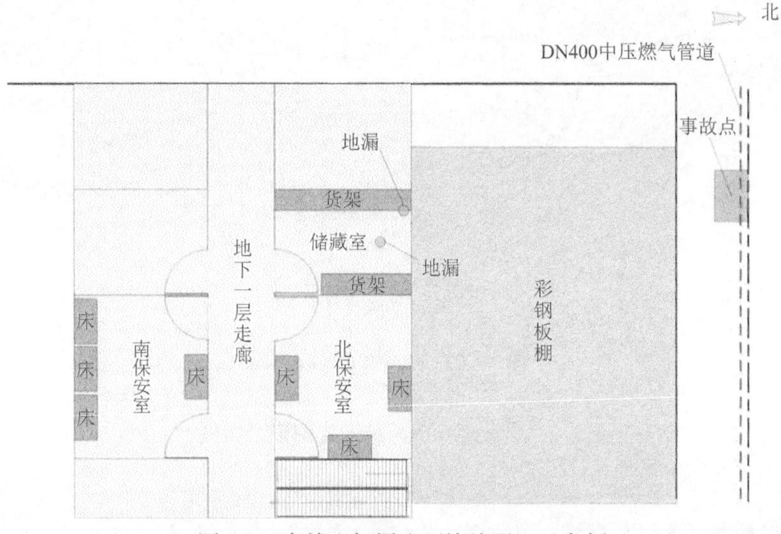


图 6-1　事故现场周边环境绘图记录案例

事故现场勘验人员应制作现场方位图、现场平面图，绘制现场平面图应标明现场方位照相、概貌照相的照相机位置，统一编号并和现场照片对应。根据现场需要，选择制作现场示意图、建筑物立面图、局部剖面图、物品复原图、电气复原图、事故现场人员定位图、尸体或伤员位置图、现场痕迹图、物证提取位置图等。

绘制现场草图是在现场完成的，可以手绘，只要求整洁和清晰，需要使用纸、铅笔、钢笔、直尺和文件夹等。正式的图纸将附在档案后或在法庭上使用，最重要的是将证据准确地在现场图中标注出来。图 6-2 是一起典型室内燃气事故现场房间结构绘图记录。

手工制图工具：制图板、丁字尺、三角板（包括 45°等腰直角三角板和分别为 30°、60°的直角三角板）、绘图笔、量角器、云形尺、圆规和分规、测量工具（测距仪、皮尺、钢卷尺）、比例尺、擦图片、胶带纸、橡皮等。基本要求：

（1）重点突出、图面整洁、字迹工整、图例规范、比例适当、文字说明清楚、简明扼要；

（2）注明燃气事故名称、室内外过火范围、起火点、绘图比例、方位、图例、尺寸、绘制时间、制图人、审核人，其中制图人、审核人应签名；

（3）清晰、准确反映事故现场方位、过火区域或范围、起火点、引火源、起火物位置、尸体位置和方向。

图 6-2　事故现场房间结构绘图记录案例

### 6.3.3　现场照相、摄影

运用照相技术，按照事故调查工作的要求和现场勘验的规定，用拍照的方式记录室内燃气事故现场的一切有关事物。在现场勘查过程中，应注意许多重点部位，认真拍摄足够多的照片记录其一般特征，以及和周围物体之间的关系，这些重点部位包括燃烧痕迹的存在部位，部分破坏的设备等。为了最终找到起火点，调查人员应该认真管理现场清理工作，对于清理工作过程中发生的任何怀疑为起火点的部位，起火点附近的关键证据，都应该近距离拍照，包括可疑的火源，因为这是调查分析室内燃气爆燃事故重要依据的一部分。

图 6-3　事故现场照相摄影记录案例

室内燃气事故现场拍照内容一般包括方位照相、概貌照相、重点部位照相和细目照相。根据燃气事故调查需要，可增加事故现场实验照相。图 6-3 为室内燃气事故现场照相摄影记录案例。

1. 照相原则

（1）室内燃气事故现场照相的构图要完整，能充分反映画面的拍照意图；

（2）应能清晰地反映出室内燃气事故现场的基本状况、泄漏、火灾与爆炸痕迹物品的状况与特征；

（3）应充分利用现场光线条件，必要时可使用照明光源，确保照片色彩真实、曝光正确、影像清晰、反差适中；

（4）场景拍照应记录拍照位置和拍照方向，并在平面图上标出每张照片的数字序号及拍照方向，反映出各画面间的关系；

（5）现场数字影像不得修改，应备份保存。

2. 照相程序

现场照相前要先观察整个事故现场及周围情况，并制定拍照计划，可随勘验程序进行。勘验前先进行原始现场的照相固定，勘验过程中应对证明起火部位、起火点、起火原因物证重点照相。

（1）先拍方位、概貌，后拍重点部位、细目；

（2）先拍原始的，后拍移动的；

（3）先拍易破坏消失的，后拍不易破坏消失的；

（4）先拍地面的，后拍高处的；

（5）先拍容易拍照的，后拍较难拍照的。

在整个现场勘验工作结束前，应检查有无漏拍、错拍以及技术性失误，根据需要及时补拍，并整理保存好现场照片。

3. 现场方位照相

燃气事故现场方位照相应反映出事故现场所在位置及与周边环境的关系。

事故现场方位照相主要内容和方法如下：

（1）取景范围应包含现场和周边环境，宜在较高、较远的位置拍照，尽量显示出燃气泄漏、火灾、爆炸现场与周围环境的关系，以及一些永久性的标志。拍照时，应将事故现场安排在画面视觉中心。可以采用特写镜头反映现场所在的位置，如门牌号码、楼层等。并将此照片与相关反映现场方位的照片粘贴在一起。

（2）事故现场方位照相应尽量用一个镜头反映被拍景物。受拍照距离限制，无法拍照全面时，可采用回转连续拍照法拍照。

4. 现场概貌照相

事故现场概貌照相应反映出现场的范围、现场破坏的整体情况（破坏轻重程度的对比）及现场内各部位的相对位置关系。

事故现场概貌照相主要内容和方法如下：

（1）拍照室内燃气事故现场概貌应以反映事故现场的整体状态及特点为重点。一般应在较高的位置向下拍照，取景构图时，应将现场中心或重要部位置于画面的显要位置。尽量避免重要场景、物体互相遮挡、重叠。

（2）对于比较复杂的燃气火灾、爆炸，室内拍照应该按照一定的顺序进行。

5. 现场重点部位照相

现场重点部位照相应反映出起火部位、痕迹物证所在部位等现场部位的状态及与周围物体的位置关系。

现场重点部位照相主要内容和方法如下：

（1）室内燃气事故现场重点部位照相所选择的方向和拍照范围应能反映出事故现场重点部位的特征。事故现场重点部位较多时，应按照顺序分别拍照，如燃气灶具、燃气热水器、胶管、燃气表、电灯开关等。

（2）室内燃气事故现场重点部位照相拍摄距离较近，应注意增加景深；为防止画面边缘物体的变形，不宜使用广角镜头；对于光线较暗的场所，应以闪光灯或现场勘验灯作为照相光源。反映物体间的距离或物体的大小时，应使用不反光的非金属标尺且镜头主光轴与拍摄平面保持垂直。

6. 现场细目照相

事故现场细目照相应能够反映出各种燃气泄漏、火灾或爆炸痕迹物证本身的大小、形状、颜色、光泽等表面特征，并突出反映燃气泄漏、火灾或爆炸痕迹物证特征面。

现场细目照相的基本要求：

（1）这种照相一般需要移动物品的位置，选择物品的主要特征并在光线条件较好的位置进行拍照。在移动物品前应该将其在现场的原始位置和状态拍照下来，以供参考和分析。

（2）对于体积较小物品的拍照应采用近距拍照方法。需要反映物品的大小时，应将比例尺放置在物品的边沿，尺子刻度一侧应靠近物品并使尺子与物品在同一平面，镜头光轴应保持与尺子所在平面垂直。

（3）需要准确反映痕迹、物体颜色时，应注意光源色温与彩色胶片类型相适应，数码照相时应注意调整光源类型和拍照方式。

7. 实验照相

燃气事故现场实验照相画面应包括燃气事故现场实验场地、实验器材、实验物品、实验现象及结果。事故现场实验的情况还应录像。

拍照时，照相机时间设置应以秒显示。从实验开始时拍照，并对实验现象和结果，以及发生的明显变化进行拍照。

8. 照片说明

照片说明是用文字和图形的方式对照片进行简要的解说，加强照片的表现力。

照片说明的内容如下：

（1）事故简介：在照片卷的前面，写明事故的名称，发生事故的时间、地点，简要的勘验过程，拍摄的时间、天气和光照条件等；

（2）拍摄人员姓名及职务；

（3）照片注释：照片所反映对象的必要文字说明；

（4）拍摄位置图：在现场平面示意图上表示每张照片的拍摄地点、方向的图。

## 6.4　调查访问

室内燃气事故现场勘验人员到达事故现场，应立即开展调查询问工作，收集调查线索，确定调查方向和重点，现场询问应及时、合法、全面、细致、深入、准确。

现场询问根据事故调查需要，有选择地询问燃气泄漏、火灾或爆炸发现人、报警人、最先到场应急处置人员、事故发生前最后离开现场部位的人、熟悉现场周围情况事故受害人、围观群众中议论燃气泄漏、火灾或爆炸原因、火灾蔓延情况的人和其他知情人。

进行询问的人员应查看现场，熟悉燃气事故现场情况。现场询问得到的重要情况，应和事故现场进行对照，必要时可以带领相关当事人到现场进行指认或进行现场实验。

### 6.4.1　询问目击证人

证人访问是室内燃气事故调查的一部分，燃气事故调查应该按照科学的方法进行，需要从目击者那里获得更多的信息。在许多场合中目击证人给调查人员提供的线索有助于确定燃气事故的原因，许多人能够向调查人员提供大量的有用信息，不过调查人员必须充分评估这些资料，并确定他们是否有关、重要和可信。

1. 对受害人（燃气用户）的询问

受害人是指合法权益受到事故直接侵害的人。向受害人询问的内容有：

（1）用火用电、活动的详细过程；

（2）燃气泄漏、火灾、爆炸发生前泄漏、起火部位的情况，包括燃气泄漏、起火部位的基本情况，可燃物种类、数量与放置状况，以及与火源或热源的距离等情况；

（3）泄漏、起火过程及扑救情况；

（4）在火灾、爆炸中受伤的身体部位及原因；

（5）受害人与外围人际关系。

#### 2. 对最先发现泄漏、起火的人或报警人（物业、邻居等）的询问

需要询问的内容主要包括：

（1）发现燃气泄漏、起火或爆炸的时间、部位及火势蔓延的详细经过；

（2）泄漏、起火或爆炸时的特征和现象，如火焰和烟雾颜色变化、燃烧的速度、异常现象；

（3）发现事故后采取哪些措施，现场的变动、变化情况等；

（4）发现泄漏、起火时还有何人在场，是否有可疑的人出入事故现场；

（5）发现事故时的环境条件，如气象情况、风向、风力等。

#### 3. 对最后离开事故部位或在场人员的询问

需要询问的内容主要包括：

（1）离开之前事故部位燃气设施、电器的运转情况，室内人员的具体活动内容及活动的位置；

（2）人员离开之前火源、电源处理情况；

（3）事故部位附近物品的种类、性质、数量；离开之前，是否有异常气味和响动等情况；

（4）最后离开事故部位的具体时间、路线、先后顺序。

#### 4. 对熟悉事故部位情况人（物业或燃气用户）的询问

需要询问的内容主要包括：

（1）建筑物的主体和平面布置，每个房间的用途，以及室内设备情况等；

（2）火源、电源情况，如线路的敷设方式、改造情况；可能的点火点分布的部位及与可燃材料、物体的距离，有无不正常的情况；电器设备的性能、使用情况和发生故障的情况；

（3）起火部位存放的物资情况，包括种类、数量、性质、相对位置、储存条件等。

### 6.4.2　询问应急处置人员

当燃气事故调查人员到达事故现场时，若燃烧未被扑灭，应首先询问最先到达现场的燃气应急处置人员、消防人员和在场的事故应急指挥人员。因为很少有目击者或其他人能够在他们的位置观察到燃烧的事故现场，在场的事故应急处置人员提供的信息在调查中至关重要。为保障安全，应急处置人员的询问应在完成应急处置之后进行。

1. 对最先到达现场应急处置人员的询问

需要询问的内容主要包括：

（1）到达事故现场时，冒火、冒烟的具体部位，火焰烟雾的颜色、气味等情况；

（2）火势蔓延到的位置和扑救过程；

（3）进入事故现场、起火部位的具体路线；

（4）扑救过程中是否发现了可疑物品、痕迹及可疑人员等情况；

（5）灭火方式和过程。

2. 对消防救援人员的询问

如果燃气事故形成了火灾，那么首先进入火场的消防队员常常对火灾现场重建具有决定性作用，因为他们可以看到火灾现场的具体情况，什么物质在燃烧，什么物质没有燃烧，火灾是在房间的一侧、地板还是天花板上，是否出现轰燃然后所有物质都在燃烧的现象，烟气是否浓重等等。

需要询问的内容主要包括：

（1）火灾现场基本情况（如最先冒烟冒火部位、塌落倒塌部位、燃烧最猛烈和终止的部位等）；

（2）燃烧特征（烟雾、火焰、颜色、气味、响声）；

（3）扑救情况（扑救措施、消防破拆情况等）；

（4）现场出现的异常反应，异常的气味（尤其是否有臭味）、响声等；

（5）到达火灾现场时，门、窗关闭情况，有无强行进入的痕迹；

（6）现场燃气、电器设备工作状况、损坏情况等；

（7）起火部位情况；

（8）是否发现非现场火源或放火遗留物；

（9）现场其他人员活动情况；

（10）现场抢救人情况；

（11）现场人员向其反映的有关情况；

（12）接火警时间、到达火灾现场时间；

（13）天气情况，如风力、风向情况。

### 6.4.3 询问的步骤

1. 确定被询问对象

被询问对象中受害人、报警人及应急救援人员一般容易确定，而事故知情人的确定较为困难。确定事故知情人应该在现场周围的群众、周围邻居、物业管理人员和当事人的社会关系中寻找。

2. 熟悉和研究火灾、爆炸情况

询问时应了解和掌握事故情况，主要有火灾、爆炸的基本情况和现场勘验情况。

3. 拟定询问提纲

在正式询问前，调查人员要拟定询问提纲，对重要的被询问对象应拟定书面询问提纲。拟定的询问提纲应包含的内容有：询问的目的、被询问对象、询问顺序、被询问对象的基本情况、询问的时间和地点、询问中可能出现的问题和困难等。

4. 询问方法

对受害人及其他利害关系人询问时一般不必过多启发教育，可听其自由陈述，但应特别注意其陈述的语气、表情、用词等，分析是否有虚假陈述的一面。在陈述完毕后，还可让其复述一些重要情节或调查人员认为应当复述的问题，以此进一步判断陈述的真实程度。

询问知情人应当做好针对性的说服教育工作，采用恰当的方法、选择适合的环境，设法消除知情人拒绝合作的心理障碍。

5. 询问笔录

询问笔录的结构包括开始、正文和结尾三个部分。

开始部分：询问的地点，询问的时间；询问人的工作单位、姓名；被询问人的姓名、性别、年龄、身份证明、职业、民族、住址、工作单位、联系电话等情况。

正文部分：正文部分记录的内容主要包括提问和回答的内容，特别是与事故有关的人、事、物、时间、地点等要素一定要记录全面、客观、清楚、准确。

结尾部分：询问结束后，应将笔录交给被询问对象阅读或向其宣读在其核实无误后签名或者盖章、捺指印，拒绝签名或者捺指印的，调查人员应当在询问笔录上注明。如果笔录有遗漏或错误，被询问对象可以提出补充或修改。参加询问的调查人员、翻译人员也要在结尾部分签名。

## 6.5　痕迹物证提取

### 6.5.1　痕迹物证分类

在疑似室内燃气泄漏、爆炸事故现场勘查过程中，事故调查人员要对现场遗留物进行分类鉴别后方可提取。

1）现场气态物证

气态物证是指室内燃气事故现场空气中残留的易燃性气体（泄漏的可燃性气体，如天然气、液化石油气、乙炔等），易燃性液体蒸气（如汽油蒸气、酒精蒸气等），易燃性固体蒸气（如酚、萘等低熔点、易升华物质的蒸气），可燃物受热分解出的气态产物（如一些装饰材料受热或燃烧时可分解出气态的醛、酸等），气态的燃烧产物（如二氧化硫、氮氧化物等）以及粉尘颗粒。这些气态物证主要以气体、蒸气和气溶胶三种形式存在，从微量物证的角度而言，对其进行有效的鉴别和提取是至关重要的。

2）现场液态物证

液态物证主要是指易燃的液体，绝大多数是有机物。主要包括燃爆事故现场发现的汽油、煤油、柴油等液态矿物油，动植物油，乙醇、苯、丙酮、乙醚、油漆稀料等化学试剂和液态化工产品及溶有可燃液体或燃烧产物的水样等。

3）现场固态物证

如果燃气泄漏事故导致了火灾，那么在事故调查中，能证明火灾发生和发展过程的最常见的物证是固态物证。固态物证是以本身的存在状态、形态、质量、颜色、组成等物理、化学性质来证明导致火灾发生的原因和过程，是目前最受重视的物证。燃爆事故调查中的固态物证多种多样，常见的有家用易燃易爆性物质以及它们的燃烧和爆炸残留物、火灾现场残存的烟痕、灰烬、粉尘、金属熔珠、引火物、可燃物的容器残体等。

### 6.5.2　物证提取

由于物质的形态有三种，而且不同的物质有不同的提法。

1. 现场气体物证的提取

在燃气泄漏、燃爆现场，如嗅觉感知有特殊气味时，应尽快选择合理的采样方法对现场重点部位的气态物证采样。如用可燃气体验气管、验漏仪及试纸比色法等分析方法。

（1）抽气法：以大量的空气通过流体吸收剂或固体吸收剂将有害的物质吸收或阻碍，使原来空气中浓度很小的物质得到浓缩。根据空气中被测物质的浓度和方法的灵敏度决定所采空气量。

（2）真空瓶法：将不大于 1L 的活塞玻璃瓶抽成真空，在采样地点打开活塞瓶的活塞，被测气体立即充满瓶中，然后往瓶中加入吸收液，使其较长时间接触以利吸收，便于分析。

（3）置换法：采取少量空气样品时，将采样器（如采样瓶、采样管）连接在一抽气器上，使通过比采样器体积大 6～8 倍的空气，以便将采样器中原有的空气完全置换出来。也可将不与被测物质起反应的液体如水、食盐水注满采样器，采样时放掉液体、被测空气即充满采样器中。

（4）静电沉降法：此法常用于气溶胶体物质的采样。空气样品通过 12000～20000 伏电压的电场，在电场中气体分子电离所产生的离子附着在气溶胶粒子上，使粒子带负电荷。此带电荷的粒子在电场的作用下就沉降到收集电极上，将收集电极表面沉降的物质洗下，即可进行分析。此法采样效率高、速度快，但在有易爆炸气体、蒸气或粉尘存在时不能使用。

（5）其他方法：如用密封性好的塑料袋、橡皮球胆、注射器取样等。使用的常见仪器有收集器、吸收管、采气器、真空采气瓶、水抽气瓶、抽气筒等。这些仪器制作和具体操作都较为简易方便。

2. 现场液态物证的提取

液态物质具有挥发性、现场液态物证的提取流动性、渗透性。因而决定了液态物质燃烧的特点是燃烧速度快、燃烧面广，并且在燃烧的地方留下痕迹。液态物证可能存在的地方：

（1）浸润在纤维性物质、建筑构件、木地板、水泥地板等材料中；

（2）家具的下面和侧面、地毯、床垫、地板裂缝和接缝处；

（3）火灾后的死水；

（4）各种盛放液体的容器。

对于搜集和提取的各种液体物证，要注意密封保存，以防挥发，并贴好标签，注明取样时间、取样地点。提取出的液态物证，应及时采取萃取法从杂质中分离出来以便及时检验是哪种易燃液体。

3. 现场固态物证的提取

固态物证种类比较多，如常见的有易燃易爆性物质以及它们的燃烧残留物、包装品、家用引火工具、电器元件。固体遗留物的提取除轻拿轻放防止弄碎、损伤外，应戴上手套或用镊子、垫上净纸在夹角处挟住拿出，放进专用纸袋或匣中。

爆炸现场残留物的提取：爆炸性残留物（如炸药爆炸、粉尘爆炸等）除在爆炸中心现场提取物证外，还应在附近物体和地面上提取可能存在爆炸物品的喷溅物及分解产物。同时还要提取空白样本，以供比较。

电器短路物证的提取：提取带有短路痕迹的电线，可将这段电线剪下，并按两根或几根电线的原来的相互位置固定在硬纸板上，对于电器闸刀及其他开关应连起固定的底板一并取下，亦保持原来开关的位置，闸刀或开关上的电线不能拆下，应用钳子将它们剪断，线头留在开关上，以便客观全面分析电器故障情况。

注意仔细包装：事故现场上所提取的任何固体物证都要仔细包装，除在勘查笔录中对它有所说明外，还应在包装上贴上标签，注明物证名称、提取的事故现场、采样具体位置、提取时间、提取人员等。事故现场的照片和现场制图是客观地反映事故现场情况及事故现场物体状态和部位的必不可少的提取方法。

### 6.5.3　物证提取的标准

室内燃气事故现场物证提取的主要参考标准有：

（1）GA 839—2009《火灾现场勘验规则》；

（2）GB/T 20162—2006《火灾技术鉴定物证提取方法》；

（3）GA/T 907—2010《微量物证的提取、包装方法　爆炸残留物》；

（4）GB/T 29180.2—2012《电气火灾勘验方法和程序第 2 部分：物证的溶解分离提取方法》。

## 6.6　物证检测分析

有条件的燃气供应企业可以自行分析，没有条件的应送有相关检查资质的单位进行检测分析。

### 6.6.1　通用检测方法

（1）GB/T 27905《火灾物证痕迹检查方法》系列标准：

GB/T 27906.2—2011《火灾物证痕迹检查方法第 2 部分：普通平板玻璃》；

GB/T 27906.3—2011《火灾物证痕迹检查方法第 3 部分：黑色金属制品》；

GB/T 27906.6—2011《火灾物证痕迹检查方法第 4 部分：电气线路》；

GB/T 27906.6—2011《火灾物证痕迹检查方法第 5 部分：小功率异步电动机》。

（2）GB/T 18294《火灾技术鉴定方法》系列标准：

GB/T 18296.1—2013《火灾技术鉴定方法第 1 部分：紫外光谱法》；

GB/T 18296.2—2010《火灾技术鉴定方法第2部分：薄层色谱法》；
GB/T 18296.3—2006《火灾技术鉴定方法第3部分：气相色谱法》；
GB/T 18296.6—2007《火灾技术鉴定方法第4部分：高效液相色谱法》；
GB/T 18296.6—2010《火灾技术鉴定方法第5部分：气相色谱-质谱法》；
GB/T 18296.6—2012《火灾技术鉴定方法.第6部分：红外光谱法》。

### 6.6.2 气体样品检测分析

GB/T 10410—2008《人工煤气和液化石油气常量组分气相色谱分析法》；
SN/T 2255—2009《液化石油气组分的测定毛细管气相色谱法》；
GB 11176—2011《液化石油气》；
GB 17820—2018《天然气》；
GB/T 13609—2017《天然气取样导则》；
GB/T 11060《天然气含硫化合物的测定》系列标准；
GB/T27894《天然气在一定不确定度下用气相色谱法测定组成》系列标准；
GB/T 13610—2020《天然气的组成分析　气相色谱法》；
GB/T 17281—2016《天然气中丁烷至十六烷烃类的测定　气相色谱法》；
GB/T 19206—2020《天然气用有机硫化合物加臭剂的要求和测试方法》；
SN/T 2378.1—2009《进口天然气检验规程第1部分：管线检验》；
NB/SH/T 0919—2015《气体燃料和天然气中含硫化合物的测定　气相色谱和化学发光检测法》。

### 6.6.3 固体样品检测分析

GB/T 16840.1—2008《电气火灾痕迹物证技术鉴定方法第1部分：宏观法》；
GB/T 16840.2—1997《电气火灾原因技术鉴定方法第2部分：剩磁法》；
GB/T 16840.3—1997《电气火灾原因技术鉴定方法第3部分：成分分析法》；
GB/T 16840.6—1997《电气火灾原因技术鉴定方法第4部分：金相法》；
GB/T 16840.6—2012《电气火灾原因技术鉴定方法第5部分：电气火灾物证识别和提取方法》；
GB/T 16840.6—2012《电气火灾原因技术鉴定方法第6部分：SEM微观形貌分析法》；
HJ 741—2015《土壤和沉积物挥发性有机物的测定　顶空/气相色谱法》；
HJ 642—2013《土壤和沉积物挥发性有机物的测定　顶空/气相色谱-质谱法》；
HJ 606—2011《土壤和沉积物挥发性有机物的测定　吹扫捕集/气相色谱-质谱法》；

HJ/T 166—2004《土壤环境监测技术规范》;

HJ/T 168—2010《分析方法标准制修订技术导则》;

JJF 1166—2006《台式气相色谱-质谱联用仪校准规范》。

### 6.6.4　液体样品检测分析

GB/T 24572.1—2009《火灾现场易燃液体残留物实验室提取方法第 1 部分：溶剂提取法》;

GB/T 24572.2—2009《火灾现场易燃液体残留物实验室提取方法第 2 部分：直接顶空进样法》;

GB/T 24572.3—2009《火灾现场易燃液体残留物实验室提取方法第 3 部分：活性炭吸附法》;

GB/T 24572.6—2009《火灾现场易燃液体残留物实验室提取方法第 4 部分：固相微萃取法》;

GB/T 24572.6—2013《火灾现场易燃液体残留物实验室提取方法第 5 部分：吹扫捕集法》。

## 6.7　点火源勘验技术

### 6.7.1　勘验关注点

（1）垂直物体形成的受热面及立面上形成的各种燃烧图痕；

（2）建筑物的门窗、阳台、铁围栏变形情况，破碎玻璃散落方向，抛出物分布情况；

（3）重要物体倒塌的类型、方向、层次及特征；

（4）各种火源、热源的位置和状态；

（5）电气线路位置及被烧状态；

（6）有无放火条件和遗留的痕迹、物品；

（7）家用电器设备故障产生高温的痕迹；

（8）燃气管道、其他可燃物容器泄漏物起火或爆炸的痕迹；

（9）自燃物质的自燃特征及自燃条件；

（10）明火(烟头、打火机、火柴等)的物证。

### 6.7.2　勘验方法

在环境勘验中根据现场爆炸痕迹判断出爆炸燃烧的介质，依据各个房间的爆炸燃烧毁坏程度判断点火源所在的房间，根据墙体、物品的倒塌、抛出方向、散落层次及位置确定点火点的大致方位，之后通过该方位点可能存在的点火源种类以及该方位现场留下的点火遗留痕迹判断出点火点具体位置和点火源。

### 6.7.3 询问人员

1. 询问的对象

主要包括救援人员、熟悉起火（爆炸）场所人员（物业、燃气用户）。重点关注与事故联系最密切的人：一是最先到达事故现场进行救援的人；二是起事故前后离开现场或就在现场的人；三是熟悉事故现场物品摆放的人。

2. 主要询问内容

内容一般包括：

（1）爆炸房间中火源、热源的位置及状态；

（2）到达现场时有无点火源遗留痕迹；

（3）爆炸房间中抛出散落物原来位置；

（4）爆炸现场人员生活习惯；

（5）天然气爆炸发生时间。

## 6.8 泄漏位置勘验技术

### 6.8.1 勘验关注点

（1）检查燃气灶具开关状态，确定是否处于通气状态；

（2）检查燃气灶具万向节是否开裂和脱落；

（3）检查燃气灶具是否符合国家标准，以及是否超过使用年限（8 年）；

（4）检查燃气灶头是否有熄火保护装置，以及能否正常工作；

（5）检查连接燃气灶具与万向节及燃气表出口的橡胶管是否有固定紧箍圈，是否存在脱落、开裂和破损等情况；

（6）检查燃气软管是否开裂、破损；波纹管连接是否松动或折痕开裂；

（7）检查是否存在故意割断燃气软管的现象，注意观察是否有切割痕迹；

（8）检查燃气管线、燃气表等燃气系统设备设施是否存在腐蚀或裂缝。

### 6.8.2　勘验方法

以燃气灶具和燃气管线为中心展开细致勘查，通过听声、闻味迅速寻找是否存在正在泄漏的泄漏点，对燃气灶具、橡胶软管、燃气表、接头以及阀门等重点部分进行拍照取证，对房间内部整体环境摄影取证。

对天然气管道进行系统检查，从室内燃气表前阀门至燃气表后阀门之间的燃气管道系统、燃气热水器和壁挂炉管道、燃气胶管与燃气表后旋阀门连接处及连接的胶管按照规程进行检查与气密性试验，确定或排除各管道之间连接处是否有燃气泄漏的可能。图 6-4 为现场通过燃气管道气密性试验排除存在泄漏的位置。

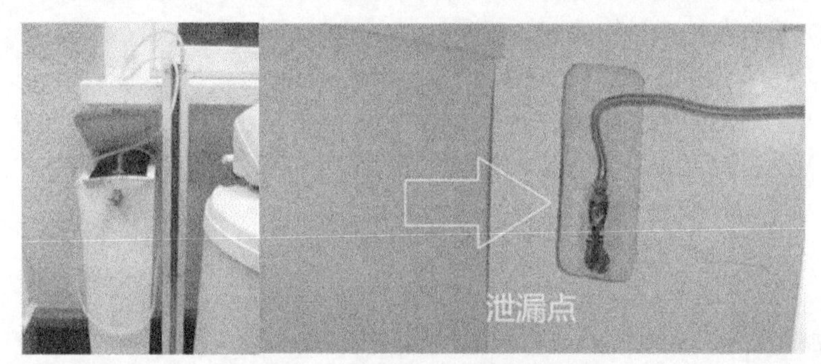


图 6-4　燃气管道气密性试验

### 6.8.3　询问人员

1. 询问的对象

主要包括发现人员、救援人员、熟悉起火（爆炸）场所人员。重点关注与事故联系最密切的人：一是最早发现起火或爆炸人员和最先报警的人；二是最先到达事故现场进行救援的人；三是起事故前后离开现场或就在现场的人；四是熟悉事故现场物品摆放的人。

2. 主要询问内容

内容一般包括：询问对象的基本情况、事故发生过程、现场目击状况、现场人员情况、异常变化情况、应急处置情况以及与事故有关的其他情况。

（1）泄漏气体的种类、泄漏时间及泄漏设备；

（2）泄漏的原因及泄漏后采取的措施；

（3）爆炸前燃气使用情况，有无特殊现象；

（4）燃气设施装修、燃气维报修情况、燃气入户巡检情况；
（5）以前是否发生过泄漏事故，什么原因，如何处置。

## 6.9 破坏程度勘验技术

### 6.9.1 勘验关注点

（1）门、窗以及玻璃破碎与散落情况；
（2）抛出物的分布情况；
（3）建筑物和物品塌落的层次和方向；
（4）起火点处不燃物的破坏情况；
（5）砖墙裂缝情况；
（6）房顶倾斜倒塌情况；
（7）周边建筑的损坏情况，主要是玻璃和外部墙壁的损坏情况；
（8）人员伤亡情况；
（9）上述勘验对象与点火源的距离。

### 6.9.2 勘验方法

以起火点为中心，对室内破坏情况及周边环境破坏情况进行勘验。照相记录现场方位、现场概貌以及重点部位，记录能够显示物证和伤亡人员位置、反映事故现场全貌的所有照片或影像资料，破损部件、碎片、残留物及其位置等。此外，应携带手持式激光测距仪测量门、窗、玻璃、墙壁及其他破坏物件的空间距离。根据需要，开展相关物品的分析鉴定工作，可委托有资质单位对使用的材料、介质、相关产品等进行物理性能试验分析或质量性能鉴定，主要涉及一些物件的承压能力。

### 6.9.3 询问人员

1. 询问的对象

主要包括发现、救援人员，熟悉起火（爆炸）场所人员。重点关注与事故联系最密切的人：一是最早发现起火或爆炸人员和最先报警的人；二是最先到达事故现场进行救援的人；三是事故前后离开现场或就在现场的人；四是熟悉事故现场物品摆放的人。

2. 主要询问内容

内容一般包括：询问对象的基本情况、事故发生过程、现场目击状况、现场人员情况、异常变化情况、应急处置情况以及与事故有关的其他情况。

（1）发生火灾爆炸时的现象及过程。

（2）泄漏气体的种类、泄漏时间及泄漏设备。

（3）泄漏的原因及泄漏后采取的措施。

（4）爆炸前燃气使用情况，有无特殊现象。

# 第7章　室内天然气爆炸事故原因判定程序及方法

## 7.1　爆炸介质判定程序及方法

管道天然气、液化石油气泄漏到空气中，扩散后达到爆炸浓度极限，遇点火源便会产生爆炸起火的燃气事故。判定事故原因前应先判定爆炸的介质，在确定爆炸介质的基础上，再进行点火源、泄漏位置、泄漏量、泄漏时间等因素的判定，从而确定发生爆炸或爆燃事故的原因。

1. 询问

根据第6章“户内天然气爆炸现场勘验技术导则”中6.4调查访问的方法对现场救援人员及熟悉现场人员进行询问，主要询问爆炸现场存放物品明细、物品摆放位置、燃烧火焰位置，重点关注室内易燃易爆物品存放及使用情况等，将询问内容根据导则要求进行详细记录。

2. 现场勘验

根据第6章“户内天然气爆炸现场勘验技术导则”中6.2现场勘验方法对现场环境及具体物件进行整体勘验。根据第3章“爆炸介质特性及点火源研究”中天气理化与液化石油气的理化性质及特性，重点勘验现场燃烧爆炸痕迹特征，并进行拍照取样。

勘验重点主要包括以下部分：

1）勘验爆炸或爆燃事故现场存在的易燃易爆物质

引发室内爆炸事故的介质一般包括天然气、液化石油气、其他易燃液态、易燃固体、可燃粉尘和炸药等，通过勘验得出可能引发爆炸的物质，与询问得到的物品明细进行比较验证。北京市无管道液化石油气，因此，现场有无液化石油气瓶是爆炸后介质判定勘验的关键。

2）根据爆炸现场有无明显炸点、物体碎裂、变形、破坏程度，判定现场为固体爆炸或气体爆炸

可燃气体泄漏后发生爆燃或爆炸时能量密度小，爆炸压力低，作用范围广，没有明显的炸点；一般气体爆燃压力不大，冲击波作用弱，只产生推移性破坏，使墙

体外移、开裂，门窗外凸、变形、抛落等；现场勘验需勘验现场的倒塌痕迹、变形痕迹、开裂痕迹、摩擦痕迹、分离移位痕迹等，若符合可燃气体泄漏爆炸特点可初步推断为可燃气体爆炸。固体爆炸一般现场有明显的炸点。

3）勘验爆炸现场燃烧痕迹并判断有无明显烟痕

室内发生气体爆炸时，可燃气体没有泄尽，在气源处发生稳定燃烧，可使室内的可燃物起火，可能造成几个着火点，一般会出现明显燃烧痕迹；可燃气体泄漏后的爆燃一般发生在化学计量浓度以下，接近或达到爆炸下限时发生，空气充足，气体燃烧充分，一般不会产生烟熏，爆燃中心附近有像喷射涂料颗粒、斑驳的灰白色痕迹，较重部分墙皮脱落，只有含碳量高的可燃气体或液体蒸气爆燃可留下烟痕。现场勘验需勘验现场的炭化痕迹、灰化痕迹、烟熏痕迹、熔化痕迹、变色痕迹、人体烧伤痕迹等，判断现场燃烧情况。

4）若判断为燃气爆燃或爆炸，且现场存在多气源，勘验现场爆炸痕迹

液化石油气等密度比空气大的气体，易聚集到低洼区域；天然气比空气轻，当天然气泄漏时，必然向室内的屋顶扩散，且逐渐由屋顶高位向低位扩散，向室内空间扩散，向空气易流动的地方扩散。若爆炸或爆燃破坏位置在低洼处，火灾烧不到的低洼处存在细微可燃物的烧焦痕特别是木质结构物质形成炭化层薄，龟裂纹小，有十分均匀的低位燃烧痕迹，则爆炸或爆燃物质为液化石油气；若在爆炸现场高位留下烟尘且破坏程度较大，有着明显的燃烧痕迹，则可推断出天然气为爆炸或爆燃物质。

3. 物证提取

若经过现场询问与勘验，无法判定现场爆炸介质，则根据第 6 章“户内天然气爆炸现场勘验技术导则”中 6.5 痕迹物证提取方法对现场可提取物证进行提取。可提取物证主要包括爆炸现场气体样本、地面或高位处可提取的烟尘、地面或高位处燃烧后物体样本（主要包括有炭化痕迹的物体）、地面或高位处受冲击后破碎的物体样本等，并对提取的物证送检。

4. 物证检测

将提取的需技术鉴定的物证及时送检。检验标准根据第 6 章“户内天然气爆炸现场勘验技术导则”中 6.6 物证检测分析标准进行。

根据现场勘验、人证和物证等现场证据以及技术鉴定的结果对现场爆炸事故进行综合判定，从而判断出爆炸介质。

## 7.2 点火源判定程序及方法

确定现场爆炸介质后，根据现场破坏毁伤痕迹确定爆燃点火源重点区域，依据重点区域内可能存在点火源种类和位置进行合理分析，确定点火点位置并确定点火源，从而判定爆炸或爆燃事故的原因。

### 7.2.1 点火源重点区域判定

1. 询问

根据第 6 章“户内天然气爆炸现场勘验技术导则”中 6.4 调查访问的方法对现场救援人员及熟悉现场人员进行询问，主要询问爆炸现场热源及电气装置位置及明细、室内人员活动情况、物品摆放位置、爆炸初始时间及位置、有无监控或其他证明材料等，将询问内容根据导则要求进行详细记录。

2. 现场勘验

根据第 6 章“户内天然气爆炸现场勘验技术导则”中 6.2 现场勘验方法对现场环境及具体物件进行整体勘验。根据第 3 章“爆炸介质特性及点火源研究”中点火源分析研究进行现场勘验，重点关注现场破坏毁伤特征及冲击波的传播方向，并进行拍照取样。

勘验重点主要包括以下部分：

1）爆炸现场各个部分的破坏程度

对爆炸现场破坏程度进行判断，在图纸上对现场进行区域划分，标注出破坏最严重区域，从而找到点火点重点区域。

2）玻璃破坏痕迹

爆燃或爆炸等强压力能使玻璃破坏。例如出现爆燃或天然气爆炸等产生的强压力，可以使玻璃破碎，碎块往往分布在距窗户一定距离的范围内。建筑物火灾中由火灾形成的压力通常不足以使窗玻璃破碎或使它们从窗框中脱落。室内玻璃在天然气燃爆过程中通常会受力因而被击碎最终留下痕迹，可以根据玻璃碎裂程度、玻璃受力点、玻璃断裂方向等众多因素推断冲击波的传播方向，进而确定点火源的重点区域。

3）混凝土和砖结构硬度变化痕迹

混凝土和砖结构硬度变化痕迹物证，混凝土和砖结构在经受火焰灼烧时，根据灼烧火焰温度不同以及时间的不同，其硬度的变化也不同，以此可以判断受热时间以及火焰温度，从而推断出起火部位及点火源。

4）物体燃烧图痕及灰化、炭化痕迹

根据爆炸现场物体燃烧损坏程度、燃烧图痕指向、受热面方向等判断出燃烧的方向，从而得出点火点的区域位置。

5）物体抛出痕迹

结合询问得到的物体原摆放位置，得出爆炸后物体抛出、倒塌方向，根据抛出、倒塌勾画出一个较大范围。如这个范围中部分构件（门、窗、轻质墙等）的抛出方向是一致的，则沿该方向向内推，得到一个最小的爆炸中心。如内部方向相反，则应以最外侧的范围来确定爆炸中心，这是因爆炸中心区域内气体的浓度和构件的抗爆能力不同导致的。图 7-1 为爆炸点与抛出物位置关系的示意图。

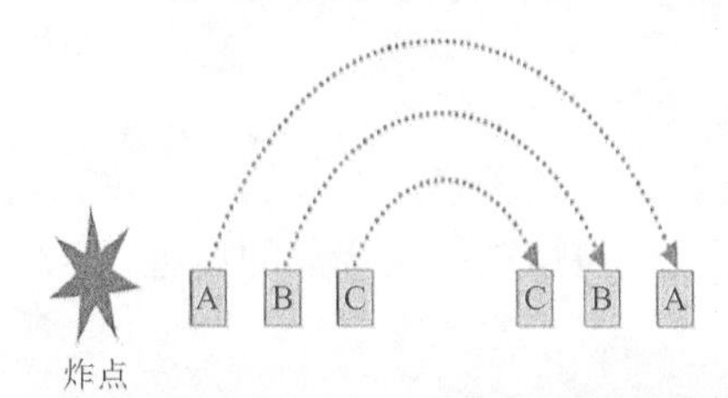


图 7-1　爆炸点与抛出物位置关系示意图

6）火灾“V”形痕迹

部分天然气泄漏后燃爆导致火灾的现场会出现“V”形痕迹，排除特殊情况，起火部位“V”形痕迹通常可以确定此处起火点，原理是火势向上燃烧速度较快，而向其他方向燃烧速度则较慢（不单单是向下速度较慢），因此会形成“V”形痕迹。

3. 绘图

根据询问及现场勘验结果，结合第 6 章“户内天然气爆炸现场勘验技术导则”中 6.3.2 现场绘图的方法进行图纸描绘，在图纸上标出点火源重点区域。

### 7.2.2　点火点位置及点火源判定

1. 询问

根据第 6 章“户内天然气爆炸现场勘验技术导则”中 6.4 调查访问的方法针对点火源重点区域内或区域周边存在的热源、电气设备进行详细询问，并对该区域有无其他可能存在的明火进行询问，询问点火源重点区域有无视频监控设备，将询问内容根据导则要求进行详细记录。

2. 现场勘验

根据第 6 章“户内天然气爆炸现场勘验技术导则”中 6.2 现场勘验方法对点火源重点区域进行勘验。根据第 3 章“爆炸介质特性及点火源研究”中点火源分析研究的点火源种类，对点火源重点区域进行梳理排查，将勘验内容拍照取证，从而确定点火点的位置及点火源。

勘验重点主要包括以下部分：

1）金属物质及其结构变形痕迹

金属物质及其结构变形痕迹，在室内金属物品较多时通常会被发现，由于金属的熔点较高的这一特性，可以证明火势特征，当火场发现金属物品大面积倒塌、变形均匀，火灾多为明火引发；但若某一点变形严重，倒塌梯度明显，多为弱火源或阴燃引发。

2）电气短路灼伤痕

电气装置一次短路灼伤痕，这种痕迹在天然气燃爆、火灾之中易被留存下来，事故现场在其周围可以发现金属熔珠以及烧焦的痕迹，它可以因此证明此处为点火源及燃爆事故的原因。

3）现场有无烟头、蜡烛等明显点火源

对现场地面进行勘验看是否存在烟头、火机、蜡烛等明火点火源，并对电灯开关、电灯、电冰箱等会出现电火花电器进行勘验，勘验其内部电流破坏情况。

3. 点火源认定方法

排除认定法——应列举出所有起火、点火原因，根据调查获取的证据材料，并运用科学原理和手段进行分析、验证，逐个加以否定排除，剩余一个原因即为起火、点火原因。

直接认定法——当有视频录像、物证、照片或证人证言等直接证据能够直接证明起火、点火原因时，可以直接认定起火、点火原因，不用做其他原因的排除。

### 7.2.3 多次爆炸情况点火源位置判定

综合运用证据、合理分析，确定多次气体爆炸现场的最初起爆部位。在火灾调查实践中大多数是一次性气体爆炸，偶尔会遇到多次爆炸现场，如何准确分析认定最初的爆炸中心，发现并解释多次爆炸之间的关联性是燃气爆炸事故调查的关键。北京市劳保所在燃气事故调查中遇到多次气体爆炸火灾现场，顺义区北坞的丙烷气罐泄漏爆炸，在最初的爆燃起火后 8 ~ 10 min 引起两只丙烷气罐的连续爆炸，一只气罐呈碎片状，一只气罐呈开裂状，后两起爆炸是物理爆炸。

多次爆炸现场有如下特征：一是多次爆炸是由第一次爆炸起火后燃烧或蔓延引起的；二是后面的爆炸和最初的爆炸之间会有时间间隔，易被人们感知，可通过询问佐证；三是后续爆炸如是物理爆炸，会形成明显的炸点或在迎火面形成明显的炸裂痕；四是爆燃起火蔓延后引起部分可燃气体管道的爆炸，符合可燃气体在管道内预混燃烧、爆燃的特点。图7-2为燃气泄漏燃烧后导致气瓶发生物理爆炸的典型事故场景。

图7-2　燃气泄漏燃烧后导致气瓶物理爆炸的典型事故场景

## 7.3　泄漏位置（泄漏速率）判定程序及方法

### 7.3.1　直接判定

户内天然气泄漏位置的直接判定程序及方法如下：

1. 询问

在已确认为天然气泄漏导致户内爆炸事故的基础上，根据第6章“户内天然气爆炸现场勘验技术导则”中6.4调查访问的方法对受害者、现场救援人员、报警人及熟悉现场人员进行询问，主要询问以下内容：

（1）爆炸现场燃气灶具类型与使用年限，是否存在故障或存在已知安全隐患；

（2）燃气软管厂家及上次更换时间，安装是否符合规范要求，是否超出使用寿命，是否专业燃气软管；

（3）爆炸现场日常是否有啃食胶管生物如老鼠、虫子等；

（4）在爆炸现场救援过程中是否发现爆炸对天然气主管线存在破坏作用；

（5）燃气表及燃气管线安装时间，有无拆、改、维修、换表等情况。

2. 勘验

（1）检查与气密性试验。对天然气管道系统进行检查，从室内燃气表前阀门至燃气表后阀之间的燃气管道系统、燃气热水器管道、燃气胶管与燃气表后旋阀连接处及连接的胶管按照规程进行检查与气密性试验，确定或排除各管道之间连接处泄漏燃气的可能。

（2）燃气软管检查。主要检查连接燃气灶具或燃气热水器的燃气软管是否存在龟裂、老化、断裂、脱落情况。

（3）燃气灶具检查。主要检查灶头熄火保护装置和灶具阀门是否漏气，以及是否属于天然气灶具。

### 3. 分析

根据调查询问及现场勘验结果，对确定未发生天然气泄漏部位进行排除，列出可能发生泄漏位置的明细，并标明每处泄漏位置发生泄漏的原因及可能性大小，进行泄漏情景模拟分析，初步确定泄漏位置及泄漏原因，并估测泄漏时间。

### 4. 判定泄漏速率

确定泄漏位置后，依据表 7-1 以及不同泄漏口径下泄漏速率判定图版（图 7-3），判定泄漏速率。表 7-1 通过泄漏试验、数值模拟和理论计算获得。

**表 7-1　泄漏位置泄漏速率对比表**

| 工况 | 泄漏位置 | 理论泄漏速率/ ($m^3/h$) | 试验泄漏速率/ ($m^3/h$) |
|---|---|---|---|
| 1 | 胶管脱落 | 3.08 | 2.80 |
| 2 | 胶管鼠咬小孔（2 mm） | 0.58 | 0.41 |
| 3 | 燃气灶具未关 | 0.44 | 0.35 |
| 4 | 燃气立管腐蚀裂隙（5 cm） | 3.52 | 3.12 |

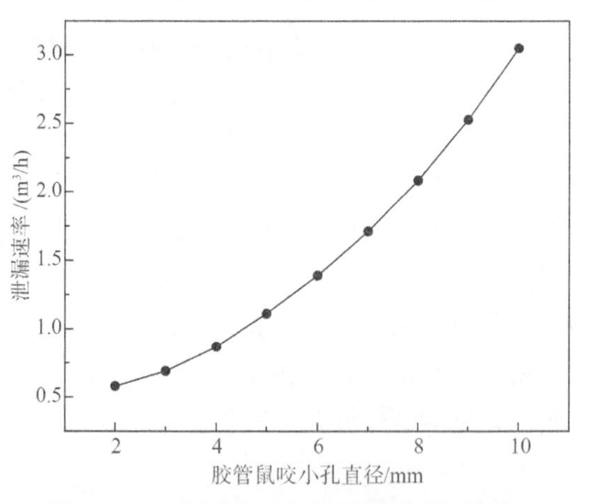


图 7-3　不同泄漏口径下泄漏速率判定图版

5. 相互验证

泄漏速率等于泄漏量除以泄漏时间，利用该计算关系，进行相互验证。如将该泄漏速率与泄漏时间计算泄漏量，或与泄漏量计算泄漏时间，分别与已获得的泄漏量或泄漏时间进行对比，从而进一步验证泄漏位置的正确性。

### 7.3.2　间接判定

对于爆炸现场破坏较为严重，无法在勘验过程中通过严密性测试排除未漏气位置的情况，采用间接判定法对泄漏位置进行判定。其程序如下：

1）判定泄漏量

通过比较现场各位置破坏程度、物件倒塌、抛出方向、燃烧痕迹对点火点位置和点火源进行判断。之后根据不同位置破坏程度，和该位置与点火点距离，对爆炸过程中天然气泄漏量进行判定。具体参见泄漏量判定程序及方法。

2）判定泄漏时间

根据现场询问及现场勘验结果，对泄漏情景进行模拟分析，对泄漏时间进行判定。具体参见泄漏时间判定程序及方法。

3）计算泄漏速率

通过泄漏量和泄漏时间计算泄漏速率。

4）判定泄漏位置

结合现场勘验情况，依据泄漏位置泄漏速率对比表，判定泄漏位置，并根据判定的泄漏位置在现场进行勘验，分析出泄漏原因。

## 7.4　泄漏量判定程序及方法

### 7.4.1　直接判定

户内天然气泄漏量的判定程序及方法如下。

1. 询问

已确认为天然气泄漏所致的户内燃气爆炸事故，在确定点火点位置的前提下（具体判定程序参见“点火点位置及点火源判定程序”），根据“户内天然气爆炸现场勘验技术导则”中调查访问的方法对受害者、现场救援人员、报警人及熟悉现场人员进行询问，主要询问以下内容：

（1）爆炸现场房间的尺寸；
（2）爆炸前人员在房间的位置及活动情况；
（3）有无人员受伤以及人员损伤的情况（损伤部位及程度）；
（4）原有物品的摆放位置。

2. 现场勘验

根据“户内天然气爆炸现场勘验技术导则”中现场勘验方法对爆炸现场进行勘验，将勘验内容拍照取证。

勘验重点主要包括以下部分：

（1）现场各个位置的破坏程度，对破坏程度进行初步判断，为轻度破坏至完全破坏中的何种等级，并测量每个位置距离点火点之间的距离；
（2）勘验爆炸最远影响范围距离点火点之间的距离；
（3）对照原有物品摆放位置，勘验现场物体的抛出距离。

3. 计算并判定泄漏量

根据现场破坏状况，利用不少于三处冲击波超压造成破坏情况反推确定燃气爆炸事故泄漏量。一期研究中以典型厨房空间（长 4 m，宽 2 m，高 2.6 m）为对象，确定了狭小空间内爆炸破坏程度与泄漏量对比情况表，该对比表适用于厨房门处于关闭状态下泄漏量的判定。通过开展典型户型结构室内燃气爆炸研究，发现该表在大尺寸空间内具有一定的不适用性。当爆炸发生在中心位置时，由于空间扩大，爆心与墙壁以及窗户之间的距离增大，且气体爆炸需要一定的发展过程，因此，在估算泄漏量时，考虑爆炸从中心向整个房间尺寸发展的过程，结合爆炸试验典型户型实际结构，可以根据距离爆心为 6 m 的冲击波超压情况来估算燃气的泄漏量。为了使得计算结果更为准确，需综合考虑不同位置冲击波超压造成破坏情况来反推燃气爆炸事故泄漏量，首先依据冲击波超压对人体和建筑物的破坏判定标准，结合现场人员受伤情况及建筑物破坏情况确定对应位置的冲击波超压值，再根据不同距离和超压（破坏状况）下的气体泄漏量判定图版，判定燃气泄漏量。具体参考数据见表 7-2 至表 7-4 及图 7-4，其中表 7-2 中最严重破坏等级基于表 7-4 进行判定。

**表 7-2　典型空间破坏程度泄漏量对比表**

| 爆炸条件 | | | | 爆炸结果峰值超压/kPa | | | | | | 最严重破坏等级 |
|---|---|---|---|---|---|---|---|---|---|---|
| 点火位置 | 泄漏量/$m^3$ | 时间/h | 点火位置浓度 | 厨房 | 厨房阳台 | 客厅 | 卫生间 | 次卧 | 主卧 | |
| 厨房门口开关 | 12.65 | 4.52 | 7.73% | 0.5 | 3.2 | 1.1 | 2.1 | 6.8 | 5.0 | 次轻度破坏 |

续表

| 爆炸条件 | | | | 爆炸结果峰值超压/kPa | | | | | | 最严重破坏等级 |
|---|---|---|---|---|---|---|---|---|---|---|
| 点火位置 | 泄漏量/$m^3$ | 时间/h | 点火位置浓度 | 厨房 | 厨房阳台 | 客厅 | 卫生间 | 次卧 | 主卧 | |
| 厨房顶部（持续点火） | 5.36 | 1.92 | 4.91% | 3.35 | 2.83 | 1.38 | 0.69 | 0.41 | — | 次轻度破坏 |
| 厨房门口开关 | 12.45 | 4.45 | 8.11% | 13.9 | 3.1 | 2.5 | 4.6 | 13.6 | 5.0 | 中等破坏 |
| 厨房门口开关 | 12.43 | 3.94 | 4.64% | 2.5 | 1.4 | 0.1 | 1.7 | 3.5 | 1.8 | 次轻度破坏 |
| 厨房门口开关 | 13.42 | 4.79 | 7.53% | 36.3 | 14.6 | 16.7 | 12.7 | 14.5 | 13.4 | 次严重破坏 |
| 厨房底部 | 12.71 | 4.54 | 4.84% | 1.4 | 13.8 | 0.1 | 2.7 | 36.1 | 4.1 | 次严重破坏 |
| 厨房顶部 | 12.61 | 30.41 | 9.00% | 16.3 | 14.7 | 11.3 | 14.5 | 52.6 | 19.2 | 次严重破坏 |
| 厨房门口开关 | 12.43 | 36.03 | 7.50% | 21.2 | 13.4 | 12.4 | 19.6 | 17.8 | 22.0 | 次严重破坏 |
| 厨房门口开关 | 12.69 | 4.07 | 7.68% | 27.2 | 19.3 | 19.2 | 19.8 | 47.9 | 24.2 | 次严重破坏 |
| 厨房门口开关 | 12.77 | 4.09 | 7.52% | 16.5 | 16 | 13.7 | 20.1 | 16.5 | 20.4 | 次严重破坏 |

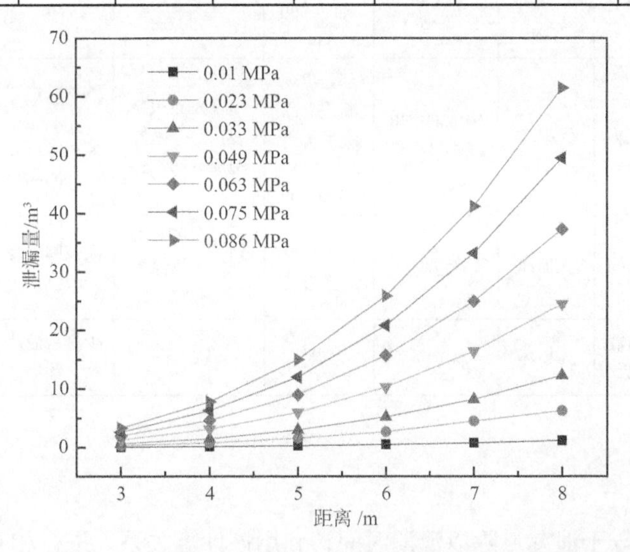


图 7-4　基于 TNT 方法计算距离爆心不同距离和超压下气体泄漏量判定图版

**表 7-3　冲击波超压对人体的伤害作用**

| 超压 $\Delta p$/MPa | 伤害情况 |
| --- | --- |
| 0.02 ~ 0.03 | 轻微伤害 |
| 0.03 ~ 0.05 | 听觉器官损伤或骨折 |
| 0.05 ~ 0.10 | 内脏严重损伤或死亡 |
| >0.10 | 大部分人员死亡 |

**表 7-4　受冲击波超压影响的建筑物破坏等级划分表**

| 破坏等级 | | 1 | 2 | 3 | 4 | 5 | 6 |
| --- | --- | --- | --- | --- | --- | --- | --- |
| 破坏等级名称 | | 无破坏 | 基本无破坏 | 次轻度破坏 | 轻度破坏 | 中等破坏 | 次严重破坏 |
| 超压/kPa | | < 0.1 | 0.1 ~ 1 | 1 ~ 5 | 5 ~ 10 | 10 ~ 20 | 20 ~ 50 |
| 建构筑物破坏程度 | 玻璃（2 mm 厚度） | 无损坏 | 偶然出现条状破碎，破碎后玻璃较集中，抛掷距离 < 200 cm | 部分呈条状或小块破碎，抛掷距离在 200 ~ 300 cm | 大部分呈条状或小块破碎，少量集中，集中位置 > 350 cm | 粉碎，抛掷距离 > 600 cm | 粉碎，抛掷距离 > 1000 cm |
| | 玻璃（4 mm 厚度） | 无损坏 | 偶然出现大块破碎 | 玻璃出现少量条状破碎，在 200 ~ 300 cm | 大部分呈条状破碎，少量集中，集中位置 > 350 cm | 粉碎，抛掷距离 > 600 cm | 粉碎，抛掷距离 > 1000 cm |
| | PVC 门窗 | 无损坏 | 较细部位出现轻微变形 | 部分出现断裂，断裂抛掷距离在 200 ~ 300 cm | 出现大面积断裂，部分抛掷距离 > 300 cm | 断裂后尺寸 < 100 cm，抛掷距离 > 300 cm | 部分抛掷距离 > 1000 cm |
| | 塑钢结构 | 无损坏 | 无损坏 | 出现轻微变形 | 出现弯折及断裂，主体保持完整 | 大范围出现变形 | 变形超过 60°，主体断裂严重 |
| | 水泥内墙覆盖层 | 无损坏 | 无损坏 | 无损坏 | 无损坏 | 少量水泥掉落 | 砖内墙出现大裂缝 |

4. 相互验证

泄漏速率等于泄漏量除以泄漏时间，利用该计算关系，进行相互验证，进一步验证泄漏量判定的正确性。

### 7.4.2　间接判定

1. 判定泄漏时间

根据现场询问及现场勘验结果，对泄漏情景进行模拟分析，对泄漏时间进行判定。参见泄漏时间判定程序及方法。

2. 判定泄漏位置（泄漏速率）

根据现场询问及现场勘验结果，对现场进行气密性测试，通过排除分析方法对泄漏位置进行判断，根据“泄漏位置泄漏速率对比表”对泄漏速率进行计算。参见泄漏位置判定程序及方法。

3. 判定泄漏量

通过泄漏时间和泄漏速率计算泄漏量，并与直接计算得到的泄漏量进行互相验证，增加计算结果的准确性。

## 7.5　泄漏时间判定程序及方法

### 7.5.1　直接判定

1. 询问

已确认为天然气泄漏所致的户内燃气爆炸事故，根据“户内天然气爆炸现场勘验技术导则”中调查访问的方法对受害者、现场救援人员、报警人及熟悉现场人员进行询问，将询问内容详细记录。主要询问以下内容：

（1）爆炸事故最先发现人提供的最初出现爆炸声音、烟、火光的时间；
（2）天然气爆炸事故（起火点）钟表停摆时间；
（3）与天然气事故爆炸原因关联的用火设施点火时间；
（4）与天然气事故爆炸原因关联的电热设备通电或停电时间；
（5）爆炸部位处用电设备、器具出现异常时间；
（6）与点火源部位关联的电气线路发生供电异常时间和停电、恢复供电时间；
（7）火灾自动报警系统的报警或故障时间；
（8）视频资料显示最初发生天然气爆燃的时间；
（9）电子数据记录的与天然气爆燃关联的时间；
（10）结合可燃物燃烧速度分析认定的时间；

（11）其他记录与天然气爆燃有关的现象并显示时间的信息。

2. 现场勘验

根据“户内天然气爆炸现场勘验技术导则”中现场勘验方法对爆炸现场进行勘验，将勘验内容拍照取证。重点勘验现场能表征天然气开始发生泄漏与天然气发生爆炸的时间，如天然气爆炸事故（起火点）钟表停摆时间等。

3. 判定泄漏时间

结合情景分析、情况问询及户内人员的活动情况判定可能的持续泄漏时间。找寻当事人、发现人、报警人、知情人、受害人等，依据得到的相关信息作评估，以爆炸发生时作为截止时间，直接确定天然气泄漏时间。

4. 泄漏时间验证

根据典型室内天然气泄漏浓度分布试验研究结果，得到不同泄漏位置、泄漏情况下的泄漏时间，在泄漏位置确定的情况下，可以得到对应的最短泄漏时间，具体可参照表 7-5。将询问得到的泄漏时间与最短泄漏时间进行比较，验证询问得到泄漏时间的准确性。

**表 7-5 不同泄漏位置引发爆炸最短泄漏时间对比数据表**

| 泄漏位置 | 泄漏情况 | 厨房顶部到达爆炸下限的时间/h |
|---|---|---|
| 胶管 | 开放式厨房胶管脱落在橱柜外 | 1.98 |
| 胶管 | 开放式厨房（有挡烟垂壁）胶管脱落在橱柜外 | 1.83 |
| 胶管 | 封闭式厨房胶管脱落在橱柜内 | 2.39 |
| 胶管 | 封闭式厨房胶管脱落在橱柜外 | 1.72 |
| 燃气立管 | 开放式厨房燃气立管地面穿墙处（立管靠近门包封） | 2.55 |
| 燃气立管 | 封闭式厨房燃气立管地面穿墙处（立管靠近门未包封） | 1.65 |
| 燃气立管 | 封闭式厨房燃气立管地面穿墙处（立管在阳台上未包封） | 1.79 |
| 胶管 | 封闭式厨房胶管鼠咬小孔橱柜外 | 20.81 |
| 燃气灶具灶眼 | 封闭式燃气灶具开关未关 | 24.39 |

### 7.5.2　间接判定

1）判定泄漏位置（泄漏速率）

根据现场询问及现场勘验结果，对现场进行气密性测试，通过排除分析方法对泄漏位置进行判断，根据“泄漏位置泄漏速率对比表”对泄漏速率进行计算。参见泄漏位置判定程序及方法。

2）判定泄漏量

通过比较现场各位置破坏程度，物件倒塌、抛出方向，燃烧痕迹对点火点位置和点火源进行判断。之后根据不同位置破坏程度，和该位置与点火点距离，对爆炸过程中天然气泄漏量进行判定。参见泄漏量判定程序及方法。

3）判定泄漏时间

通过泄漏量和泄漏速率计算泄漏时间。

## 7.6　户内天然气爆炸事故原因判定程序

综上所述，户内天然气爆炸事故原因分析流程图如图 7-5 所示。

户内天然气爆炸事故发生后，燃气勘验人员应随应急处置人员尽快抵达第一现场，经过现场询问后完成对事故经过和基本情况的了解。之后，依据“户内天然气爆炸现场勘验技术导则”对现场进行初步勘验、环境勘验、细项勘验和专项勘验；对爆炸现场易燃易爆物品和炸点进行搜查，对爆炸后物件倒塌痕迹、变形痕迹、开裂痕迹、摩擦痕迹、分离移位痕迹以及燃烧后炭化痕迹、灰化痕迹、烟熏痕迹、熔化痕迹、变色痕迹、人体烧伤痕迹进行勘验，拍照取证并利用专业工具提取物证，根据勘验内容对爆炸介质进行判定。

判定为天然气爆炸事故后，检查户内天然气管道系统破损程度。若破损较小，通过气密性试验采用排除法对泄漏位置进行判断，根据“泄漏位置泄漏速率对比表”得到泄漏速率；结合天然气泄漏速率与询问得到的泄漏时间，计算得到爆炸时泄漏量。同时，通过对不同位置破坏程度对比和物件倒塌抛出方向以及燃烧痕迹进行勘验，判定点火点位置及点火源。根据“典型空间破坏程度-泄漏量对比表”将计算泄漏量所造成的破坏程度与对应位置现场实际破坏程度进行比较，在确定泄漏位置的情况下对泄漏时间进行验证。若破损较大，无法通过气密性试验对泄漏位置进行判断，先勘验爆炸现场各位置破坏程度与距离点火点位置长度，根据“典型空间破坏程度-泄漏量对比表”和“不同距离和超压下气体泄漏量判定图版”确定爆炸时泄漏量，根据询问结果得到泄漏到爆炸时刻的时间，通过泄漏量与泄漏时间计算得到泄漏速率。根据“泄漏位置-泄漏速率对比表”得到该速率可能的泄漏位置，结合“不同泄漏位置引发爆炸最短泄漏时间对比数据表”验证泄漏位置和泄漏时间的准确性。

通过户内天然气爆炸事故原因判定程序，燃气职工可以在所有户内天然气爆炸情况下较为明确地判断出爆炸发生时天然气泄漏量、泄漏位置和泄漏时间。程序对户内天然气爆炸事故现场的各种工作提供了清晰的思路，对爆炸发生的原因以及泄漏发生的原因分析提供有效技术支撑，也对职工的操作方法提供科学的规范。

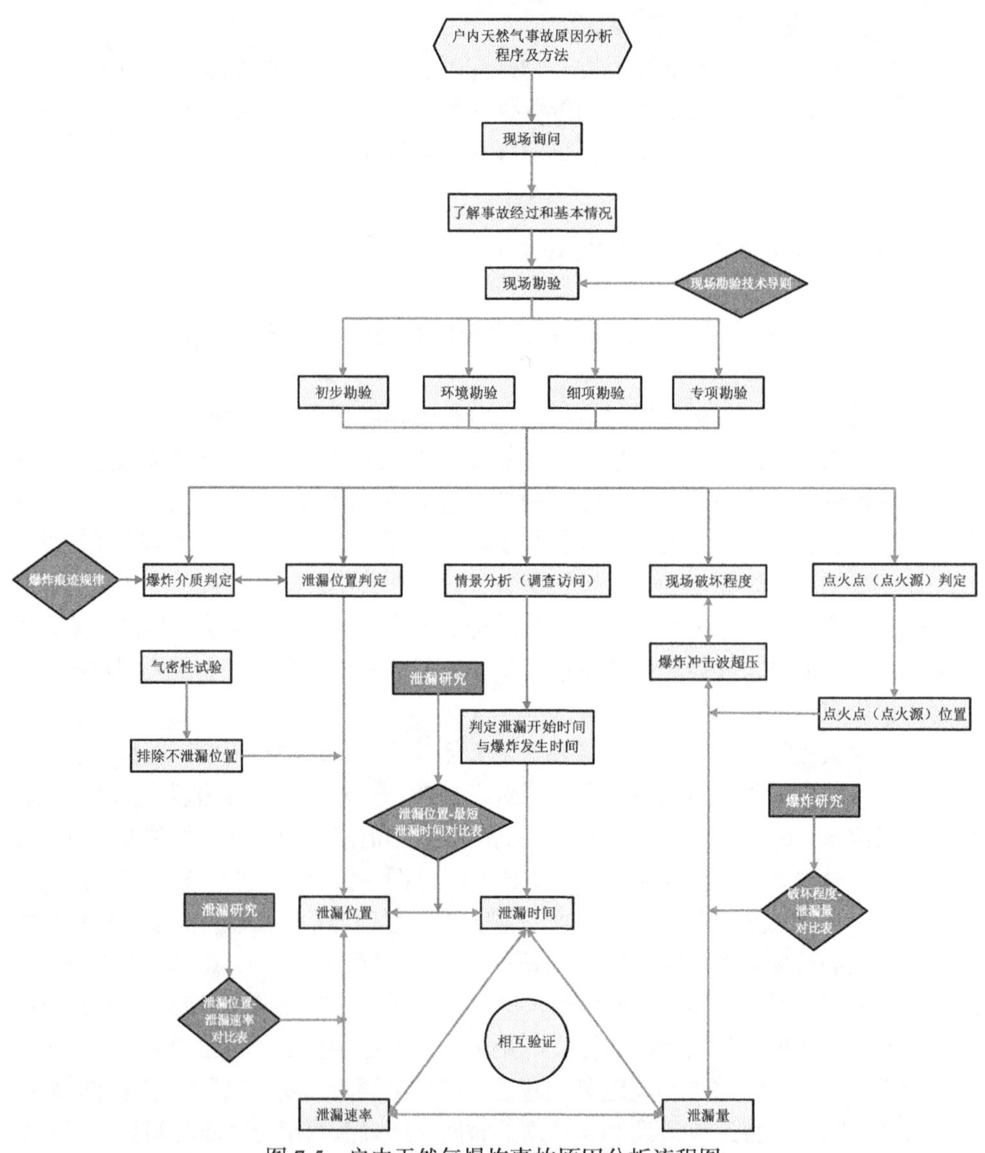


图 7-5　户内天然气爆炸事故原因分析流程图

## 7.7　研究成果验证

本课题研究过程中，在北京市丰台区、通州区发生了 4 起户内燃气爆炸事故，分别为角门东里闪爆事故、马驹桥镇东亚瑞晶苑爆炸事故、新华里燃气爆燃事故、洋桥西里燃气爆燃事故，在爆炸事故调查过程中，课题成员应用本课题研究内容对事故原因进行判定，与后续相关部门调查后得出事故报告结论基本一致，验证了课题研究结论的准确性和可实施性。

### 7.7.1　新华里燃气爆燃事故验证

2022 年 8 月 28 日，丰台区南苑街道新华里 2 号院某住户家中发生燃气爆燃事故，造成在此居住的 2 人受伤，房屋门窗及部分物品损坏。根据事故现场勘验结果，该户无液化气罐及其他固体爆炸物，爆炸介质为燃气。户内燃气相关设备设施仅有燃气管道、燃气连接用橡胶软管、家用燃气灶，经现场勘查泄漏位置为胶管鼠咬小孔，孔径约 5 mm。根据不同胶管泄漏口径下泄漏速率判定图版，泄漏速率约 1.2 $m^3/h$。根据询问、环境勘验和专项勘验得出点火点在厨房，为电灯开关，点火源为开灯时产生电火花。根据本课题试验结果，厨房电灯开关 1.5 米高度达到爆炸下限的时间为 2.5 小时，因此，推断泄漏量至少 3 $m^3$ 燃气，与系统后台数据吻合。则可判断本次爆炸事故原因为鼠咬导致胶管破损，造成燃气在橱柜内泄漏，由开灯时开关产生的电气火花点火导致燃气爆炸。判定结果与政府调查结果一致，验证了户内燃气爆炸事故判定程序与方法的有效性。

### 7.7.2　角门东里闪爆事件验证

2023 年 1 月 17 日下午，丰台区角门东里某住户发生闪爆事件，造成该住户厨房损坏，另有 7 户烟道轻微损坏，无人员伤亡。根据现场勘验，该处泄漏位置为该室立管油任，泄漏燃气通过抽油烟机排风口扩散至公共烟道，在公共烟道内聚集，到达爆炸下限，遇到火源发生闪爆，分别在 15 ~ 19 层烟道和 1 层烟道发生闪爆。该次闪爆事件为点火点在烟道内，烟道内燃气浓度在爆炸极限范围内，由于烟道空间不大，积聚的燃气量也不大，因此爆炸导致的破坏程度较低，冲击波超压较小。由此可验证本次课题试验和模拟中得到的燃气立管包封对燃气泄漏扩散和燃爆后果的影响规律。

### 7.7.3 马驹桥镇东亚瑞晶苑爆燃事故验证

2023 年 5 月 11 日，马驹桥镇东亚瑞晶苑某住户发生户内燃气爆燃事故，造成该住户内受损，1 人受伤；其余 3 家用户防盗门不同程度损坏，楼道内电梯门损坏。根据事故现场勘验结果，爆炸现场燃气灶具两个开关均处于开启状态，且灶具连接用软管与灶具连接处为脱落状态。经与用户及家属问询，该灶具为用户自行采买并安装，为有定时关闭功能的智能灶具，用户存在用气结束后不关闭灶具开关的习惯。根据现场严密性试验，得出所有燃气管道及设施密封性均保持完好，由此可得出其泄漏位置为灶具灶眼或胶管脱落点。根据询问及勘验，该起爆炸事故点火点为燃气灶右上角电源插排，点火源为拔出手机充电器导致的电火花。现场防盗门及楼道电梯门有损坏，厨房与客厅的墙体整体倒塌，根据课题试验模拟结论，燃气泄漏量应大于 9 $m^3$。若胶管未脱落，泄漏位置为燃气灶眼，泄漏时间约 25 个小时，与用户在爆燃前一天试验灶具煮面相矛盾。若为胶管脱落引发泄漏，泄漏时间约 3.2 个小时，符合实际情况，则可判断本次爆燃事故原因为胶管脱落，造成燃气泄漏，由拔手机充电器时产生的电气火花点火导致燃气爆燃。判定结果与政府调查结果一致，验证了户内燃气爆炸事故判定程序与方法的有效性。

### 7.7.4 洋桥西里燃气闪爆事件验证

2022 年 10 月 15 日 14：40，丰台区西罗园街道洋桥 71 号院某住户发生燃气闪爆事件，事件造成 1 人受伤，5 家住户门窗损坏明显，楼道电梯门及室内部分墙体有破损。根据事故现场勘验结果，室内无明显过火痕迹，燃气管道完好，燃气设备外观无破损，灶具左侧旋钮开关为半开状态。依据课题爆炸原因判定方法，对该户燃气系统进行整体挂压，严密性均符合要求，灶具经鉴定熄火保护完好，得出该起事故为人为干预导致燃气通过灶眼泄漏爆炸，与消防应急调查结果一致。

# 第 8 章　室内天然气泄漏爆炸事故安全防控

## 8.1　居民用户安全用气

城镇居民用户缺乏安全使用燃气的意识，使用燃气器具不当，也是造成燃气事故的主要原因。城镇燃气主管部门以及燃气企业，应当加强燃气安全知识的宣传和普及，提高居民用户安全意识，积极防范各种燃气事故的发生。

### 8.1.1　安全使用燃气的注意事项

管道燃气用户需要扩大用气范围、改变燃气用途或者安装、改装、拆除固定的燃气设施和燃气器具的，应当与燃气经营企业协商，并由燃气经营企业指派专业技术人员进行相关操作。

燃气用户应当安全用气，不得有下列行为：盗用燃气；损坏燃气设施；用燃气管道作为负重支架或者接引电器地线；擅自拆卸、安装、改装燃气计量装置和其他燃气设施；实施危害室内燃气设施安全的装饰、装修活动；使用存在事故隐患或者明令淘汰的燃气器具；在不具备安全使用条件的场所使用瓶装燃气；使用未经检验、检验不合格或者报废的钢瓶；加热、撞击燃气钢瓶或者倒卧使用燃气钢瓶倾倒燃气钢瓶残液；擅自改换燃气钢瓶检验标志和漆色；无故阻挠燃气经营企业的人员对燃气设施的检验、抢修和维护更新；法律、法规禁止的其他行为。

（1）厨房内不能堆放易燃易爆物品。

（2）使用燃气时，一定要有人照看，人走关火。因为一旦人离开，就有火焰被风吹灭或锅烧干、汤溢出致使火焰熄灭的可能，燃气继续排出，造成人身中毒或引起火灾、爆炸事故。

（3）装有燃气管道及设备的房间不能睡人，以防漏气造成煤气中毒或引起火灾爆炸事故。

（4）教育小孩不要玩弄燃气灶的开关，防止发生危险。

（5）检查燃具连接处是否漏气可用携带式可燃气检测或采用肥皂水的方法如发现有漏气显示报警或冒泡的部位应及时紧固、维修，严禁用明火试漏。

### 8.1.2 安全措施

1. 发生燃气泄漏时的安全措施

（1）首先关闭厨房内的燃气进气阀门。

（2）立即打开门窗，进行通风。

（3）不能开关电灯、排风扇及其他电气设备以防电火花引起爆炸。

（4）严禁把各种火种带入室内。

（5）进入煤气味大的房间不能穿带有钉子的鞋。

（6）通知燃气企业来人检查但严禁在本室使用电话，以免有电火花产生引起爆燃。

2. 发生由燃气引发的火灾的安全措施

一旦发生由燃气引发的火灾，要沉着冷静，立即采取有效措施。

（1）迅速切断燃气源。如果是液化石油气罐引起火灾，应立即关闭角阀，将气锥移至室外（远离火区）的安全地带，以防爆炸。

（2）起火处可用湿毛巾或湿棉被盖住，将火熄灭。无法接近火源时，可采取用沙土覆盖、用灭火器控制火势、利用水降温等措施，以防爆燃。

（3）如火势很大，个人不能扑灭，要迅速报火警（火警电话“119”）。

①火警电话打通后，应讲清着火单位、所在地区街道的详细地址。

②要讲清什么东西着火，火势如何。

③要讲清是平房还是楼房。

### 8.1.3 燃气灶的安全使用

1. 厨房安装燃气灶的要求

（1）厨房的面积不应小于 2 $m^2$，高度不低于 2.2 m，这是由于燃气一旦漏气，尚有一定的缓冲余地。同时，燃气燃烧时会产生一些废气，如果厨房空间小，废气不易排除，易发生人身中毒事故。

（2）厨房与卧室要隔离防止燃气相互串通。

（3）厨房内不应放置易燃物。

（4）煤气管道与灶具用软管连接时，软管接头处要用管箍紧固，软管容易老化变质应及时更换；不能使用过长的胶管连接。

（5）厨房内应保持通风良好。

（6）不带架的燃气灶具，应水平放在不可燃材料制成的灶台上，台不能太高，一般以 600 ~700 mm 为宜。同时，灶具应放在避风的地方，以免风吹火焰降低灶具的热效率，甚至把火焰吹熄引起事故。

（7）燃气灶从售出当日起，判废年限为 8 年。

### 2. 燃气灶正确操作要点

（1）非自动打火灶具应先点火后开气，即“火等气”。如果先开气后点火，燃气向周围扩散，再遇火易发生危险。

（2）要调节好风门。根据火焰状况调节风门大小，防止脱火、回火或黄焰。

（3）要调节好火焰大小。在做饭的过程中，炒菜时用大火，焖饭时用小火。调节旋塞时宜缓慢转动，切忌猛开猛关，以火焰不出锅底为度。

### 3. 燃气灶连接软管使用的注意事项

（1）要使用经燃气企业技术认定的耐油胶管。

（2）要将胶管固定，以免晃动影响使用。

（3）要经常检查胶管的接头处有无松动。

（4）要经常检查胶管有否老化或裂纹等情况，如发现上述情况应及时更换。

（5）灶前软管使用已超过两年建议更新。

（6）不能擅自在燃气管道上连接长的胶管，更不能连接燃具移入室内。

### 4. 燃气灶小故障的排除

家用燃气灶常见故障有漏气、回火、离焰、脱火、黄焰、连焰、点火率不高、阀门旋转不灵活等。一般情况下可自行排除故障，原因不清时，应及时向燃气企业报修灶具出现的一般故障及排除方法：

#### 1）排除漏气现象

漏气的原因较多，如输气管接头松动，阀芯与阀体之间的配合不好，采用的橡胶管年久老化，产生龟裂等。针对上述情况分别采取以下措施：管路接头不严或松动时，应拆开接头，重新缠绕聚四氟乙烯条，并紧固严密：阀门漏气应更换阀门，或拆开阀门，擦净旋塞，重新加上密封脂：橡胶管老化应更换新管，并用管箍圈紧。

#### 2）燃烧器回火故障的排除

燃烧器回火的原因有：燃烧器火盖与燃烧器的头部配合不好，风门开度过大，放置的加热容器过低，室内风速过大等。属于第一种原因时，应调整或互换或向厂家更换火盖；属于第二种原因时，应将风门关小些；属于第三种原因时，应调整炊事容器底部与火焰的距离；若因室内风速大时，应关上室内的门窗。

3）离焰或脱火现象的排除

燃烧器离焰或脱火的原因有：风门开度过大，部分火孔堵塞，环境风速过大，供气压力过高等。因风门开度过大时，应关小风门开度；因部分火孔堵塞时，应疏通火孔；若因管网供气压力过高时，应将燃气节门关小。

4）黄焰现象的排除

燃气在燃烧过程中产生黄焰的原因及排除方法：风门的开度太小或二次空气不足，此时应将风门开度调大或清除燃烧器周围的杂物；喷嘴与燃烧器的引射器不对中，此时应调整燃烧器，使引射器的轴线与喷嘴的轴线对中；喷嘴的孔径过大，此时应将喷嘴孔径铆小或更换喷嘴；有时因在室内油炸食品或清扫地面而产生黄焰，应打开门窗或排气扇，或停止清扫工作，黄焰即可消失；加热容器过低时，也会产生黄焰，这时应调整架锅的高度。

5）火焰连焰现象的排除

燃气燃烧时连焰的原因有：燃烧器的加工质量差或火盖变形。出现这种现象时，应转动火盖，调到一个适当的位置；若确实不能调整，应向销售厂家要求更换新火盖。

6）阀门故障的排除

阀门旋转不灵活的原因有：长期使用导致密封脂干燥，阀芯的锁母过紧，旋塞与阀体粘在一起。此时应拆开阀门检查，针对不同原因进行修理。

7）新灶具的火力不足

新灶具或刚刚修理的灶具火力不足的原因有：旋塞加密封脂过多，密封脂堵塞了旋塞孔。排除这种现象的方法是拆开阀门，清理掉旋塞孔内的密封脂；也可以关上燃气总节门，将灶具的燃气入口管拆下，打开灶具节门，把打气筒的胶管接在灶具的燃气入口处，通过打气冲走旋塞孔中的密封脂。

8）点火故障的排除

自动点火机构打不着火的原因较多，而且调整或修理需要有一定技术，所以应请燃气企业专业人员检修。

### 8.1.4 燃气热水器的安全使用

（1）燃气热水器应装在厨房，用户不得自行拆、改、迁、装。

（2）安装热水器的房间应有与室外有通风的条件。

（3）使用热水器必须使烟气排向室外，厨房需开窗或启用排风换气装置，以保证室内空气新鲜。

（4）热水器附近不准放置易燃易爆物品，不能将任何物品放在热水器的排烟口处和进风口处。

（5）在使用热水器过程中如果出现热水阀关闭而主燃烧器不能熄灭时，应立即关闭燃气阀，并通知燃气管理部门或厂家的维修中心检修，不可继续使用。

（6）在淋浴时，不要同时使用热水洗衣或做他用，以免影响水温和使水量发生变化。

（7）身体虚弱的人员洗澡时，家中应有人照顾，连续使用时间不应过长。

（8）发现热水器有燃气泄漏现象应立即关闭燃气阀门打开外窗，禁止在现场点火或吸烟。随后应报告燃气企业或厂家的维修中心检修热水器，严禁自己拆卸或“带病”使用。

（9）燃气热水器使用年限从售出当日起计算，人工煤气热水器判废年限为 6 年，液化气和天然气热水器判废年限为 8 年。

### 8.1.5　燃气壁挂炉的安全使用

1. 关于水压

用户在使用前，首先应检查锅炉的水压表指针是否在规定范围内。说明书中规定的标准水压为 0.1 ~ 0.12 MPa，但在实际使用过程中由于暖气系统和锅炉内都存在一些空气，当锅炉运行时，系统中的空气不断从锅炉内的排气阀排出，锅炉的压力就会无规律地下降。在冬季取暖时，暖气系统中的水受热膨胀，系统水压力会上升，待水冷却后压力又下降，此属正常现象。实验表明，壁挂炉内的水压只要保持为 0.03 ~ 0.12 MPa 就完全不会影响壁挂炉的正常使用。如水压低于 0.02 MPa 时可能会造成生活热水忽冷忽热或无法正常启动，采暖时如水压高于 0.15 MPa，系统压力会升高如果超过 0.3 MPa，锅炉的安全阀就会自动泄水，可能会造成不必要的损失。正常情况下一个月左右补一次水即可。

系统补水后一定要关闭锅炉的补水开关，长期出差的业主应将供水总阀关闭。建议在锅炉的安全阀上加装一根排水管，以避免锅炉水压过高时带来不必要的损失。

2. 关于锅炉亮红灯

锅炉在启动时，如果检测不到火焰，就会自动进入保护状态，锅炉的红色故障指示灯就会点亮报警。造成此事实的原因是与之相连的燃气曾经出现过中断。此时应检查燃气系统查找可能存在的故障。

（1）燃气是否畅通，有无停气；

（2）气表电池无电；

（3）气表中的余额不足；

（4）燃气阀门未开；

（5）燃气表故障等(以上几种现象可以通过做饭的燃气灶来验证，找到原因并解决)；

（6）检查供水供电系统并排除故障，此时如想启动锅炉，必须将锅炉进行手动复位至红色指示灯熄灭后方可。

注意：燃气属特种行业，如需拆改管道或燃气系统问题请找专业人员上门服务。

3. 燃气壁挂炉安全使用注意事项

（1）必须保证锅炉烟管的吸排气通畅。壁挂炉烟管的构造为直径 60 mm/100 mm 的双芯管，锅炉工作时由外管吸入新鲜空气，内管排出燃烧废气。锅炉燃烧时需要吸入的空气量大约为 40 m/h，所以产生的废气量也较多。因此用户在装修封闭阳台或移机时，必须将烟管的吸、排口伸出窗外，不得将其封在室内或是使用单芯管，否则锅炉在燃烧时容易将排出的废气吸回，造成燃烧时供氧不足，极易导致锅炉发生爆燃、点不着火、频繁启动等危险情况。

（2）壁挂炉在工作时，底部的暖气热水出水管、烟管温度较高严禁触摸，以免烫伤。

（3）冬季防冻。锅炉可以长期通电；特别是冬季，如果锅炉或暖气内已经充水，必须对锅炉设置防冻、准备充足的电和燃气，以避免暖气片及锅炉的水泵、换热器等部件被冻坏。各种品牌的供暖用壁挂炉都设有防冻功能，具体操作方法请参照说明书。注意!在设置防冻功能后，必须要保证家中的水、电、气充足和畅通。设置防冻后也要定期检查锅炉的水压以及工作情况，确保万无一失。

4. 节水方法

热水龙头不宜一下开到最大。打开热水龙直至有热水流出时，锅炉有大约 6 s 的延时过程，这时锅炉和水龙头间的管线内都为冷水，所以这段时间内即使将水龙头开至最大，流出的也是凉水，反而将会有大量的冷水浪费。所以在使用热水时应该先开小水流，等待锅炉启动至点火延时后再根据需要调整水流大小，这样可省水，且水的升温时间短，特别对浴室距离锅炉较远的大户型尤为明显。

将热水流出前流出的冷水用容器储存。如小水流不启动，可能是锅炉内管路有脏污或热水启动感应部分不灵敏，可找专业的维修人员上门解决。

在洗澡的过程中尽量减少水龙头的开关次数。因为每开关一次热水龙头，锅炉就要启动一次，导致水量浪费且锅炉在烧热水时，没有达到设定温度前都是以大火燃烧这样也增加了燃气的使用量。

5. 节气方法

关闭或调低无人居住房间的暖气片阀门。在用户的住房面积较大、房间较多且人口又较少的情况下，不住人或者使用频率低的房间的暖气片阀门可以调小或关闭，这样相当于减少了供热面积，不仅节能，还会使正常使用的空间供暖温度上升加快，减少了燃气消耗。

白天上班家中无人时不宜关闭壁挂炉，将温度档位调至最低即可。很多上班族习惯在家中无人时，将锅炉关闭，下班后再将锅炉放置高档进行急速加热，这种做法非常不科学。因为当室温与锅炉设定温度温差较大，锅炉需要时间大火运行，这样不但不节能，反而会更加浪费燃气，而且关闭期间存在锅炉或暖气片被冻坏的危险。因此，在上班出门前，只需锅炉的暖气温度调节旋钮调至“0”档（此时锅炉处于防冻状态，暖气片内的水温保持为 35～40 ℃，房间内的整体空间温度为 8～14 ℃），等下班后再将锅炉暖气档位调至所需要的温度即可。

如果用户长期出差或尚未居住则将锅炉与暖气片内的水放掉。建议由专业人员将锅炉和暖气片中的水排放干净。

6. 燃气壁挂炉的保养

1）壁挂炉的结垢原理及危害

壁挂炉的核心问题是热交换的效率和使用寿命，而影响这两个方面最大因素的就是水垢。尤其是在我们使用生活热水时，由于需要不断地充入新水，有些地区水质较硬，这就使换热器的结垢率大大增大。而随着附着在换热器内壁上的水垢不断加厚，换热器管径便会越来越细，水流不畅，不仅增加了水泵及换热器的负担且壁挂炉的换热效率也会大大降低，主要表现为壁挂炉耗气量增大、供热不足、卫生热水时冷时热、热水量减小等。若壁挂炉的换热部件终保持在这样一种高负荷的状态下运行，对壁挂炉的损害是非常厉害的。

2）暖气片内杂质及水垢对锅炉的影响

壁挂炉担负着暖气系统内水的循环，由于水内含有杂质并且具有酸性，对暖气片及管道内部会有一定的腐蚀。而目前所用暖气片大都为铸铁材质，暖气片内的砂模残留物和其他杂质，在工程安装时不可能完全冲洗干净；加上暖气系统内的水始终是封闭循环的，锅炉的暖气部分又没有过滤网，这样暖气片及管道内部的锈蚀残渣及水自身的杂质就会通过壁挂炉的循环水泵再度进入到换热器内。这些杂质在高温情况下不断分解，又有一部分变成水垢附着在了换热器的内壁上让其管径变得更细，从而使循环水泵的压力进一步加大，长期运行就会造成壁挂炉的循环水泵转速降低甚至卡死，严重影响其使用寿命。

3）暖气片内的水不宜经常更换

对于暖气系统，由于初次使用时暖气片内含有大量的杂质，建议使用一年后将其中的脏水放掉，重新注入新水，间隔几年后再进行更换。因为每更换一次水都会有大量的水碱被带入，而固定的水中含碱量则是一定的，因此暖气系统内的水不宜频繁更换。经过一个取暖季后，清洗保养只需对壁挂炉单独进行即可。

### 8.1.6 燃气烤箱灶的安全使用

（1）要熟悉使用方法和注意事项。初次使用烤箱灶，用户应认真阅读产品使用说明书，掌握烤箱灶的使用方法和注意事项等。

（2）首次使用时要检查重要部件的状况。检查灶具的部件是否齐全，零配件的安放位置是否适宜。如果部件位置不合适，应及时更正，否则会降低使用效果。

（3）烤箱排烟口附近不要放置物品。禁止在烤箱灶的排烟口及灶面上堆放易燃物品，以免堵塞排烟口或引燃堆放物品从而引起火灾。

（4）要确认烤箱的燃烧或熄火状态。点燃烤箱燃烧器后，应确认是否已经点着；关闭燃烧器时，应确认是否熄灭。在烘烤食品过程中，操作人员不可远离厨房或外出。

（5）定期检修燃气管路接头和阀门。燃气烤箱在工作过程中周围的温度较高，管路接头的密封填料或阀门的密封脂容易损坏或干涸，从而引起漏气。因此，需要定期检查或更换管接头的密封填料，重新添加阀门密封脂。

（6）要注意室内通风换气。使用烤箱烘烤食品时，应打开厨房的换气扇或排油烟机；未设排风扇或排油烟机时，应打开外窗，以保持室内有良好的空气环境以及燃烧器的正常工作状态。

### 8.1.7 燃气采暖器的安全使用

1. 安装燃气采暖器的注意事项

（1）安装采暖器的房间一定要有良好的通风换气条件。燃气在燃烧过程中除消耗室内大量的氧气外，还释放大量的烟气（有给排气功能的采暖器除外），而且随着采暖时间的延续，释放的烟气量持续上升，从而使室内空气中的氧含量大大降低。如果没有良好的通风换气条件，室内的烟气得不到及时排放，室内的新鲜空气得不到及时补充，这将严重危及室内人员的健康和生命安全，而且燃烧状况会因室内缺氧而逐渐恶化，这也是十分危险的。因此，安装直排式采暖器的房间必须设置进气口和排气口（或安装换气扇）。安装无给、排气功能的采暖器的房间应有足够面积的进气口（一般进、排气口面积不小于 0.04 $m^2$）。

（2）采暖器的周围严禁放置易燃、易爆物品。采暖器不得靠近木壁板，不得直接放在木地板的上面。

（3）严禁把燃气管道和采暖器设在居室内，以免因漏气造成中毒、火灾或爆炸事故。

（4）安装热水采暖器时，水路和气路均应进行密封性能试验，待试验合格后方可使用。

（5）安装采暖器的房间应设置燃气泄漏和一氧化碳报警器。

2. 使用燃气采暖器的注意事项

（1）每次点火之前应检查采暖器是否漏气设置采暖器的房间的进、排气口是否开。

（2）禁止不熟悉操作方法的人、神志不太清楚的老年人、儿童等操作燃气采暖器，也不许酗酒者进行操作。

（3）无论采暖器工作与否，均不得在采暖器上放置物品。

（4）使用直排式采暖器时，室内要有良好的给排气条件，连续采暖时间以 1 小时以内为宜。

（5）采用自动化程度低的采暖器时，采暖过程中，房间内应有人管理。当外出时应关掉采暖器。

（6）采暖期过后，应将采暖器的燃气和冷热水阀门关闭，对某些部件应进行保养，对坏损件进行修理。如果使用的是红外线采暖器或热风采暖器，应擦拭干净，用纸包好或装入纸袋，存放在干燥通风之处；如果使用的是热水采暖气，应放掉水擦净盖好，来年再使用时，要对水路、气路重新进行严密性试验后方可使用。

## 8.2　安全设计优化方面

### 8.2.1　泄漏报警安全措施

（1）选择报警器最优安装位置。根据 CJJ/T146 城镇燃气报警控制系统技术规程，燃气报警器位置距灶具及排风口的水平距离应大于 0.5 m，应设置在顶棚或距顶棚小于 0.3 m 的墙上。根据课题燃气泄漏扩散规律研究，燃气从泄漏点泄漏后向上扩散，沿着上方顶棚位置向角落处扩散，但在角落处存在涡旋效应，导致燃气不会快速在角落处积聚。因此在安装燃气报警器时，应优先将燃气报警器安装在顶棚距离角落不小于 0.3 m 位置处，能快速有效检测出燃气泄漏。

（2）根据课题研究，若燃气管道在包封结构内，或在橱柜内发生燃气泄漏，泄漏的燃气将会在包封结构或橱柜内快速积聚，包封结构或橱柜内充满后，才会通过缝隙扩散到厨房等室内空间。因此当燃气管道存在包封结构或在橱柜内时，应在包封结构或橱柜内安装燃气报警器，确保一旦泄漏能快速有效报警。

### 8.2.2 降低扩散风险安全措施

（1）封闭式厨房设计。封闭式厨房结构同开放式厨房结构相比，燃气更容易在厨房空间内积聚，厨房内的浓度更容易达到爆炸下限。但同时封闭式厨房结构约束了燃气向客厅、卧室等其他房间的快速扩散。根据课题研究，同等泄漏量情况下，相比开放式厨房结构，封闭式厨房扩散危险区域更小，能有效降低燃气扩散风险，可燃范围降低约 50%，同时也降低了燃气被引爆的概率。

（2）开放式厨房加装挡烟垂壁设计。根据课题研究，开放式厨房内燃气泄漏后会快速扩散至客厅、卧室等区域，扩散风险更大。但通过加装 30 ~ 50 cm 挡烟垂壁，可有效约束燃气向其他房间扩散，降低扩散速度，减小扩散危险区域，可将扩散危险区域降低至与封闭式厨房相当的水平，在相同泄漏条件下，相同时间内，增加挡烟垂壁可将燃气污染范围降低约 30%。

（3）燃气立管布局设计。课题研究显示，若燃气立管安装在厨房阳台，当立管发生泄漏后，燃气需通过厨房与阳台之间的门窗，扩散至厨房及其他室内房间。与燃气立管安装在厨房相比，延缓了燃气向室内房间扩散的速度，在一定时间内减小了扩散危险区域。因此，若厨房设计有阳台，可将燃气立管设计在阳台，可降低燃气立管泄漏的扩散风险。

（4）对室内燃气管道设计包封结构。根据课题研究显示，包封结构能有效约束燃气向厨房、客厅、卧室扩散的速度，减小扩散危险区域，从而降低燃气扩散风险性。同时，为了解决包封内泄漏不易发现、巡检维修不方便的问题，应在包封结构内设置报警器，提高泄漏报警的速度，在包封上增设检测和检修窗口等措施。

### 8.2.3 降低爆炸风险安全措施

（1）泄爆玻璃设计。根据课题研究，安装泄爆玻璃能有效降低冲击波超压峰值，并减缓到达超压峰值的时间，从而降低爆炸后果严重程度。封闭式厨房和加装顶部挡烟垂壁的开放式厨房，泄爆玻璃宜安装在厨房窗户，泄爆效果最优，厨房内超压值降低了约 40%。开放式厨房及封闭式厨房应优先选用泄爆压力小的泄爆玻璃，在压力达到最高峰值前，即可完成泄压，从而减小爆炸后果严重程度。

（2）燃气立管布局设计。燃气立管安装在厨房阳台时，立管发生泄漏后，在相同泄漏量下，爆炸超压要小于立管在厨房的爆炸超压，客厅或卧室内的爆炸超压可降低 30%以上。因此在燃气设计时，应优先将立管设计安装在厨房阳台位置，能有效降低燃气爆炸后果严重程度。

（3）厨房结构设计。课题研究表明，封闭式厨房由于将燃气约束在厨房空间内，减缓了燃气向客厅、卧室等其他房间的扩散速度，同等泄漏量情况下，扩散危险区域更小，遇点火源发生爆炸的可能性相比开放式厨房更小。但同等泄漏量下，由于封闭式厨房存在约束空间，燃气燃烧过程中所释放的能量不易向其余房间传递，且受壁面的阻挡作用，所产生的超压要大于开放式厨房，所产生的爆炸后果更严重。相比封闭式厨房，加装顶部挡烟垂壁的开放式厨房，发生泄漏后的爆炸可能性和爆炸后果严重程度均更小。

（4）对室内燃气管道设计包封结构和燃气胶管在橱柜内连接。包封和橱柜能有效约束燃气向厨房、客厅、卧室扩散的速度，能减小扩散危险区域，因此泄漏后遇点火源发生爆炸的可能性更小。同时，课题研究表明燃气在包封或橱柜内会快速积聚并超过爆炸极限，即使存在点火源，被点燃的可能性明显减小。若能点火成功，则包封和橱柜内燃气泄漏量不大，爆炸后果严重程度不高。因此，对燃气管道可进行包封结构设计，但应在包封结构内设置报警器，提高泄漏报警的响应速度。

## 8.3　安全运维管理方面

### 8.3.1　泄漏报警安全措施

（1）日常检测排查重点部位。若存在橱柜等包封结构，燃气泄漏后会优先在包封结构和橱柜内积聚。因此，在户内巡检、维修、应急处置工作时，此类区域应作为日常检测排查的重点部位。

（2）无法入户的有效检测位置。当开展燃气维修或应急处置过程中，到达现场后无法入户检测排查时，由于燃气泄漏后在室内燃气浓度分布随高度的变化并不是线性的，在顶部变化幅度不大，在地面处变化幅度大，地面处基本接近于 0（近地面浓度与顶部浓度可相差 10%以上）。因此，当不能入户检测排查时，不能仅通过检测门底缝隙处判断是否存在燃气泄漏，应检测上部区域是否存在燃气浓度。

### 8.3.2　降低扩散风险安全措施

（1）燃气胶管连接接口宜安装在橱柜内。试验表明，胶管在橱柜内脱落发生泄漏，橱柜能有效约束燃气向厨房、客厅、卧室扩散的速度，能减小扩散危险区域，从而降低了扩散风险性。但应在橱柜内设置报警器，提高泄漏报警的速度。

（2）日常维修应急处置时，应重点关注小流量泄漏情况。泄漏速率对燃气的分布情况影响十分显著，相同泄漏量的条件下，泄漏速率越小，室内燃气混合的均匀程度越高，点火爆炸概率更高。

### 8.3.3 降低爆炸风险安全措施

（1）日常维修应急处置时，关注小流量泄漏。相同泄漏量情况下，小流量泄漏后与空气混合更均匀，参与爆炸的燃气量更大，爆炸超压更大，破坏后果往往更严重。

（2）关注位置更高的点火源。试验表明，相同泄漏情况下，点火源位置更高，爆炸超压更大，后果严重程度更大。

## 8.4 城镇燃气事故应急管理

我国目前正处于经济高速增长阶段，企业可能会片面追求利润的增长，而忽视了安全生产的重要性，加上我国目前阶段相关法律法规的不健全和执法力度的不到位，这一阶段属于安全事故的多发期。一些重大安全事故的发生曾导致大范围人群的日常生活、经济活动受到消极影响，人们的生命和财产安全受到破坏。燃气企业同样也面临着这一问题，作为现代化城市生命线之一的燃气供应与城镇居民的生活息息相关，一旦发生重大安全事故，可能直接形成社会不稳定的因素。所以，既然安全事故、燃气事故存在发生的可能性，且不可绝对避免，那么当事故发生后如何应急处置就成为当前迫切需要解决的问题。

### 8.4.1 应急救援预案概述

近年来，我国政府颁布了一系列法律法规，如《安全生产法》《中华人民共和国消防法》《中华人民共和国突发事件应对法》《危险化学品安全管理条例》《关于特大安全事故行政责任追究的规定》等，对危险化学品、特大安全事故、重大危险源等应急救援工作提出了相应的规定和要求。

《安全生产法》第十七条规定，生产经营单位的主要负责人具有组织制订并实施本单位的生产安全事故应急救援预案的职责。第二十三条规定，生产经营单位对重大危险源应当制订应急救援预案，并告知从业人员和相关人员在紧急情况下应当采取的应急措施。第六十八条规定，县级以上地方各级人民政府应当组织有关部门制订本性质区域内特大安全生产事故应急救援预案，建立应急救援体系。

《安全生产法》特别强调了应急救援预案。什么是应急救援预案呢?它是指政府或企业为降低突发事件后果的严重程度，以对危险源的评价和事故预测结果为依据而预先制订的突发事件控制和抢险救灾方案，是突发事件应急救援活动的行动指南。

应急救援预案对于突发事件的应急管理具有重要的指导意义，它有利于实现应急行动的快速、有序、高效，以充分体现应急救援的“应急”精神，制订应急救援预案的目的是在发生突发事件时，能以最快的速度发挥最大的效能，有序地实施救援，达到尽快控制事态发展，降低突发事件造成的危害，减少事故损失。应急救援预案的制订是贯彻国家安全生产法律法规的要求，是减少事故中人员伤亡和财产损失的需要，是事故预防和救援的需要，是实现本质安全型管理的需要。应急救援预案是应急管理得以实现的必要工具，燃气突发事件与事故的应急管理也必然要通过燃气应急救援预案来实现。

### 8.4.2　燃气应急救援预案的编制

应急救援预案是应急管理的文本体现，如何使纸面上的应急救援预案更加有效，确保应急管理的有效性，预案的内容就必须要体现应急管理的核心要素。这些核心要素包括：指挥与控制、沟通、生命安全、财产保护、社区外延、恢复和重建、行政管理与后勤。燃气应急救援预案的编制一般遵循以下原则。

1. 应急预案内容的基本要求

（1）符合与应急相关的法律、法规、规章和技术标准的要求；

（2）与事故风险分析和应急能力相适应；

（3）职责分工明确，责任落实到位；

（4）与相关企业和政府部门的应急预案有机衔接。

2. 应急预案的主要内容

1）总则

①编制目的：明确应急预案编制的目的和作用。

②编制依据：明确应急预案编制的主要依据。应主要包括国家相关法律法规，国务院有关部委制订的管理规定和指导意见，行业管理标准和规章，地方政府有关部门或上级单位制订的规定、标准规程和应急预案等。

③适用范围：明确应急预案的适用对象和适用条件。

④工作原则：明确燃气突发事件应急处置工作的指导原则和总体思路，内容应简明扼要、明确具体。

⑤预案体系：明确应急预案体系构成情况。一般应由应急预案、专项应急预案和现场处置方案构成。应在附件中列出应急预案体系框架图和各级各类应急预案名称目录。

2）风险分析

①本地区或本燃气企业概况：明确本地区或本燃气企业与应急处置工作相关的基本情况。一般应包括燃气企业基本情况、从业人数、隶属关系、生产规模、主设

备型号等。

②危险源与风险分析：针对本地区或燃气企业的实际情况对存在或潜在的危险源或风险进行辨识和评价，包括对地理位置、气象及地质条件、设备状况、生产特点以及可能突发的事件种类、后果等内容进行分析、评估和归类，确定危险目标。

③突发事件分级明确本地区或燃气企业对燃气突发事件的分级原则和标准。分级标准应符合国家有关规定和标准要求。

3）组织机构职责

①应急组织体系：明确本地区或燃气企业的应急组织体系构成。包括应急指挥机构和应急日常管理机构等，应以结构图的形式表示。

②应急组织机构的职责：明确本地区或燃气企业应急指挥机构、应急日常管理机构以及相关部门的应急工作职责。应急指挥机构可以根据应急工作需要设置相应的应急工作小组，并明确各小组的工作任务和职责。

4）预防与预警

①危险源监控：明确本地区或燃气企业对危险源监控的方式方法。

②预警行动明确本地区或燃气企业发布预警信息的条件对象程序和相应的预防措施。

③信息报告与处置：明确本地区或燃气企业发生燃气突发事件后信息报告与处置工作的基本要求。包括本地区或燃气企业 24 小时应急值守电话、燃气企业内部应急信息报告和处置程序以及向政府有关部门、燃气监管机构和相关单位进行突发事件信息报告的方式、内容、时限、职能部门等。

5）应急响应

①应急响应分级。根据燃气突发事件分级标准，结合本地区或燃气企业控制事态和应急处置能力确定响应分级原则和标准。

②响应程序。针对不同级别的响应，分别明确启动条件、应急指挥、应急处置和现场救援、应急资源调配、扩大应急等应急响应程序的总体要求。

③应急结束。明确应急结束的条件和相关事项。应急结束的条件一般应满足以下要求：燃气突发事件得以控制，导致次生、衍生事故隐患消除，环境符合有关标准，并经应急指挥部批准。应急结束后的相关事项应包括需要向有关单位和部门上报的燃气突发事件情况报告以及应急工作总结报告等。

6）信息发布

明确应急处置期间相关信息的发布原则、发布时限、发布部门和发布程序等。

7）处置

明确应急结束后，燃气突发事件后果影响消除、生产秩序恢复、污染物处理、善后理赔、应急能力评估、对应急预案的评价和改进等方面的后期处置工作要求。

8）应急保障

明确本地区或燃气企业应急队伍、应急经费、应急物资装备、通信与信息等方面的应急资源和保障措施。

9）培训和演练

①培训：明确对本地区或燃气企业人员开展应急培训的计划、方式和周期要求。如果预案涉及对社区和居民造成影响，应做好宣传教育和告知等工作。

②演练：明确本地区或燃气企业应急演练的频度范围和主要内容。

10）奖惩

明确应急处置工作中奖励和惩罚的条件和内容。

11）附则

明确应急预案所涉及的术语定义以及对预案的备案、修订、解释和实施等要求。

12）附件

应急预案包含的主要附件（不限于）如下：

①应急预案体系框架图和应急预案目录；

②应急组织体系和相关人员联系方式；

③应急工作需要联系的政府部门、燃气监管机构等相关单位的联系方式；

④关键的路线地面标志和图纸，如燃气调压站系统工艺图、输配厂总平面布置图等；

⑤应急信息报告和应急处置流程图；

⑥与相关应急救援部门签订的应急支援协议或备忘录。

### 8.4.3　燃气应急救援预案的管理

1. 应急救援预案的管理原则

（1）应急救援预案应明确管理部门，负责应急救援预案的综合协调管理工作。

（2）应急救援预案的管理应遵循综合协调、分类管理、分级负责、属地为主的原则。

2. 应急救援预案的评审

（1）应当组织有关专家对应急救援预案进行审定；涉及相关部门职能或者需要有关部门配合的，应当征得有关部门同意。

（2）涉及建筑施工和易燃易爆物品、危险化学品、放射性物品等危险物品的生产、经营、储存、使用的应急救援预案，应当组织专家对编制的应急救援预案进行评审。评审应当形成书面纪要并附有专家名单。

（3）应急救援预案编制单位必须对本单位编制的应急预案进行论证。

（4）参加应急救援预案评审的人员应当包括应急救援预案涉及的政府部门工作人员和有关安全生产及应急管理、燃气行业管理方面的专家。

（5）应急救援预案的评审或者论证应当注重应急预案的实用性、基本要素的完整性、预防措施的针对性、组织体系的科学性、响应程序的操作性、应急保障措施的可行性、应急救援预案的衔接性等内容。

（6）应急救援预案经评审或者论证后，由本地区政府领导或燃气企业法人代表签署公布。

3. 应急救援预案的备案

（1）燃气企业的应急救援预案，按照政府相关规定报安全生产监督管理部门和有关主管部门备案。

（2）各级政府的应急救援预案，应当按照国家相关法律法规在上一级政府部门备案。

（3）申请应急救援预案备案，应当提交以下材料：

①应急救援预案备案申请表；

②应急救援预案评审或者论证意见；

③应急救援预案文本及电子文档。

（4）受理备案登记的部门应当对应急救援预案进行形式审查经审查，符合要求的，予以备案并出具应急预案备案登记表；不符合要求的，不予备案并说明理由。

4. 应急救援预案的修订

（1）应急救援预案，应当根据预案演练、机构变化等情况适时修订。

（2）应急救援预案应当至少每两年修订一次，预案修订情况应有记录并归档。

（3）有下列情形之一的，应急预案应当及时修订：

①燃气企业因兼并、重组、转制等导致隶属关系、经营方式、法定代表人发生变化的；

②生产工艺和技术发生变化的；

③周围环境发生变化，形成新的重大危险源的；

④应急组织指挥体系或者职责已经调整的；

⑤依据的法律法规规章和标准发生变化的；

⑥应急救援预案演练评估报告要求修订的。

（4）应急救援预案制订部门应当及时向有关部门或者单位报告应急救援预案

的修订情况，并按照有关应急救援预案报备程序重新备案。

5. 应急救援预案的培训

（1）应急救援预案的编制部门负责组织本地区或本燃气企业应急救援预案的培训工作。

（2）应急救援预案的培训每年至少应组织一次。

（3）应急救援预案涉及地区的人员宜参加应急救援预案的培训。

（4）燃气企业的所有员工必须参加应急救援预案的培训。

（5）应急救援预案的培训必须有培训记录。

6. 应急救援预案的演练

应急演练指针对突发事件风险和应急保障工作要求，由相关应急人员在预设条件下，按照应急救援预案规定的职责和程序，对应急预案的启动、预测与预警、应急响应和应急保障等内容进行应对训练。

1）应急演练的目的与原则

A. 目的

①检验突发事件应急救援预案，提高应急救援预案针对性、实效性和操作性。

②完善突发事件应急机制，强化政府、燃气企业、燃气用户之间的协调与配合。

③锻炼燃气应急队伍，提高燃气应急人员在紧急情况下妥善处置突发事件的能力。

④推广和普及燃气应急知识，提高公众对突发事件的风险防范意识与能力。

⑤发现可能发生事故的隐患和存在问题。

B. 原则

①依法依规，统筹规划。应急演练工作必须遵守国家相关法律、法规、标准及有关规定，科学统筹规划，纳入本地区或燃气企业应急管理工作的整体规划，并按规划组织实施。

②突出重点，讲求实效。应急演练应结合本单位实际，针对性设置演练内容。演练应符合事故/事件发生、变化、控制、消除的客观规律，注重过程、讲求实效，提高突发事件应急处置能力。

③协调配合，保证安全。应急演练应遵循“安全第一”的原则，加强组织协调，统一指挥，保证人身、燃气管网、用户设施及人民财产、公共设施安全，并遵守相关保密规定。

2）应急演练分类

①综合应急演练：由多个单位部门参与的针对燃气突发事件应急救援预案或多

个专项燃气应急预案开展的应急演练活动，其目的是在一个或多个部门(单位)内针对多个环节或功能进行检验，并特别注重检验不同部门(单位)之间以及不同专业之间的应急人员的协调性及联动机制。其中，社会综合应急演练由政府相关部门、燃气行业管理部门、燃气企业、燃气用户等多个单位共同参加。

②专项应急演练：针对燃气企业燃气突发事件专项应急预案以及其他专项预案中涉及燃气企业职责而组织的应急演练。其目的是在一个部门或单位内针对某一个特定应急环节、应急措施或应急功能进行检验。

3）应急演练形式

A. 实战演练

由相关参演单位和人员，按照突发事件应急救援预案或应急程序，以程序性演练或检验性演练的方式，运用真实装备，在突发事件真实或模拟场景条件下开展的应急演练活动。其主要目的是检验应急队伍、应急抢险装备等资源调动效率以及组织实战能力，提高应急处置能力。

①程序性演练：根据演练题目和内容，事先编制演练工作方案和脚本。演练过程中，参演人员根据应急演练脚本，逐条分项推演。其主要目的是熟悉应对突发事件的处置流程，对工作程序进行验证。

②检验性演练：演练时间、地点、场景不预先告知，由领导小组随机控制，有关人员根据演练设置的突发事件信息，依据相关应急预案，发挥主观能动性进行响应。其主要目的是检验实际应急响应和处置能力。

B. 桌面演练

由相关参演单位人员，按照突发事件应急预案，利用图纸、计算机仿真系统、沙盘等模拟进行应急状态下的演练活动。其主要目的是使相关人员熟悉应急职责，掌握应急程序。

除以上两种形式外，应急演练也可采用其他形式进行。

4）应急演练规划与计划

①规划；应急救援预案编制部门应针对突发事件特点对应急演练活动进行 3～5 年的整体规划，包括应急演练的主要内容、形式、范围、频次、日程等。从实际需求出发，分析本地区、本单位面临的主要风险，根据突发事件发生发展规律，制订应急演练规划。各级演练规划要统一协调、相互衔接，统筹安排各级演练之间的顺序、日程、侧重点，避免重复和相互冲突。演练频次应满足应急预案规定，但不得少于每年一次。

②计划：在规划基础上，制订具体的年度工作计划，包括演练的主要目的、类型形式、内容、主要参与演练的部门、人员，演练经费概算等。

5）应急演练准备

针对演练题目和范围，开展下述演练准备工作：

A. 成立组织机构

根据需要成立应急演练领导小组以及策划组、技术组、保障组、评估组等工作机构，并明确演练工作职责分工。

a）领导小组

①领导应急演练筹备和实施工作；

②审批应急演练工作方案和经费使用：

③审批应急演练评估总结报告；

④决定应急演练的其他重要事项。

b）策划组

①负责应急演练的组织协调和现场调度；

②编制应急演练工作方案，制定演练脚本；

③指导参演单位进行应急演练准备等工作；

④负责信息发布。

c）技术保障组

①负责应急演练安全保障方案制订与执行；

②负责提供应急演练技术支持，主要包括应急演练所涉及的调度通信、自动化系统、设备安全隔离等。

d）后勤保障组

①负责应急演练的会务后勤保障工作；

②负责所需物资的准备，以及应急演练结束后物资清理归库；

③负责人力资源管理及经费使用管理等。

e）评估组

负责根据应急演练工作方案，拟定演练考核要点和提纲，跟踪和记录应急演练进展情况，发现应急演练中存在的问题，对应急演练进行点评。

B. 编写演练文件

应急演练目的与要求：

①应急演练场景设计：按照突发事件的内在变化规律，设置情景事件的发生时间地点、状态特征、波及范围以及变化趋势等要素，进行情景描述，对演练过程中应采取的预警、应急响应、决策与指挥、处置与救援、保障与恢复、信息发布等应急行动与应对措施预先设定和描述；

②参演单位和主要人员的任务及职责；

③应急演练的评估内容、准则和方法，并制订相关评定标准；

④应急演练总结与评估工作的安排；

⑤应急演练技术支撑和保障条件，参演单位联系方式，应急演练安全保障方案等。

应急演练脚本：应急演练脚本是指演练工作方案的具体操作手册，帮助参演人员掌握演练进程和各自需演练的步骤。一般采用表格形式，描述应急演练每个步骤的时刻及时长、对应的情景内容、处置行动及执行人员、指令与报告对白、适时选用的技术设备、视频画面与字幕、解说词等。应急演练脚本主要适用于程序性演练。

根据需要编写演练评估指南，主要包括：①相关信息：应急演练目的情景描述，应急行动与应对措施简介等；②评估内容：应急演练准备、应急演练方案、应急演练组织与实施、应急演练效果等。

评估标准：应急演练目的实现程度的评判指标；

评估程序：针对评估过程做出的程序性规定。

安全保障方案主要包括：

①可能发生的意外情况及其应急处置措施；

②应急演练的安全设施与装备；

③应急演练非正常终止条件与程序；

④安全主要事项。

C. 落实保障措施

①组织保障：落实演练总指挥、现场指挥、演练参与单位(部门)和人员等，必要时考虑替补人员。

②资金与物资保障：落实演练经费，演练交通运输保障，筹措演练器材及演练情景模型。

③技术保障：落实演练场地设置、演练情景模型制作、演练通信联络保障等。

④安全保障：落实参演人员、现场群众、运行系统安全防护措施，进行必要的系统(设备)安全隔离，确保所有参演人员和现场群众的生命财产安全，确保运行系统安全。

⑤宣传保障：根据演练需要，对涉及演练单位、人员及社会公众进行演练预告，宣传燃气应急相关知识。

D. 其他准备事项

根据需要准备应急演练有关活动安排，进行相关应急预案培训，必要时可进行预演。

6）应急演练实施

A. 程序性实战演练实施

a）实施前状态检查确认

在应急演练开始之前确认演练所需的工具、设备设施以及参演人员到位，检查应急演练安全保障设备设施，确认各项安全保障措施完备。

b）演练实施

①条件具备后，由总指挥宣布演练开始；

②按照应急演练脚本及应急演练工作方案逐步演练，直至全部步骤完成；

③演练可由策划组随机调整演练场景的个别或部分信息指令，使演练人员依据变化后的信息和指令自主进行响应；

④出现特殊或意外情况，策划组可调整或干预演练，若危及人身和设备安全时，应采取应急措施终止演练；

⑤演练完毕，由总指挥宣布演练结束。

B. 检验性实战演练实施

①实施前状态检查确认：在应急演练开始之前，确认演练条件具备，检查演练安全保障设备设施，确认各项安全保障措施完备。

②演练实施(可分为两种方式)：

方式一：策划人员事先发布演练题目及内容，向参演人员通告事件背景、演练时间、地点、场景。

方式二：策划人员不事先发布演练题目及内容，演练时间、地点、内容场景随机安排。

有关人员根据演练指令，依据相应预案规定职责启动应急响应，开展应急处置行动。演练完毕，由策划人员宣布演练结束。

C. 桌面演练实施

a）实施前状态检查确认

在应急演练开始之前，策划人员确认演练条件具备。

b）演练实施

①由策划人员宣布演练开始；

②参演人员根据事件预想，按照预案要求，模拟进行演练活动，启动应急响应，开展应急处置行动；

③演练完毕，由策划人员宣布演练结束。

D. 其他事项

a）演练解说

在演练实施过程中，可以安排专人进行解说。内容包括演练背景描述、进程讲解、案例介绍、环境渲染等。

b）演练记录

演练实施过程要有必要的记录，分为文字、图片和声像记录，其中文字记录内容主要包括：

①演练开始和结束时间；

②演练指挥组、主现场、分现场实际执行情况；

③演练人员表现；

④出现的特殊或意外情况及其处置。

7）应急演练评估、总结与改进

A. 评估

对演练准备、演练方案、演练组织、演练实施、演练效果等进行评估，评估目的是确定应急演练是否已达到应急演练目的和要求，检验相关应急机构指挥人员及应急人员完成任务的能力。

评估组应掌握事件和应急演练场景，熟悉被评估岗位和人员的响应程序、标准和要求；演练过程中，按照规定的评估项目，依推演的先后顺序逐一进行记录；演练结束后进行点评，撰写评估报告，重点对应急演练组织实施中发现的问题和应急演练效果进行评估总结。

B. 总结

应急演练结束后，策划组撰写总结报告，主要包括以下内容：

①本次应急演练的基本情况和特点；

②应急演练的主要收获和经验；

③应急演练中存在的问题及原因；

④对应急演练组织和保障等方面的建议及改进意见；

⑤对应急预案和有关执行程序的改进建议；

⑥对应急措施、设备维护与更新方面的建议；

⑦对应急组织、应急响应能力与人员培训方案的建议等。

C. 后续处置

①文件归档与备案：应急演练活动结束后，将应急演练方案、应急演练评估报告、应急演练总结报告等文字资料，以及记录演练实施过程的相关图片、视频、音频等资料归档保存；对主管部门要求备案的应急演练，演练组织部门（单位）将相关资料报主管部门备案；

②预案修订：演练评估或总结报告认定演练与预案不相衔接，甚至产生冲突，或预案不具有可操作性，由应急预案编制部门按程序对预案进行修改完善。

D. 持续改进

应急演练结束后，组织应急演练的部门（单位）应根据应急演练情况对表现突出的单位及个人，给予表彰或奖励，对不按要求参加演练，或影响正常开展的，给予批评或处分。应根据应急演练评估报告、总结报告提出的问题和建议，督促相关部门和人员制订整改计划、明确整改目标、制订整改措施、落实整改资金，并跟踪督查整改情况。